21世纪高职高专系列教材

园林艺术

褚泓阳　屈永建　编著

西北工业大学出版社

【内容简介】 本书内容包括：园林艺术的特征，园林构图艺术的法则，园林风景艺术，园林山水地形艺术，园林种植艺术，园林建筑、园路与广场及园林装饰艺术等。可作为大专院校园林、观赏园艺、环境艺术等专业的教材，也可供城市规划、环境等专业人员参考。

图书在版编目(CIP)数据

园林艺术/褚泓阳，屈永建编著．—西安：西北工业大学出版社，2002.2
(2016.8 重印)
ISBN 978-7-5612-1549-4

Ⅰ．园… Ⅱ．①褚… ②屈… Ⅲ．园林艺术 Ⅳ．TU986.1

中国版本图书馆 CIP 数据核字(2002)第 052955 号

出版发行：西北工业大学出版社
通信地址：西安市友谊西路 127 号 邮编 710072
电　　话：(029) 88493844 88491757
网　　址：www.nwpup.com
印 刷 者：兴平市博闻印务有限公司
开　　本：787mm×960mm 1/16
印　　张：17.75
字　　数：318 千字
版　　次：2002 年 8 月第 1 版 2016 年 8 月第 7 次印刷
定　　价：35.00 元

前　　言

园林艺术活动是人类物质活动和精神活动的一个有机组成部分，它与物质活动有十分密切的关系，但却不完全是为了满足人的物质需要，更重要的是为了满足人的精神需要、审美需要。正是由于园林艺术存在着物质和精神两个方面的内容，也就构成了与其他意识形态的艺术有着明显的联系和区别。

美是人类永恒的追求，人类发展的历史，就是一部不断认识和创造美的历史。研究我国几千年来的造园史，简直就是一部关于创造美的演绎史。其中，各种思想的交织与融合共同塑造了我国园林的民族形式。因此，在园林艺术理论建构中，本书以美的认知、创造、应用为基础和主线，力求全面、系统地对构成园林的各种因素进行阐述和分析，以适应现代社会人们在生产、生活环境方面对美的需求。

园林艺术是融入了各类艺术形式理论与实践的一门综合性的应用学科，对园林专业而言，它具有专业基础课和专业课的双重性，是主干和必修课程。

本教材适宜各类院校园林、观赏园艺、环境艺术设计等专业的教学需要，同时还可作为城市规划、旅游、环保等专业以及从事园林行业的科技工作者的参考书。

在编写的过程中，我们参考了国内外有关著作、论文等资料，除参考文献注明者外，如有遗漏，敬请谅解。在此谨向各位专家、学者表示衷心的感谢。由于我们的业务水平和专业能力有限，不足和不当之处在所难免，还望诸位专家、学者及同行不吝指正！

编著者

2002 年 8 月

目　　录

绪论…………………………………………………………………………… 1

第1章　园林艺术的特征……………………………………………………… 7

§1.1　美的一般概念 …………………………………………………………… 7

1.1.1　什么是美? ………………………………………………………… 7

1.1.2　美的产生 ………………………………………………………… 8

1.1.3　美的发展……………………………………………………………… 13

1.1.4　美的主要特征………………………………………………………… 14

1.1.5　美感的特征…………………………………………………………… 15

§1.2　园林美……………………………………………………………………… 17

1.2.1　园林美的内容………………………………………………………… 17

1.2.2　园林美的特征………………………………………………………… 19

1.2.3　园林的美感…………………………………………………………… 21

§1.3　园林的形式与风格………………………………………………………… 35

1.3.1　园林的规划形式……………………………………………………… 36

1.3.2　影响园林规划形式的因素…………………………………………… 44

1.3.3　园林风格……………………………………………………………… 45

第2章　园林构图艺术法则 ………………………………………………… 47

§2.1　园林构成要素……………………………………………………………… 47

2.1.1　山水地形……………………………………………………………… 47

2.1.2　植物…………………………………………………………………… 47

2.1.3　建筑…………………………………………………………………… 47

2.1.4　广场与道路…………………………………………………………… 48

2.1.5　园林小品……………………………………………………………… 48

§2.2　园林造型要素……………………………………………………………… 48

2.2.1　点……………………………………………………………………… 48

2.2.2　线……………………………………………………………………… 49

2.2.3　形……………………………………………………………………… 50

2.2.4　色彩…………………………………………………………………… 51

2.2.5　质感…………………………………………………………………… 54

§2.3　园林构图艺术法则………………………………………………………… 55

2.3.1 多样与统一 …… 55
2.3.2 比例与尺度 …… 61
2.3.3 均衡与稳定 …… 63
第3章 园林风景艺术 …… 65
§3.1 风景与风景的欣赏 …… 65
3.1.1 风景 …… 65
3.1.2 风景的欣赏 …… 71
§3.2 园林造景艺术 …… 74
3.2.1 中国园林造景手法 …… 74
3.2.2 主景与配景 …… 87
3.2.3 景物的组织 …… 92
3.2.4 前景的画面处理 …… 94
§3.3 园林视景空间艺术 …… 96
3.3.1 开朗风景与闭锁风景 …… 96
3.3.2 园林动态序列艺术 …… 99
3.3.3 园林色彩构图艺术 …… 107
§3.4 中国传统园林的意境处理 …… 116
3.4.1 意境 …… 116
3.4.2 中国传统园林意境的处理 …… 119
第4章 园林山水地形艺术 …… 122
§4.1 园林地形艺术 …… 122
4.1.1 地形改造的作用 …… 122
4.1.2 地形的类型 …… 123
4.1.3 地形处理的原则和艺术手法 …… 124
§4.2 园林水景艺术 …… 126
4.2.1 水的形式与特性 …… 127
4.2.2 水面的布局 …… 128
4.2.3 中国传统园林理水艺术特点 …… 133
§4.3 中国园林密切的山水关系 …… 134
第5章 园林种植艺术 …… 136
§5.1 概述 …… 136
5.1.1 园林植物的观赏特性 …… 137
5.1.2 园林种植艺术的基本原则 …… 139
5.1.3 园林植物的配植方式 …… 142
§5.2 园林种植类型 …… 142

5.2.1 孤值 …… 142
5.2.2 对值 …… 143
5.2.3 列值 …… 145
5.2.4 丛值 …… 145
5.2.5 群值 …… 148
5.2.6 树林 …… 149
5.2.7 绿篱 …… 151
5.2.8 草坪 …… 152
5.2.9 花池 …… 154
5.2.10 花坛 …… 154
5.2.11 花境 …… 158
5.2.12 花台 …… 158
§5.3 植物造景艺术 …… 160
5.3.1 园林植物的景观作用 …… 160
5.3.2 园林植物的空间环境特征 …… 163
5.3.3 园林植物造景艺术 …… 164
5.3.4 植物与园林建筑的艺术配置 …… 168
5.3.5 植物与园路的艺术配置 …… 169
5.3.6 植物与山石地形的艺术配置 …… 171
5.3.7 植物与水体的艺术配置 …… 172
第6章 园林建筑、园路与广场 …… 174
§6.1 园林建筑、园路与广场布局 …… 174
6.1.1 园林建筑 …… 174
6.1.2 园路 …… 183
6.1.3 园林广场 …… 188
§6.2 园林建筑艺术 …… 192
6.2.1 园林建筑与园林艺术 …… 192
6.2.2 园林建筑的特征 …… 193
6.2.3 园林建筑与环境的关系 …… 193
6.2.4 园林建筑的空间处理 …… 195
6.2.5 园林建筑布局艺术 …… 203
第7章 园林装饰艺术 …… 211
§7.1 园林装饰在园林中的作用 …… 211
7.1.1 园林装饰的内容 …… 211
7.1.2 园林装饰在园林中的作用 …… 211

7.1.3 实用功能 …… 214
§7.2 园林与雕塑 …… 215
7.2.1 园林雕塑的功能作用 …… 216
7.2.2 园林雕塑的类型 …… 219
7.2.3 园林雕塑的艺术布局 …… 225
§7.3 假山艺术 …… 229
7.3.1 假山的功能作用 …… 230
7.3.2 假山的类型 …… 232
7.3.3 假山材料——山石 …… 233
7.3.4 假山艺术 …… 237
7.3.5 置石 …… 242
7.3.6 与园林建筑结合的山石布置 …… 246
7.3.7 与植物结合的山石布置——山石花台 …… 249
§7.4 园林小品 …… 249
7.4.1 花架 …… 250
7.4.2 小桥与汀步 …… 251
7.4.3 蹬道与踏步 …… 253
7.4.4 园椅与园凳 …… 255
7.4.5 栏杆 …… 259
7.4.6 园灯 …… 261
7.4.7 宣传牌、宣传廊 …… 263
7.4.8 园墙与隔断 …… 264
7.4.9 园门与园窗 …… 267
7.4.10 园林铺装 …… 267
参考文献 …… 274

绪　论

1. 园林及园林学

我国的造园艺术及其营建已有数千年的历史，文献记载的相关词汇极为繁多，一般以单词常见的有：园、苑、囿、圃、庭、院、墅等7个；以复词出现的有：园囿、苑囿、园林、园亭、园庭、庭院、林园、林圃、林泉、园圃、园池、园宅、田园、别墅、山庄、山居、山池、草堂等17个。它们的性质和规模虽不完全一样，但都具有一个共同的特点，即：在一定的地段范围内，利用并改造天然山水地貌或者人为地开辟山水地貌，结合植物的栽植和建筑的布置，从而构成一个供人们观赏、游息、居住的环境。创造这样一个环境的全过程（包括设计和施工在内）一般称之为造园，研究如何去创造这样一个环境的学科称之为造园学。

美国造园上的词汇，主要有“Garden”（庭园）、“Park”（公园）、“National Park”（国立公园）、“Landscape architecture”（造园）与“Recreational engineering”（修养工程）等。此外还有，“Landscape art”（造园艺术）、“Landscape engineering”（造园工程、风景工程）、“Landscape design”（造园设计、风景设计）等词汇。

英国造园上的词汇有：“Garden”（庭园）、“Park”（公园）、“National Park”（国立公园）、“Landscape architecture、Landscape Gardening”（造园）、“Garden Planning”（庭院规划）、“Garden making”（造园）等。

俄国造园上的词汇有：“Сад”（庭园）、“Парк”（公园）、“Нáционáльный Парк”（国立公园）、“Озеление”（绿化）等。

我国是世界上最早兴建园林的国家之一。早在3 000年前的商周，就产生了园林的雏形——囿。而园林一词的出现早见诸于诗文，如西晋朝左思《娇女》：“弛骛翔园林”，张翰《杂诗》：“白日照园林”，南朝宋·何承天《雉子游原泽》：“欲啄虽勤苦，不愿栖园林”，唐朝白居易《春尽归》：“春归似遣莺留语，好住园林三两声”，宋朝黄庭坚《咏梅》：“雪后园林才半树，今春花鸟作边愁”，等等。古人所谓的园林，大多泛指当时的宅园或风景圣地。自秦汉至明清，历代帝王不断修建宫苑，同时江南私家园林和风景区也大量兴起，几经兴衰，形成了我国独特的园林艺术创造风格。

解放初期，由于有一段全面学习前苏联的历史，而使我国历史悠久且为国际所称道乐用的“造园”一词渐被遗弃，而以庭园古名“园林”代之。但现代园林的内容更为广泛，类型更为繁多，甚至包括了更大范围的区域性或国土性的生态景观，并且发展成为一门综合性的环境学科。建国以后，随着旅游事业和环境科学的发展，尤其是近 20 多年来，园林建设和研究又进入了一个崭新的阶段。

园林是集科学性、艺术性和实践性等于一体的综合性学科。以材料而论，与建筑、树木、花卉、动物、水石等密切相关；以科学而论，与农学、林学、工学、历史、地理、生物、气象、地质、土壤等密切相关；以艺术而论，与美学、绘画、文学、雕刻、制图等有密切的关系；以工程而论，必须具有造园的规划、设计、施工、管理等技术。园林的规模虽然有大有小，内容有简有繁，但都包含着山、水、植物和建筑四种基本因素。现代园林的发展宗旨是以为大众服务为目的的，其中的导游和快速疏导游人的功能性以及新型材料在建筑、道路、广场艺术设计中的使用，得到了前所未有的发展，因此又将道路、广场等园林硬质景观纳入园林，成为第五要素。

园林学包括的范围很广。众所周知，没有树木花草就不成其为园林，所以植物是构成园林的首要条件；人们生活质量的提高其中包括两个部分，一是生产环境，二是生活环境，而美化环境的任务渗透到了两个环境之中，这就要求园林工作者具备相关的综合修养；园林空间不但是一个艺术空间，同时也是一个生活空间，因而也要求我们具备建筑、工程、地貌等方面的基础知识；中国是一个文明古国，丰富的自然景观和人文景观的交织，是我们进行规划设计的基础，所以社会、历史、地理等有关方面也是我们关注的一个方面；现代园林以服务于大众为宗旨，做到雅俗共赏是最基本的要求，因此还要懂得一些旅游、社会心理学的知识；我国园林不像欧洲园林那样坦荡，它讲究含蓄，富有哲理，尤其是写意山水园林，常常体现出作者的思想感情所要表达的意图和人生哲理，所以园林工作者也需要懂得一些哲学；建设园林需要耗费大量的物质财富和劳动力，在宏观布局和具体项目的规划设计中，必须考虑社会效益、环境效益和经济效益。以上说明，园林是一门自然科学与社会科学交织在一起的综合性很强的边缘学科，所以作为一个园林工作者，应该具有多方面的科学知识。

园林学的研究范畴是随着社会生活和科学技术的发展而不断扩大的。当前的研究范畴包括传统园林、城市绿化和大地景观三个层次。

传统园林学主要包括园林艺术、园林史、园林植物、园林建筑、园林工程等分支学科。城市绿化是研究绿化在城市建设中的作用，确定城市绿地定额指标、城市绿地系统的规划和各类绿地的设计等。大地景观是把自然景观和人文景观当做资源来开发，从生态效益、社会效益和经济效益与审美效益等几个方面的融合进行评价和规划。这些工作需要以传统园林学的知识为基础。

大众审美修养的提高要求园林学科的综合性也越来越强，因此，一方面需要引入新材料、新技术、新的艺术理论和新的表现方法等方面用于园林的营建，如利用遥感技术以及计算机辅助设计来进行相关的规划、设计工作；另一方面还要进一步研究自然环境各个因素和社会因素的相互关系，引入心理学、社会学和行为科学的理论，深入地探索人们对园林的需求及其解决的途径。

2. 园林艺术及园林美

我国的造园艺术在世界园林艺术中自成一体、独树一帜而久放异彩，其完整的理论体系在明代崇祯四年(公元 1631 年)就完成于计成所著的《园冶》一书之中，后流入日本，并被誉为《夺天工》，可见对其评价之高。而“造园”一词首见于该书。由于《园冶》一书初版附有明末时期声名狼藉为人不齿的阮大铖序言而致殃及池鱼，导致清代 268 年间寂然无闻。1931 年前后，由国人从日本获得残本，补充问世。全书共三卷，一卷包括总论的兴造论、园说 2 篇，涉及相地、立基、屋宇、装折 4 篇；二卷全志栏杆；三卷分门窗、墙垣、铺地、掇山、选石、借景 6 篇。从造园艺术思想到园居生活要求，从总体规划到园林建筑，从结构列架到细部装饰，论述极为广泛。此书对鉴赏中国古典园林，研究中国造园艺术，从事园林专业工作，都有重要的借鉴作用。

在西方，16 世纪的意大利、17 世纪的法国和 18 世纪的英国，园林已被认为是非常重要的艺术，是各种艺术融于现实环境为一体的荟萃艺术。1638 年法国造园家 J. 布阿依索的名著《论园林艺术》问世，其论点是：“如果不加以条理化和安排整齐，那么人们所能找到的最完美的东西都是有缺陷的。”17 世纪下半叶，法国造园家 A. 勒诺特提出，要强迫自然接受均衡的法则，他主持设计的凡尔赛宫苑，利用地势平坦的特点，开辟大片草坪、花坛、河渠，创造宏伟华丽的园林风格，被称为勒诺特风格，西欧各国竟相效仿。

园林艺术与其他艺术如文学、绘画、雕塑、工艺美术等的区别和联系是显而易见的，它们的共同点是：能通过典型形象反映现实，表现作者的思想感情和审美情趣，并以其特有的艺术魅力影响人们的情绪，陶冶情操，提高文化素养。不同点是：园林不单纯是一种艺术形象，还是一种物质环境，是精神与物质的融合再现为一种艺术的环境。这就构成了其自身的特点：园林艺术是与功能性高度统一的一种艺术，同时，又是具有构成生命因素的艺术形式，它不但与科学相结合，而且与其他多种艺术相融合而成为一种综合性的艺术。

任何一种艺术形式，都建立在美的基础之上形成了本身的特点，园林艺术也不例外。什么是园林美？关于美的问题则涉及哲学的范畴，我们将在第一章中进行介绍。

3. 学习园林艺术的方法

中国是一个具有五千年文明历史的国度，灿烂的古代文化衍生了形式多样、丰富多彩的民族艺术，而园林艺术就是这众多艺术形式宝库中一颗璀璨的明珠。它与人的现实生活密切联系，以其类型之丰富、内容之广泛、规模之宏大、数量之众多而涉及人们生产和生活活动的方方面面。

我国的造园历史悠久、源远流长。自殷、周到春秋、战国时期，自秦、汉到南北朝时期，自隋、唐到明、清时期，中国的造园历史经历了萌芽、发展和兴盛三个重要的历史阶段。各历史时期都有其典型的代表，如周文王的“灵囿”、汉代的“上林苑”、唐代的“华清宫”、明清的“西苑”（北中南海连在一起的总称）和“圆明园”等，在众多的园林作品中，圆明园历经康熙、雍正、乾隆、嘉庆、道光、咸丰六代，150 年的经营，成就了我国历代王朝前所未有的，与法国凡尔赛宫合称为世界园林史上两大奇迹之一的皇家园林。19 世纪法国著名作家雨果曾经赞誉说：“凡是人民——几乎是神奇的人民所能想像所能创造出来的一切，都在夏宫（指圆明园）身上得到体现。”又说：“艺术家、诗人、哲学家，个个都知道这座夏宫，伏尔泰就提到过它。人们常常这样说：‘希腊有帕德嫩神殿、埃及有金字塔、罗马有大剧院、巴黎有圣母院、东方有夏宫。’没有亲眼看见它的人，那就尽管在想像中去想像它好了。这是一个令人叹为观止、无与伦比的艺术杰作。”

丰富多彩的传统园林艺术文化遗产是古人留给我们宝贵的精神和物质财富，如何继承与发扬、改革与创新是我们必须面对的一个现实问题。

毛泽东同志在《延安文艺座谈会上的讲话》中指出：“继承和借鉴决不可以变成替代自己的创造，这是决不能替代的。”所以园林设计在继承与借鉴的过程中，必须抛弃封建时代的糟粕，而吸收其民族性的精华；既不能割断历史，采取虚无主义的态度，又不能毫无保留地“颂古非今”或“厚外薄中”。而对待园林的内容与形式同样也是一个继承与创新的问题。1940 年毛泽东同志在《新民主主义论》中又指出：“中国的文化，应有自己的形式，这就是民族的形式。民族的形式，新民主主义的内容——这就是我们今天的新文化。”当然，今天来讲就是民族或主要是民族的形式，同时，又融合了多元文化的新时代的内容。

因此，对待继承与发展，有人这样说，创新的高度，取决于继承的广度与深度。而对于园林设计来说，还应加上适应目前国情发展的状态，同时，要有饱满的热情、积极的生活态度和对美好希望的憧憬，具有较强的前瞻性。

现代园林发展的趋势是与生态保护运动相结合的，强调结合自然、引入自然、回归自然，要求在尊重自然的基础上，适应、改造和享受自然，但不同的国家和不同的地区又有不同的具体的情况和特点。如何正确对待古典园林的问题应从以下几个方面来考虑。

① 树立为大众服务的思想。应了解群众的爱好和需要，为他们创造洁净、优雅、舒适的环境，引导人们去欣赏美丽动人的景观和进行健康、高尚的文

化娱乐活动，把提高大众的文化艺术素养视为己任。

② 遵循美观、适用、经济的设计原则。爱美是人的天性，但在人们的生活中，衣食住行尚无保障之前，根本谈不上美。美只有在人们丰衣足食、国家经济繁荣的基础上，才能充分显示出它的重要性。为了丰富生活，人们追求美，美观本身已成为一种功能而被提到日程上来了。美会给国家和人民带来巨大的物质财富和精神财富。劳动人民创造了各种各样的工艺美术品，不是为了创造它们的使用价值，而是创造了艺术价值以供欣赏。艺术价值常常高于使用价值，有的竟达到价值连城，成为无价之宝。美在一定的社会经济条件下，会上升到衡量价值诸因素中的第一位。无可非议，美是园林的属性之一，由园林构成的环境，应是充满着美的环境。园林建设的好坏并不与花钱多少成正比，有时恰巧相反，钱花多了反而把事情办坏了，这也不乏其例。在园林规划设计中，考虑经济的首要问题，是做到因地制宜，因情制宜和以植物造景为主。如果在园林建设中，大搞建筑庭园，必然会导致多花钱，而把好事办成糟事。因此，美观、适用和经济三者之间的关系，已越来越密切，是互相依存，不可分割的整体。

③ 掌握继承与创新的辨证关系。在园林事业的发展过程中，园林设计如何继承与创新一直是园林界引人注目的问题。继承与创新如同植物的遗传与变异是生物界的普遍规律一样，是所有民族文化发展的普遍规律。而且也在遵循着适者生存、不适者消亡的自然选择法则，这是不以人们的意志为转移的。

我国有 5 000 年的悠久历史，留给我们的文化遗产极为丰富，具有深厚的文化底蕴，常引以为骄傲。这种文化传统像神圣的光环，继承和发扬几乎成为炎黄子孙必然的职责。但任何民族的传统文化都有精华与糟粕两个方面，如一概继承，因循守旧，就成为束缚人们思想解放的桎梏。园林作为一种文化，就不能不随时代的发展而发展。其实，传统是历史长河中的产物，它的价值并不在于它那激动人心的过去，而在于它对现代社会的实际意义。古典园林早已不适应新时代的要求，只能作为一种历史文物，把它们完好地保存下来，供人们研究鉴赏，研究指导园林实践的艺术理论，并发扬光大。我们要杜绝园林中复古主义的倾向，以免贻笑于后人。这里需要指出的是，复古主义与仿古活动应当有所区别。复古主义是把现代园林按古典园林的模式建设，而仿古活动是满足国内外游人的猎奇心理所采用的一种商业活动，是以盈利为目的的。复古主义也应与恢复历史遗迹相区别，恢复历史遗迹的目的在于使后人缅怀古人的丰功伟绩，促使人们奋发向上，继往开来，寓教于游的一种活动。

继承和发扬传统是重要的一个方面，但作为上层建筑的园林艺术，也需要遵循“百家争鸣”和“百花齐放”的方针。园林既有愉悦大众的功能，在形式上就不能一花独放，应百花齐放。因为每个园林的大小、环境及物质条件都有所不同，这就提供了多种风格并存的可能性，不能强调了民族形式就排斥了其他形式。其实，只有百花齐放，在比较中"牡丹"才能显得更娇媚，这是普遍的真理。既要有总的倾向，也要有多种风格。也只有这样，我国的民族形式才能在竞争中得到改善和提高，在竞争中更放光彩；也只有这样，才能促进园林艺术理论的发展和形式上的丰富多彩。

我们要继承祖国园林艺术的传统不在于它的形式，更重要的是它的思想，即师法自然和"虽由人做，宛自天开"，表明中国园林中所追求的自然是人化的自然，即艺术化的自然。源于自然而高于自然是我们要继承的最本质的思想。

④ 建立以生态学为基础的"以植物造景为主"的理念。20世纪20年代沃莱尼提出了"生态系统"的理论，指出这个系统是人们赖以生存的一切。从此，人们开始重新思考人与自然之间的关系。戈托钦柯认为这种关系可以分为四个阶段，即"对自然的恐惧到理性的适应，到对自然的掠夺和以生态学为依据，取得人与自然的协调"。从20世纪60年代以来，为保护人类赖以生存的环境，欧美一些发达国家的学者，将生态环境科学引入城市科学，从宏观上改变人类环境，体现人与自然的最大和谐。于是景观生态、环境美学的理论应运而生。国家公园的出现和城市生态系统工程的提出，即从生态学的观点出发，在人类生存的环境中保持良好的生态系统。园林绿化正被看做改善城市生态系统的重要手段之一。

园林工作者并不局限于向各艺术流派和各姊妹艺术学习，来提高自身的艺术素质，而要具备与园林艺术工作密切相关的全面修养。一般包括以下几个方面。

① 进步的世界观。世界观是人对整个世界的看法，影响到他对一切具体事物、具体现象的看法，也是园林工作者的灵魂。这不仅决定着他的作品的思想倾向，还影响、指导着他的整个艺术活动。

② 丰富的生活经验。生活经验的积累是一切艺术创作的基础，同样也是园林艺术创作的基础。首先是因为任何艺术创作的源泉只能是生活；其次，园林艺术创作还必须依靠对生活、对大众的理解、洞察和奉献精神。

③ 广博的文化知识。现代社会的飞速发展，决定了各学科之间联系的广泛性和深刻性。刘少奇同志曾指出："文化水平决定作家的创作水平。"这一看法在今天对园林工作者尤为重要。

④ 熟练的艺术技巧。周恩来同志指出："任何艺术不掌握规律，不进行基本训练，不掌握技术，是不行的。"园林艺术也是如此。

第1章　园林艺术的特征

随着经济和文化的飞跃发展，人类已进入了用美的尺度重新塑造美的生存空间和居住环境的新时期。研究如何运用美的规律创造一个优美的环境，已成为当前人类追求更高、更丰富的精神生活的重要课题。而探究园林美，园林审美与园林艺术又成为美化环境和满足人们精神生活需要的前提之一，于是也就产生了园林美学。

§1.1　美的一般概念

1.1.1　什么是美？

古希腊的毕达哥拉斯学派，首倡“美在形式”的理论，认为美同事物形式所表现出来的均衡、对称、比例、和谐、多样统一等分不开，甚至认为“一切立体图形中最美的是球形，一切平面图形中最美的是圆形。”英国画家荷迦兹认为，波状线是一种“真正称得上是美的线条”。美学家克莱夫·贝尔认为美是“一种有意味的形式”。古希腊哲学家柏拉图认为，美的本质在于理念。黑格尔说：“美因此可以下这样的定义，美就是理念的感性显现。”纵观对美的认识，可以归纳为以下几种类型：

“美在典型”学派认为不能把美归结为事物的形式结构，而主张美是典型，是同类事物中最富有代表性的。

古希腊哲学家苏格拉底认为画家在创作时，“从许多人物形象中把那些最美的部分提炼出来，从而使所创造的整个形象显得极其美丽。”18世纪法国启蒙思想家孟德思鸠说：“美的眼睛就是大多数眼睛都像它那副模样的。”

“美在主观”学派不赞成从客观对象中寻找美，认为美是由人的心灵主观决定的。

意大利美学家克罗齐说：“美不是物理的事实，它不属于事物，而属于人的活动，属于心灵的力量。”当代西方美学家主张在审美活动中，“客观对象是不需要的”，“美完全依赖于主体的精神状态”，人类的“审美知觉一旦转向任何一种对象，它立即就能变成一种审美的对象”。

法国启蒙主义狄德罗是“美在关系”的创导者，认为“美总是随着关系而产生、而增长、而变化、而衰退、而消失。”

19世纪俄国革命民主主义文学家、美学家车尔尼雪夫斯基提出，现实中的美就是艺术美的源泉，美就是生活，美存在于社会生活自然现实之中，而不存在于人的意识之中。认为凡是有益于人们生活的东西，符合人类生活要求的东西，或者能够显示出生活以及使人们想起生活的东西，那就是美。

凡此种种，古往今来关于美的答案是什么，令人眼花缭乱，不胜枚举。柏拉图对许多有关美的看法作一番探讨后承认：“我得到了一个益处，那就是更清楚地了解一句谚语：‘美是难的’”。狄德罗则说：“人们谈论最多的事物，像命运安排似的，往往是人们不熟悉的事物；许多事物如此，美的本质也是这样。”俄国作家列夫·托尔斯泰说：“‘美是什么’这一问题却至今还完全没有解决，而且在每一部新的美学家著作中都有一种新的说法，……‘美’这个词儿的意义在150年间经过成千学者的讨论，竟仍然是一个谜。”

事实上，无论在自然界，在人类社会生活中，还是在艺术领域里，美都是普遍存在的，例如，大自然里的石头，粗糙的花岗岩是一种美，打磨光滑的花岗岩也是一种美；大理石打磨后宛如一幅幅写意山水画；绚丽多彩的雨花石是一种美；透、漏、瘦、皱的太湖石也是一种美；涓涓溪流是一种美；磅礴的大海也是一种美，更不用说多姿多彩的植物与动物。因此，大自然的万物，均具有美的特性。在人类社会生活中，美也是无处不在的，从人们使用的各种物品、建筑，以及人所创造的一切，均含有美的因素，更不用说以美为表现目的的艺术领域。我们可以说：美是一切事物的本质与表象中固有的特征之一。

1.1.2 美的产生

在自然界中，美是客观存在的，而在人类社会生活中，美则有其产生和发展的过程。下面以原始社会为例，探讨美的产生过程。

1. 从石器的造型上看美的产生

在原始社会中人与人的关系是互助合作的关系，在劳动中人类是作为自由创造的主体而存在的。首先人类用自己的劳动创造了实用价值，而后才创造了美。事物的使用价值先于审美价值。

“食必常饱，然后求美；衣必常暖，然后求丽”——《墨子》。“短褐不完者不待文绣”《韩非子》。人们总是在满足物质生活需要的基础上，然后才能提出精神生活的需要。恩格斯曾说：“人们首先必须吃、喝、穿，然后才能从事政治、科学、艺术、宗教等等”，从历史唯物主义的高度指出物质生活需要与精神生活需要（包括审美需要）的关系。人类最初进行生产并不是为了创造美，也没有专门创造出美的对象，美和实用是结合的，有用的、有益的往往也就是美的。因为人类劳动是从制造工具开始的，工具的制造最明显地体现了人类有意识有目的的活动。

北京周口店中国猿人距今约 50 万年，属于旧石器时代晚期，当时使用的是打制石器，很粗糙，没有定型，往往一器多用。从材料的选择、加工的方法，到外形的特征，都体现了人类自觉、有意识、有目的的创造活动。所以不管这种石器如何粗糙，对人类历史的意义却极为重大。原始人类制作这种石器的目的并不是追求美，而是为了实用。山西许家窑人，也是属于旧石器时代，遗址中发掘出许多石器，其中最重要的发现是石球，数量约有 1 500 枚。

丁村人(山西襄汾县)，属于旧石器时代中期。在北京中国猿人之后，经历了几十万年艰苦的实践。在石器的造型上由于用途不同形成了初步的类型。如砍砸器、厚尖状器、球状器等，其中大三棱尖状器虽然数量不多，但为丁村旧石器所特有，既锐利又坚实，在造型上从实际出发注意到了均衡与对称。

从美学意义看这个时期的器物有两点值得注意。一是钻孔和磨制技术的发展，最有代表性的器物是骨针，针尖和针孔的加工都是一种细致的劳动；二是装饰器的出现，装饰器中有石珠、兽牙、海蚶壳等，装饰器有红色、黄色、绿色，相映成趣。这些器物反映了原始人类在解决物质生活的基础上审美要求的发展。

西安半坡村和山东大汶口的石器，均属于新石器时代。这些石器大多是磨制的。磨制石器是新石器时代具有特征性的器物，最早只是刃部磨光，后来发展到通体磨光，同时还出现了锯割等先进技术，最常见的有斧、凿、锛、镞等。这些器物由于采用磨制的方法，不但提高了实用的效能，而且在造型上美的特征(如光滑、匀整、方圆变化等)也更加明显。

山东大汶口出土的玉斧(一说为玉铲)，属于新石器时代晚期的遗物。这种斧具有明显的审美特征，在造型上方、圆、薄、厚的处理十分规整、匀称，在色彩上又是那么滢润、光泽、斑斓可爱。玉石的质地坚硬易碎，加工的难度较大，在 5 000 年前能生产出这样的产品，可以说是一件美的创造的杰作。

故宫博物院收藏的龙山文化晚期的墨玉锛，长 21.8 cm，宽 5.5 cm，厚 1.0 cm，形体狭长，刃锋不利，上部一孔，除孔上露出浅灰色石性，以及锛身偶露原质的灰色斑点外，通体漆黑光洁，孔下碾十余宽，窄阴线，线纹中，中部阴刻变形兽面纹，两边阴线为变形鸟首涡纹，下部剔起隐起阴线变形兽面纹，图案奇特，碾琢工细，是目前所知这类玉器中最精美者，它已不是实用器物。

故宫博物院收藏的青玉兽面琮，半透明有黑斑，乳自状绺，周身褐沁，中心圆孔自两头对钻，孔内光滑，反映了当时精湛的钻孔技术。管身长方，四角圆润，四面均呈凸孤状，四边砣九层多齿状饰，每层以五角为中心左右对称，组成一个兽面备案。其手法：鼻、眉做平凸，以空心钻出圆圈状双眼，口、眉用极细而曲折的阴线组成涡纹和横竖叠落的方块几何纹。

新石器时代是以磨制光滑石器为主要标志的，制石技术从敲击发展到琢磨，经历了数千年，玉器的碾琢奠基于长期磨冶石器的技术基础之上，两者在刻、琢、磨、钻技术上可以说完全一致。

制造石器的主要目的在于实用，故造型对称、器体光滑，加工比较简单，玉器除实用外，还有另外的需求，所以在技术上比较复杂。

在艺术上，玉、石器的差异更为明显，玉器大多出于人们观念上、美感上的需要，是非实用性的一种特殊功能所派生的装饰美。

玉器在原始人群的生活中，究竟起什么作用，至今仍然不易解释。传统的解释为：青玉石彝应是圭，在奴隶社会里是"以等邦国"的符瑞，琮是礼地的祭器。

2. 从古代"美"字的含义看美的产生

一种解释是大羊为美。在《说文解字》中写道"美，甘也。从羊从大。羊在六畜主给膳。美与善同意。"所谓"美善同意"，说明美的事物起初是与实用相结合，羊成为美的对象和社会生活中畜牧业的出现是分不开的，羊作为驯养的动物是当时人们生活资料的重要来源，对于人类来说是可亲的对象。羊不仅"主给膳"可充作食物，而且羊的性格温驯，是一种惹人喜爱的动物，特别是羊身上有些形式特征，如角的对称，毛的卷曲都富有装饰趣味。在甲骨文中的"羊"字，洗练地表现了羊的外部特征，特别是头部的特征，从羊角上表现了一种对称的美，不少甲骨文的"羊"字就是一些图案化的美丽的羊头。

另一种解释，不同意大羊为美的看法，认为美和羊没有关系，"美"字是表现人的形象。"美"字的上半部所表现的是头上的装饰物，可能是戴的羊角，也可能是插的羽毛，有的学者推测："像头戴羽毛装饰（如雉尾之类）的舞人之形……饰羽有美观意"，从美字的象形来看，是表现一个人头插雉尾正手舞足蹈。持这种看法的学者认为从美字上体现了美和人体、美和装饰、美和艺术的关系。

对于美的含义，以及在历史上的演变，是一个有待进一步研究的问题，各种不同看法都可以启发我们的思考，不宜以一种看法完全排斥另一种看法。

3. 从彩陶造型和纹饰看美的产生

在新石器时代陶器发明前，人类对自然的改造，都是改变材料的形状，并没有改变材料的性质（如制作石器只是改变石头的外形，使其出现刃口等）。而陶器的制作是把粘土经过加工做成坯子，再烧制成另外一种新的物质——陶。陶器的出现标志着人类智慧的进一步发展。陶器对人类生活有着重要影响。陶器作为生活用器，首先要考虑实用，陶器的各种造型都是从属于器物的实用目的。如炊器有鬲、釜；炊食器有碗、盆、杯；汲水器有尖底瓶；盛储食物有瓮、罐等，从这些器物的造型看出它们都是从实用需要出发来制作的。

从目前出土的陶器进行分析，黄河流域主要有仰韶文化、马家窑文化、齐家文化、新店文化、唐汪文化、大汶口文化等，均以彩陶著称，其中邓家窑文化的彩陶，图案之精美，构成之复杂，是彩陶中的珍品，不少彩陶罐不但侧视时构图精美连续，俯视时也同样形成精美的完整的构图(图 1－1，图 1－2，图 1－3，图 1－4，图 1－5)。

青海大通县上孙家出土的舞蹈纹彩陶盆，舞蹈形画面三组，每组五人，手拉手，面向一致，头侧各画一斜道，似为发辫，摆向划一。每组外侧两人的一臂画两道，似反映空着的两臂舞蹈动作较大而频繁之意。人下体画三道，接地面两竖道为两腿，下腹体一斜道，似为饰物。整个画面，真实生动地反映了 5 000 年前原始社会先民们劳动之暇，在欢乐地集体跳舞和歌唱(图 1－6)。

图 1－1　马家窑文化马家窑彩陶几何形纹

上、俯视图　下、正视图　甘肃榆中出土

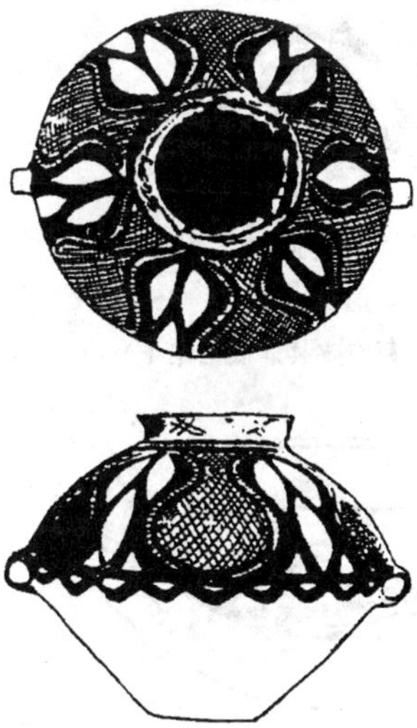

图 1－2　马家窑文化半山型彩陶几何形纹

甘肃临洮出土

新石器时代长江流域主要有青莲岗文化、良渚文化、大溪文化、屈家岭文化，其中江苏青莲岗文化中彩陶最为精美(图 1－7，图 1－8)。

彩陶不仅是为了实用，而且有很高的艺术价值，它是实用性和艺术性的结合。陶器和石器比较有更明显的审美特征，表现在：

(1) 陶器的造型和装饰具有更多的自由和想像的成分。体现了人的精神特征，从形象上流露出当时人们在美的创造中的喜悦。

(2) 比较自觉地、娴熟地运用形式美的法则，如图案中的对称、对比、变化、多样统一等等。

(3) 在许多彩陶上还体现了在整体上的和谐效果,如图案与器形的协调。

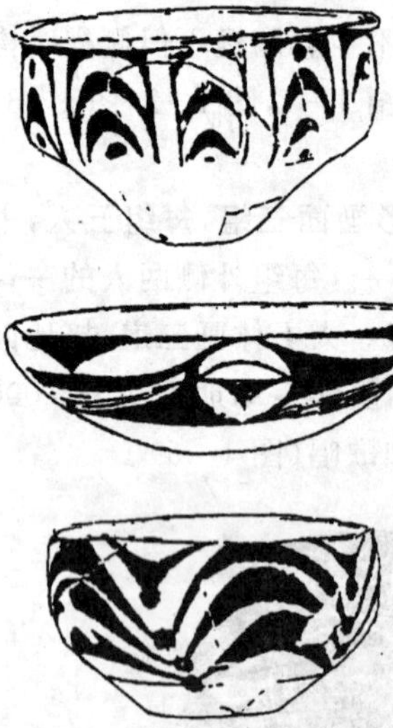

图 1-3　仰韶文化庙底沟型彩陶
几何形纹
(河南陕县庙底沟出土)

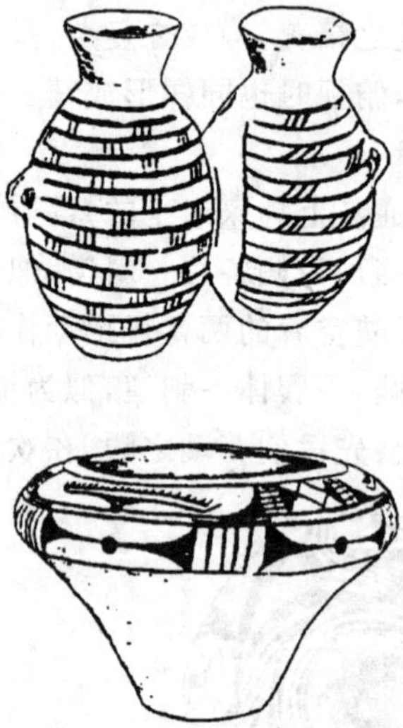

图 1-4　仰韶文化彩陶　几何形纹
(河南郑州大河村出土)

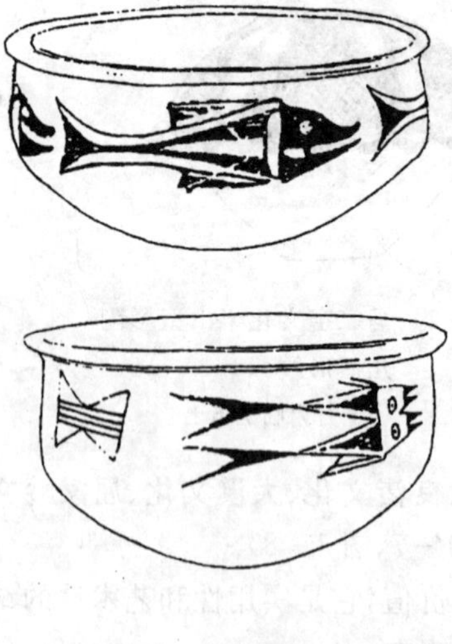

图 1-5　仰韶文化半坡型彩陶
鱼纹

图 1-6　马家窑文化马家窑型
舞蹈纹彩陶盆

图 1-7　青莲岗文化彩陶　植物形纹

（江苏邳县刘林出土）

图 1-8　青莲岗文化彩陶　植物形纹

（江苏邵县大墩子出土）

这些彩陶的制作过程和方法，也体现了人类在研究和掌握形式美上的巨大进步。以上对美的产生进行的分析，说明了以下几点：

· 美产生于劳动。

· 在美的产生过程中使用价值先于审美价值。

· 从实用价值到审美价值的过渡中，人类的观念形态起到了中间环节的作用。

1.1.3　美的发展

在人类发展的历史过程中，正是由于生产劳动，人类才不断地认识和改造了客观世界，使自然界日益符合人类生存的需要。与此同时，人类也不断地改造自己，使自身的本质力量得以完善和丰富，人在自由创造中发展了本身。现代科学认为，智力（抽象思维能力、推理能力、判断能力、想像能力、综合能力等）的大小与大脑皮层的大小有关：人的大脑皮层面积约为四张打印纸，黑猩猩约为一张打印纸，猴子约为一张明信片，老鼠约为一张邮票大小。正是人的自由创造能力，促进了人大脑皮层的扩大，同时在人类的遗传密码中，储存着更多（越来越多）的智力模板和信息密码，以致于人的智力具有某种无限可发展性。

凡是人们在创造性的活动中显示出来的聪明、智慧、才能，在追求新生活中所显示出来的理想、情感、愿望，都是人的本质力量的具体表现，同时也在不同程度上，在事物的不同侧面，表现和发展了美。因此，美是一种历史现象，是发展的、变化的，它是随着人的创造力不断提高，经历着由少到多，由粗到精的发展过程。美的发展具有一定的历史尺度和历史的阶段性。

在我国文学发展史上，从诗300篇到汉乐府、赋，从唐诗宋词到元曲，从唐人传奇到明清话本小说，无不具有历史的阶段性和历史的发展脉络，在我国书法史上，从甲骨文、金文到大篆小篆，从汉隶到魏楷唐楷，从晋行书到唐宋草书，同样具有历史的阶段性和发展脉络。

马克思在《1844年经济学哲学手稿》中指出："动物只是按照它所属的那个种的尺度和需要来建造，而人却懂得按照任何一个种的尺度来进行生产，并且懂得怎样处处都把内在的尺度运用到对象上去。因此，人是按照美的规律来创造。"

车尔尼雪夫斯基在《生活与美学》中指出："每一代的美都是而且也应该是为那一代而存在……当美与那一代一同消逝的时候，再下一代就将会有它自己的美、新的美，谁也不会有所抱怨的。"

世界上美好的事物很多。而在一切美好事物中的最美好的事物，莫过于那些推动历史前进的富有创造力量的人物形象。高尔基在《论文学》中指出："美化人，赞美人是非常有益的，它可以提高人的自尊心，有助于发展人对自己的创造力的信心，此外，赞美人是因为一切美好的有社会价值的东西，都是由人的力量、人的意志创造出来的。"

1.1.4 美的主要特征

1. 美是一种在情感上具有感染力的形象

美的事物都是具体可感的个别形象，形象是由色彩、线条、形体、声音所表现的内容等因素构成的，它作用于人的感官，影响人的思想感情，给人以审美感觉。黑格尔"美的生命在于显现"；车尔尼雪夫斯基"形象在美的领域中占着统治地位"，"个体性是美的最根本的特征"。美是一个五光十色的、丰富多彩的感性世界。自然美中不仅有峨眉天下秀，青城天下幽、夔门天下雄、华山天下险、黄山天下奇，就是在同一风景区不同气候条件下，也会显示不同的特点，像桂林山水。美的领域中最忌雷同，在艺术设计方面表现得最明显。

美虽然离不开形象，但并不是任何形象都是美的。车尔尼雪夫斯基认为"美包含着一种可爱的，为我们心所宝贵的东西。"别林斯基也说过："没有爱伴随着美，就没有生命，没有诗。"明代祝允明讲过："事之形有美恶，而后吾之情有爱憎。"一般讲美具有可爱的性质，它使人感到愉悦。但美还有一种形态就是崇高，崇高是美的一种壮丽的表现形式，尽管崇高和优美两者所产生的效果有区别。但是两者在情感上的感染力则是一致的。

2. 人的自由创造赋予形象以美的生命

美之所以使人感到可爱，美的形象中之所以有感染力量，就在于美的形象中蕴含着人的本质。

3. 美具有潜在的功利性

从美的形式看，最初是实用价值先于审美价值。对人首先是有用、有益的，然后才能成为美的。在美的事物中善的直接功利性被扬弃了，善升华为形象，善消溶在形象中。人们在欣赏的时候，几乎不去考虑功利，但是人们在欣赏美的形象时却潜伏着功利。所谓功利性，除了实用的功利外，还有精神上的功利。艺术作品所给予人精神上的“陶冶”，愉悦和感染作用，就是艺术品的社会功利性。

4. 形式对于美具有特殊的重要意义，形式是构成美的形象的必不可少的条件

美的形式的共同特征——形式美的法则，如对称均衡、调和对比、多样统一等等。形式美通过审美才能在美的各种形态中相互渗透，在自然美和社会美之间，自然美和艺术美之间，以及每一种形态内部各个美的事物之间都相互融合和渗透。例如，“江作青罗带，山如碧玉簪”这是在自然美中渗透人的美，《洛神赋》中“若轻云之蔽月，若流风之回雪”这是在人的美中渗透自然美，形容怀素草书“飘风骤雨惊飒飒，落花飞雪何茫茫”这是在艺术美中渗透自然美，“日出江花红似火，春来江水绿如蓝”这是在各种自然美之间的相互渗透。

人类在长期实践中自觉运用形式美的规律来创造美的事物，并在创造美的过程中积累愈来愈多的经验。研究形式美是为了推动美的创造，以使形式更适宜表现内容，达到美的内容与形式的高度统一。

1.1.5 美感的特征

人的美感，本质上是一种审美认识。因此，它具有人类认识的一般特性，即它是理性的、实践的；从认识的成果来看，人的美感可能是正确地反映了客观世界的美，也可能是谬误地反映了客观世界的美。人类的美感也有正确和谬误之别，人的审美认识同样是一个获得相对的审美真理性认识到绝对的真理性的审美认识的发展过程。在美感中，一方面有反映对象美的客观内容，另一方面是主观对美的感受和感动，有感性器官和大脑的作用。构成美的认识的主观形式，终究不能脱离认识的客观内容，不能脱离审美对象的客观状况。各种感情产生都有复杂的客观社会原因，没有无缘无故的爱，也没有无缘无故的恨，而且在审美过程中，景物（及作品中景物描画）引起的感触、联想，结合作品的比喻手法的艺术效果，才是激发感情的直接缘由。这些感情的缘由，最后无不依靠认识。所以承认美感的感性因素，也不能因而忽视美感中认识作用

的主导地位。美感是主、客观的统一。

美感和快感是不同的。快感是各种刺激物(如声音、色彩、形状等),直接作用于感官引起的一种感受,只属于纯"感觉"的一种快适、舒服,表现为看来顺眼,听来顺耳的一种感受;美感,则是人的意识对客观存在的美好反映,是以知觉形式反映客观事物,也就是说,客观事物是作为整体反映在审美意识中。审美感受离不开视觉、听觉,以对审美对象的感知为基础,但是,更重要的是,审美感受要通过大脑的作用,在联想、想像、理解的帮助下才能真切地获得,是一种高级的、复杂的心理、精神活动。

美的一个基本特征是它的形象性。对于美的感知,就是要感知形象。所谓"审美能力",绝不是一种本能的能力,而是一种理性的认识能力。真正的审美认识应该是现象与本质、形与神、感性与理性的高度统一。外形能迅速打动感官和感情,但忽视美的认识的理智作用,便会陷入片面性。至于欣赏较复杂的美的现象,如人物性格之美,就更是如此了。

在美感中有一种情况,是主观的美的观念和客观的美的对象,一旦突然相遇,即"两相契合,一见倾心"。如《红楼梦》中的宝黛,莎士比亚戏剧中的罗密欧与朱丽叶,他们各自一见对方,就好像早已相识,或是早在想念的人一样,欢欣无限,遂定终身。凡是这样的美感,大都由于美的观念得到满足而引起心灵的愉悦。

另一种情况,是由于美的对象是普遍的,因而更容易引起所有人心情的愉快。这主要是山水景物或自然现象的美,如秋夜月光的美,不仅引起美感,更会启迪人浮想联翩。

同一审美对象,对不同经历、素养和心境的人来说,具体审美感受也可以大不相同。例如:"情人眼里出西施"。"大观园景色很美,但在寄人篱下的林黛玉眼中,最动情的却是一片无人清扫的残花落瓣,而吟成了一首烩炙人口的《葬花词》"。托尔斯泰笔下的安娜,当她对丈夫有情的时候,感到丈夫耳朵上的那颗黑痣特别美,当她对丈夫无情时,就感到丈夫耳朵上的那颗黑痣特别刺眼、恶心。桂林山水,韩愈称赞"江作青罗带,山如碧玉簪"。可是柳宗元不被山丽水秀所动心,却写下了"林邑东回山如戟,牌牂(江名)南下水如汤"等等。

人的美感观念是后天的,在屡次美感过程中是社会地形成的。这种美的观念一经形成,就会指导与帮助人们对某一事物做出美的判断。美感作为一种意识形态,它不能不受到社会环境与阶级的影响。

美感具有时代性、历史性、阶级性,而且还存在着全民性的共同的美感特征。

1. 美感是有时代性的

古代帝王园林崇尚金碧辉煌,"错宗镂金,雕绘满眼"。陶渊明时代"初发芙蓉，自然可爱”，追求自然、朴素、淡泊、真实的意境。

2. 审美思想具有历史继承性

这种继承性是以艺术的历史继承性为基础的。任何一个时代的艺术风格的蝉替变化，总可以看出它的历史线索和文化的继承关系。

3. 美的观念具有民族性

马来西亚和新加坡喜爱绿色，以它象征宗教，然而禁忌黄色，因为黄色是王宫使用的；法国人喜欢粉红色、蓝色，又认为灰色高雅，但是，憎恶墨绿，因为纳粹军服用此色。

4. 美的观念有阶级性

对美的事物，不同阶级有不同的审美角度。埃及的金字塔、狮身人面像，反映了奴隶主阶级的审美观念与审美特点。但今天旅游者，则把它当作古迹，赞赏它的美。故宫建筑群体现了封建统治阶级和等级制度的美的观念。今天游故宫，是欣赏劳动人民的智慧，从建筑的精美、壮丽的角度去欣赏。

5. 审美观念也有共同性

古今中外，不同阶级的美感除有差异的一面外，也有共同的一面。共同美就是指美感的共同性的侧面而言的。美感的共同性内容是客观存在着的美。对于客观上美的事物，只要人的主观方面真实地反映了它的美，就有了共同的美感。如古希腊和古罗马文化，中国远古朝代的神话小说和一些古今中外名著，还有音乐、绘画、自然风光等，它已超越了不同时代、民族、阶级，以它的完美的艺术形式和功利内容，成为共同的审美对象。

§1.2 园 林 美

1.2.1 园林美的内容

中外绝大多数园林都离不开自然美，但并不局限于自然美。以著名的佛教园林胜地灵隐寺为例：东晋咸和元年（公元326年）印度和尚慧理云游至此，这里还没有建寺，更不用说修建整个西湖了。但他慧眼独具，一下子就看出了这里风姿卓绝，景色如画。他赞叹不已，说道，此乃仙灵隐居之地也。于是，他在此结庐修炼。据传，灵隐寺就是慧理和尚修建的，并因他的话得名。到了唐代，灵隐寺便已颇具规模。宋诗人有：“鹫岭郁岩绕，龙宫锁寂寥。楼观沧海日，门对浙江潮。桂子月中落，天香云外飘。扪萝登塔远，刳木取水遥……”。

园林美中自然因素和社会因素缺一不可。“天下名山僧占多”，宗教园林和山青水秀的自然美之间有不可分割的联系，却也无法否认多数园林都不是自然风景中划出一片景区了事，而还要按照人对自然的审美感受，和园主及设计师的审美情趣，遵循美的规律，经过长时期的增补修茸才能最终成型的。

相当一部分皇家园林，官邸园林和士大夫、文人园林在兴造时往往体现了一种力图把某地最富有代表性的山光水色纳入园中的刻意追求：除了摹仿该地的建筑风格、采用当地的石、木、花、草之外，还有意识地使新园的面貌具有该地山水的结构特点和意境，乃至气势。为了解决新园因空间局限而容纳不下原有山水的大体量的矛盾，常常使用“缩龙成寸”的巧妙办法等等。这就是说，园林，不管就整体而言，还是就各类单体而言，都具有“将自然美典型化”的特点。正确理解这个“典型化”是正确理解园林美本质的重要一环。至于为了“生活美”所设置的园林建筑和设施都不是自然物，而是为了人们在园林中“可观、可行、可游、可居”，其风格、体量、形式、色彩、布局，只能使自然美更为增色，决不能压倒和破坏自然美。

作为有一定程度人工化的，由各种自然因素和非自然因素构成相对封闭、相对独立的游憩环境的园林艺术的美跟自然美(原始的大自然)不同。它是一种艺术美，其自然性与社会性统一在一起；它又和一般艺术美不一样，在许多方面都接近或近似于自然美。这并不意味着园林美就是自然美和艺术美的机械加和，亦即在自然美里嵌入或点缀些艺术美，某种“边缘的”或“杂交的”美。园林是一种独立的艺术，它的独立性并不亚于其他艺术；园林美是一种不能分割的整体艺术美。是包括自然环境和社会环境在内的，艺术化了的整体生态环境美。

园林美与其他美之间有共性。园林美与其他艺术美一样，都是艺术家按照客观的美的规律和某种审美观念进行创造的产物，是现实美的集中和提高，是艺术家对社会生活形象化、情感化、审美化的结果。更概括些说，是典型化的结果，这是共性。

再看个性。园林美是一种特殊的人造美，从园林基本单元的构成和空间艺术处理来看，它是一种对理想的生态环境的追求，对创造理想的生存空间和审美空间的一种努力。这个创造和一般艺术创造不同，不允许根本改变自然，而更多的体现社会人对“人是自然的一部分”的明智态度和自我意识。因而我们可以断言，园林美和一般艺术美不同之处不仅在于它更接近或近似于自然美，更重要的还在于它较多地体现了人与自然的和谐一致，这一宇宙的普遍规律和社会人对这一规律的某种把握。

园林美不同于自然美，不仅在于园林美容纳了若干艺术美的因素，更重要的还在于它不能不体现社会人对自然美的艺术理解、把握，体现社会人对“人征服自然”又是“自然的一部分”的辩证统一关系的认识和态度。

园林艺术是人类发展到有足够自觉的自我意识之后才出现并日益完善起来的一种特殊的人类文化现象，是一种旨在揭示人对自然既要征服又必须保持和谐一致的辩证关系的社会意识形态，其形象性、审美性和情感性都围绕这一主旨显现出来。这种社会意识形态物化的结果便是园林艺术作品。园林美正是这样一种特殊的艺术美。它是判断园林艺术价值的客观依据；判断园林艺术作品的高、下、优、劣既不能依据花木是否茂密，也不能依据材料是否名贵，建筑是否富丽堂皇，工艺是否精良，同样不能只看它是否符合"艺术的普遍法则"，最主要的依据只能是看它是否能揭示，又如何揭示这种辩证关系。

总之，园林美是在特定的有限整体生态环境里，按照客观的美的规律和人对自然足够明智的审美观念创造出来的艺术美，用鲜明、突出、生动的正面形象，有力地揭示了人对自然既征服又保持和谐一致的本质。

1.2.2 园林美的特征

园林艺术与绘画、音乐、戏剧等其他纯艺术不同。

园林既是人们满足文化生活、物质生活的现实生活环境，同时园林又是反映社会意识形态与满足人们精神生活与审美要求的艺术对象。因而园林的美，要求现实生活的美与艺术美高度地统一起来。

园林作为一个现实的物质生活环境，必须使园林布局，能够保证游人游园时，感到在生活上的最大舒适。

首先应该作到园林的空气清新，不受烟尘污染，卫生条件良好，水体清洁，在空气与水体中没有异味及病菌等。园林的卫生条件，是园林美的前提。

其次园林应该作到最适于人生活的小气候，使园林在气温、湿度、风等综合作用所形成的有效温度达到比较理想的要求，冬季要防风，提高气温，夏季则要有良好的气流交换的条件以及降温的措施，规划一定的水面、空旷草地，但又有大面积的庇荫的密林。

园林中，还要避免噪声的干扰，在规划中应该有消声和隔音的处理。

因此园林的美，必须与舒适的气候条件统一起来。

此外就园林构图，对于嗅觉和听觉应有良好的作用。园林中对听觉的作用与嗅觉的作用，不能像纯艺术那样来处理，这是属于现实生活美的范畴。

中国对于园林的理想，有一种传统的看法，即希望达到"鸟语花香"的境界。因此，园林对于芳香植物的运用，有重要的作用，同时，芳香植物也有一定的经济效益，既能结合生产，又能香化环境。

在听觉方面，园林首先应该排除噪音，使园内各种音响，例如风声、水声、泉声、虫鸣鸟语，都有和谐的处理。听风声，松涛万壑就胜于白杨肖肖；听雨声要多种芭蕉、荷花、梧桐；听水声要有溪、有瀑、有泉；听鸟语要多种灌木和浆果植物，忍冬、葡萄、山楂、悬钩子、接骨木、玫瑰、野蔷薇、苹果、海棠、梨、桃、梅、李、杏、小蘖、桑等果树最能诱引鸟类。

园林中的声音美，是自然界的声音美，这是一种自然美，这种自然美与园林的艺术布局，有很大影响，但这和纯艺术的音乐，是有着本质区别的。

不能把园林中的自然声音美，当做一种音乐艺术来处理。

园林中，也有音乐的演奏，但那是音乐艺术在园林中的表演，这并不是园林艺术布局中的组成部分。

园林中的植物，是构成园林美的重要素材，园林植物的美，首先决定于植物的自然美，植物的自然美，必须是生长健壮，生气蓬勃，没有病虫害的。这样，就必须有适于栽培植物的土壤，有合理的灌溉排水的设施。要经常施肥，防治病虫害，首先要使植物生长发育得健壮，然后，植物配置、整形、种植设计的构图艺术才有实现的基础。健康的、茁壮生长的植物是园林植物美的前提。

园林在生活美的方面，应该有方便的交通、完善的生活设施，有广阔的户外活动场地，有进行安静的散步、锤钓、阅读、休息的场所；在积极休息方面，有划船、游泳、溜冰等进行各种体育活动的设施；在文化生活方面，有各种展览、舞台艺术、音乐演奏等。

在自然美方面，园林对于大自然的山川草木，风云雨雪，日月星辰，虫鱼鸟兽，都是园林美的重要题材，必须巧妙地利用和因借，成为构图的重要组成部分。

此外大自然的晦明、阴晴、晨昏、昼夜，春秋的瞬息变化，也都是园林自然美的组成部分，必须予以应有的安排，使其成为园林风景构图中不可分割的部分。

在园林形式的艺术美方面，园林景物轮廓的线形、景物的体形、彩色、明暗、静态空间的组织、动态风景的节奏安排是园林形式美的重要因素。

园林在处理生活美、自然美、艺术美等因素时，必须作为一个整体来考虑，不能割裂开来，孤立地去考虑。

首先是园林中的生活美、自然美与艺术美是完全统一的。园林中的美，与纯艺术是有所区别的，它必须既是生活美，又是艺术美；既是自然美，又是艺术美。自然的美，也是人化的美，也是生活的美。

艺术可以描绘自然界的沙漠、荒塬、枯树和干涸的河流，但是园林中不能再现这些景象，园林要使沙漠为绿洲、荒塬变茂林，要使枯木蓬春，要使山青水秀。

艺术中可以描写断垣残壁，戏剧中可以再现悲剧与战争，但是园林的造景，却永远是完美无缺、永远保持美妙的青春、永远是和平与幸福的象征，能陶冶人们高尚的情操，热爱生活，热爱自然的风光美景。

园林艺术到底怎样评价呢？有人说要曲高和寡，有人说要哗众取宠，也就是说要普及好，还是要提高好，我们认为应该是“雅俗共赏”。园林和一般艺术不同，如音乐厅演出的音乐可以天天变换节目，剧院每周的演出也不相同，可以有各种不同内容供不同爱好的、不同修养的观众欣赏。但是园林是天天都供给大众休息、活动的地方，所以园林应使各种不同年龄、不同职业、不同爱好、不同文化水平的游人都能各得其所，而且普及与提高均从正确的、大众的审美观出发。要做到“雅俗共赏”首先要解决生活美，发挥自然美，然后要有高度的艺术美的处理。

1.2.3 园林的美感

自园林艺术产生以来，园林艺术家们一直在探索着如何使作品能引起更多、更大、更深刻的美感。园林艺术史的主要脉络就是由园林美感（认识）史（园林理论史也是其系统化、理论化的高级形态）构成的。

1. 什么是园林美感

审美意识是客观存在的现实美在人们头脑中的能动反映。那么，园林审美意识就是现实的园林美在人们头脑中的能动反映。园林审美意识同样包括了许多层次。这里我们仅讨论基本的层次——园林美感。

园林美感也是一种主客观统一的满足感和愉悦感，是人们对园林艺术作品进行审美时所产生的一种高级的、复杂的心理活动。

说园林艺术美感是基本层次，是因为一切园林审美活动都以引起园林美感为目标和判断活动成效的重要标准，不能引起园林美感的活动是无效的活动；不能引起充分的园林美感的活动是不成功的活动。

游赏园林是为了寻求某种精神满足和身心愉悦。创作园林作品是为了游赏者从中获得这种满足和身心愉悦。从园林艺术创作依赖于欣赏并为欣赏服务这一基本点来看，园林美感是目的性层次，它直接关系到创作的水平。

人们在游赏园林时所渴望达到的精神满足和生理快感经过意象典型化转化成美的观念，然后与眼前的美景洽合，联想起昔日审美经验，才会形成并以某种程度的突发性、非自觉性（“直觉”）震颤着人的心灵，或持续地吸引着他长久玩味而留连忘返。以唐代诗人张籍《酬自二十二舍人早春曲江见招》为例：一般人有关早春的美的观念多年是“风和日丽”、“烟柳残冰”，而张籍应白居易之邀游乐游园曲江池时所遇到的恰好是符合这种观念的美景，于是写出了下面的诗句：“曲江冰欲尽，风日已恬和。柳色看犹浅，泉声觉渐多。紫蒲生湿岸，青鸭戏清波。仙掖高情客，相招共一过。”那种盼得春归和急切赴约共游曲江的心情溶于对早春景物的美感，即使过了一千余年，我们也能分享。

在园林艺术创作中，美的观念的形成和美的观念的满足（在许多环节上，身心愉悦在一定程度上淡化了），在时间顺序上不能机械划分先后，而常常是交织在一起，随着构思的成熟才逐渐清晰地区分为两种心理状态的。对园林艺术起过重大作用的石涛有两句话很能说明这一点："搜尽奇峰打草稿也"与"山川与予神遇而迹化也"。第一句说的是典型意象的来源，第二句说的正是这种洽合过程。不过，多数园林艺术家的构思都必须让"山川"与游赏者的"神"相符合，他们的"迹化"才能得到承认，只有少数园林巨匠能使自己的"神"在游赏者的心灵中引起巨大的反响。

游赏者的美感中除了包括艺术化了的典型环境美感到的满足和愉悦外，还包括对巧妙的艺术的构思和高超的艺术技巧的赞赏和折服。艺匠们所说"造烛求明，观艺求精"，以及鲁迅说的"使闻其声者，灵府朗然，与人生即会"，都可以借用到对园林美感作概括地描述。

园林美感当然包括生理快感的因素，却不能归结为生理快感。生理快感可以成为园林美感的材料和阶梯，但生理快感只有经过综合并摆脱物欲的羁绊才能上升为心灵愉悦。与精神满足和心灵愉悦相比，生理快感不仅处于表层，而且处于从属地位，只有在某种思想感情的统率下才能成为园林美感中激发因素和组成因素，五代南唐词人冯延巳有一首《清平乐》："雨晴烟晚，绿水新池满。双燕飞来垂柳院；小阁画帘高卷。黄昏独倚朱栏；西南新月眉弯。砌下落花风起，罗衣特地春寒。"正因为风振罗衣，芳心自警，景中见人，初春的园中黄昏之间的清丽、幽寂才引发并烘托出潇洒自在又微露怅意的美感。

甚至某些生理上颇为不适的感觉在面对园林时也能转化为美感。这从反面充分证明了生理快感与园林美感的联系和区别。宋代词人李清照的一首《念奴娇》就描绘了许多不适感："萧条庭院，有斜风细雨，重门须闭。宠柳娇花寒食近，种种恼人天气。险韵诗成，扶头酒醒，别是闲滋味。征鸿过尽，万千心事难寄。楼上几日春寒，帘垂四面，玉阑干慵倚。被冷香消新梦觉，不许愁人不起。清露晨流，新桐初引，多少游春意。日高烟敛，更看今日晴未。"落寞哀伤之人在重门垂帘内仍感到园内春色渐浓，欲图游春自遣而终于懒游，充分说明了园林美，快感（或不适感）与园林美感之间有本质差异。而所谓不适，多半是用人对自然不适的一面暗示人对社会的不适。

正因为如此，我们才说，园林美感是园林意识中感性特征最强的一个层次。单是感觉，不足以构成充分的感性。感觉只有偏客观性的感性（映象和反应），并不具有偏主观性的感性（情感、好恶态度），因而是片面的、低级的、零散的。园林美感中也不只有感性。其实，上面的分析已经暗示，园林美感的偏主观性的感性中就有理智和观念的作用。只是不能用清晰的逻辑和明确的概念表示出来而已。同一般艺术美感一样，园林美感中的感情和理智既有区别又不能截然对立，是对立统一。

但是，园林美感仍然不同于其他艺术美感，它是人对园林作品审美时所得到的有别于欣赏其他艺术作品时的特殊认识和享受。和其他艺术相比较，几千年来，园林艺术还是属于相当稳定的一类，它始终由三类基本因素构成正面形象。尽管不同园林作品有不同侧重，大多数园林作品都有非常稳固的结构；所有的园林作品的艺术内容和艺术价值都有最大的普遍性，因此可以在相当大的范围内使人产生比较一致的美感。这就是说，在多数情况下，即使在作为以建筑群附属物的象征性很强的皇家园林和宗教园林中，园林建筑及整体布局仍能给人振奋、愉快甚至有些亲切的美感，而与令人胆慑、森严、肃然的皇宫和寺庙建筑群立体部分给人的感觉都迥然不同。这大概就是清代皇帝不愿住紫禁城却宁愿住到圆明园、颐和园的主要原因。“天下名山僧占多”，恐怕也与此不无关系。

至于说到文学（特别是中国诗词）里有关园林的心理描绘，的确有相当一部分看起来与园林的正面形象有很大的差别，有些简直是消极情绪。然而只要我们多看些文学史和文学评论便不难了解，这些消极情绪在表面上是对自然而发，从根本上说却不是园林美造成的，而是社会造成的，园林美只起“导火索”、对照、烘托、寄托、暗示“物旧人非”等等作用。不少诗词的情绪越是低沉，对园林的描绘就越细致和美妙，岂不是从反面告诉我们，诗词作者并没有否定园林美，他们的园林美感的敏锐、细腻、深沉的程度远远胜过常人吗？这不是从反面证明了园林美感的普遍一致性吗？

普遍的，也是正常的情况并不像那些中国诗词里的心理描绘，园林美感的常态总是正面的，积极向上的，人们不厌其烦地多次游赏同一处园林就是为了获得这种精神满足和身心愉悦的美感以及使它不断深化与提高。不同年龄、性别、文化修养的人面对同一处园林，甚至同一个人在不同时期面对同一处园林，所产生的园林美感也会有差异的。但是我们可以说，这是由于审美能力、审美观念、审美理想、心境、趣味等各种主观因素有差别，审美感受就出现差异，而园林美感则是普遍存在的。

这种比较一致的正面的园林美感是人类心理史上重要的一章。我们已经看到，园林美是现实环境美的集中和提高，构成一种特殊的人类文化现象。园林文化又在人的心灵中内化并世代积累下去，会给人类观察和感受事物的方式带来变化，形成并发展着个人和民族的园林美的观念，促使人们对自己的生存环境提出园林化的要求，而这种内心的自发性和愉悦性产生的基础之一正是园林美所引起的大范围内的普遍的正面的园林美感。

2. 园林美感的构成因素

相关的美学书籍把审美感受（美感）说成是由感觉、知觉、想像、情感等构成的，但将它用于园林美感分析却无助于揭示园林美感的本质，也无助于园林艺术创作（这种创作必须依赖特殊的园林美感的培养）。

我们在反省自己游赏园林所得的感受时不难发现，它总是一个复杂的整体，但有时可以指出某种感觉（感受）比较明显，有时却说不出哪种感觉（感受）比其他的更明显些，沿着这个思路，我们不妨把园林美感作一分类，这样对园林艺术创作有实际帮助。园林美感大致有视觉美感（静观的、动观的）、听觉美感（自然音响引起的、人工音响引起的）、有亲切的感觉参加的美感、语言艺术引起的美感四种构成因素；按构成整体的方式，园林美感又分为统觉和通感两大类。

（1）视觉美感

视觉美感是园林美感的基础，几乎所有的形态都少不了它，即使在其他感受相当明显时我们也能察觉，此时的美感背后仍有视觉美感的作用；或由视觉美感引起我们的特殊注意，或在产生其他感受时联想到视觉美感。眼睛，是人最重要的感官，近代科学证明，人的信息90%以上是通过眼睛接受的。或者说是采取视觉信息的方式传递和接受的。因此视觉美感是最基本、最易感受和最为有效的，也是最普遍的。马克思说："色彩的感觉是一般美感中最大众化的形式"，指的就是视觉美感中的一种主要形式。无怪乎平常大家都说"观赏园林"或"到某公园去看看"了，我们读过的有关园林的诗词和游记，多半也是以视觉美感的描述为主干的。

按观赏位置是否移动和移动方式可将视觉美感分为静观的和动观的两大类。

① 静观美感：所谓静观美感指的是游赏者在选择好（无须强调，选择过程当然就是游赏者移动的过程，但他并未集中注意观赏）一个或若干个固定角度后自身不再作位置移动而去观赏时所获得的美感，显然，在这类方式下，主体移动过程中所获得的一切感受都变得无关紧要。用更概括些的话说就是他的注意力全部集中在有欣赏价值的空间关系里，换成理论语言就是：空间意识支配着时间意识。

静观美感的对象可以是静止不动的，也可以是活动着的。

A. 对静态美的感受　这种感受的一个重要特点是它的产生常常由于人为的安排（艺术家预先的安排或欣赏者预先的选择），换句话说，它有较明显的人为性质，因此，艺术味要浓得多。它是其园林美感最富有典型性和最能代表艺术家意图的那些景点或单体的某些侧面给人的感受。在现代，游客往往喜欢在这里摄影留念，园林宣传也往往要利用这些地方的艺术特点。初学者在实地考察时一定要认真研究这些地方的艺术特点和能使人产生相应美感的道理，力求由此获得把现实事物用于园林的能力。

对静态美的感受依观赏角度的多寡和对象的立体感程度的大小又可分为两种。

a. 绘画感　绘画感不同于我们观赏绘画时所得到的感受，我们的对象仍是立体的实物，只不过从固定角度欣赏其二维艺术效果而已。造园家常常得用路、台、椅、廊柱、漏窗、洞门、桥孔、水榭、亭轩、楼阁等等，去引导也是限制游客的视线，不少情况下，干脆定出个框子，直接把画面呈现出来。这种方法对欣赏有很大的强迫性，必须设计得很巧妙，很有艺术魅力，很含蓄，把设计意图深藏在景色之中，才能避免游赏者的"逆反心理"；最好让他们感到美丽的画面是自然而然地、不期而然地出现在眼前的。这需要深厚的艺术修养和脱俗创新的能力，以慎重而刻苦的态度去反复推敲。那种因循守旧和盲目抄袭绘画和照片的做法不足为鉴。

绘画还可以再分解为外形感、构图感、光影感和色彩感等等，可对照绘画理论去细致品味。

苏州园林多有佳例。许多供游人驻足观赏的地方，尽量做到"四面有景皆入画"。每个赏景建筑，都要在其周围造景，做到四方、六方、甚至八方对景或框景，即使在建筑密度极大的地方，也要在墙与建筑之间留出一条采光天井，载以竹石小景，以增天趣。如留园水院边隅的"绿荫花步小景"、"寒碧山庄"、东院的"石林小屋"、"五峰仙馆"大厅，都作到四面观景。楫峰轩北面小长条的天井粉壁造景，利用最小空间造出尽可能精美的画面，堪称杰作。

b. 雕塑感　所谓雕塑感指观赏角度不止一个，艺术效果也表现为三维的，即立体感较强的感受。当然，园林雕塑、仿造雕塑修建和修剪成的单体都可以给我们雕塑感。能引起雕塑感的景物的范围，还包括园林建筑、加工了的自然物乃至某些自然物。(按照雕塑的艺术原则去选择、配置或再度加工。这类单体的艺术性和人为性更强，往往用于某些景区的系列点缀，甚至成为这些景区中的核心。)

雕塑感中常寓有象征意味，比较强烈深沉，是值得特殊注意的一种园林美感。但由于我国雕塑文化有较明显的中断，发展较不充分，我们的园林雕塑往往局限于模仿实物，比附某个概念的水平上，能充分调度雕塑的造型原则去寄寓或象征社会和人自身的深层意念、深层感情的较为少见。

B. 对动态美的感受　动态美主要指活动着的对象的美。相对于静态而言，对动态美的感受有较多的自然性，这是因为艺术家的安排较不充分(或完全不经预先安排)，欣赏者只能按其自然的运动规律去感受它。苏轼有一首诗《六月二十七日望湖楼醉书》较好地表现了动态美感与静态美感的区别："黑云翻墨未遮山，白雨跳珠乱入船，卷地风来忽吹散，望湖楼下水如天。"动与静给人的不同感受对比多么强烈。

按照形象清晰的程度，动态美感又可分为两种，它们之间有大区别。

a.　明晰的美感

唐代诗人刘禹锡写过一首《杨柳枝词》"金谷园中莺乱飞，铜驼陌上好风吹;城中桃李须臾尽,争似垂杨无限时。”那暮春时分的飞动流转的景物被描绘得十分细腻。而南宋词人辛弃疾的《沁园春》则写得气势磅礴,变化万千:“叠嶂西驰,万马回旋,众山欲东,正惊湍直下,跳珠倒溅,小桥横截,缺月初弓。老合投闲,天教多事,检校长身十万松。吾庐小,在龙蛇影外,风雨声中……”词人对灵山周围的山势、飞瀑、松影,风雨的流动感、气势感表现得何等鲜明准确和激动人心。从这两个例子不难看出,明晰的动态美感主要来自动与静的明确的或强烈的反差。

b. 模糊的美感　在中国诗词中描绘模糊美感的可说是比比皆是。试看南宋词人姜夔的《点绛唇》:“燕雁无心,太湖西畔随云去。数峰清苦,商略黄昏雨。第四桥边,拟共天随住。今何许?凭栏怀古,残柳参差舞。”景色情致均极为淡远,与上面提到的刘禹锡和辛弃疾的诗词相比,也是动静相间,却写出了密云中山容欲活,烟柳袅袅,燕雁随去,南北不定的太湖秋雨,怀古之意,潇洒自在,意境更为空灵。可见模糊的动态美感来自动与静隐约的或朦胧飘忽的对比。

② 动观美感:动观的园林美感指的是游赏者在活动过程中观赏时所得到的美感。与静观感相比,空间关系随主体状况而变,换句话说,在这里,时间意识支配着空间意识。

产生动观美感时,主体的运动可能是被动的也可能是主动的。

A. 被动的动观美感　这种感受的一个重要特点是主体活动路径是规定了的,他所看到的一切都是事先被造园艺术家精心安排过的,因此,有较多的规范性。

被动的动观美感十分复杂,但最主要的有两种:

a. 影视镜头感(动画感)　这里说的镜头感是从电影艺术中借用来的一个术语,指人感受到类似于电影电视的活动画面那样的动态美。不过,我们从屏幕上看到的东西经过双重安排,即景物的镜头都经过安排。在这种园林美感里,限制略少些,人的活动方向和视野的选择还有一定的自由。正因为如此,园林艺术家就必须调度各种手段去吸引游客,同时,还要设身处地从游客角度去设想各种可能性,以避免不必要的疲劳感或厌烦感。优秀的园林作品都非常注意这一点,常常把这种美作为相临两个景区间的过渡,或有意使游客置身于一连串的胜景途中,产生“山荫路上应接不暇”的动画感。

b. 舞乐感(节奏感、旋律感)　“舞乐感”也是借用来的术语,指对象的结构在移动过程中对欣赏者产生的韵律感。这种韵律感与静观美感中的不同,它产生于运动过程中,园林客体与审美者身心之间的韵律一致,有较大、较明显的“共振”。因此,许多园林都常利用爬山廊、曲径、山路、曲桥等使游客产生这种美感。

B. 主动的动观美感　和被动的动观美感相比，这种美感的特点在于它有较多的超越性。主要有以下三种：

a. 自由、自主的美感　作为“闲暇艺术”之一的园林艺术必须注意给游人以自由、自主游览的机会，限制他所有的行动是很不明智的。中国优秀的古典园林就已经注意到对欣赏者积极引导而不消极限制，只要有可能，就为他们创造自由、自主游览的条件，不管泛舟湖面，还是林前踏落花都能得到悠闲自在的美感。北宋词人晏殊有一首《踏落行》就对限制较少和限制较多的美感作过微妙而有趣的对比：“小径红稀，芳郊绿遍，高台树色阴阴见。春风不解禁杨花，濛濛乱扑行人面。翠叶藏莺，珠帘隔燕，炉香静逐游丝转。一场愁梦酒醒时，斜阳却照深深院。”可见。美感中的兴致高低不仅依赖于景物是否迷人，也与欣赏者的自由、自主的程度有关。

b. 意外收获的美感　不期而至的美感往往比预期的美感更诱人。从信息论看，“新”、“不熟悉”都是信号获得信息价值的必要条件。某一园林的初游，这个问题还不算突出；重游时获得新的美感就十分重要了。姜夔的一首《念奴娇》就描写了重游旧地的新感受：“闹红一舸，记来时，尝与鸳鸯为侣。三十六陂人未到，水佩风裳无数，翠叶吹凉，玉容消酒，更洒菰蒲雨……”。可见，好的园林应有若干种游园方式和路径供游客自由选择。

C. 冒险性美感　揭开神秘的面纱是冒险性的美感来源之一。这种美感对儿童尤其重要，因为他们好奇心强，但须注意既要满足又要安全。

(2) 听觉美感

听觉美感是另一类重要的美感。随着人类的进步，声音逐步从警报信号、联络信号、表现信号和表义信息发展为可供欣赏的美的信息。

园林中同样包含了许多音响的信息，很值得我们去玩味。我们的文学作品中对园林的听觉美感也多有描述。

① 自然音响引起的美感：随着游客的增多，许多园林经常人声嘈杂。有些山水式园林里还开辟了游乐场、餐厅和小卖部，喇叭声、叫卖声不绝于耳，管理者却不以为怪，可能他们认为园林只是给人看的，声音对眼睛没有影响。其实这是很大的误解。应该说，不同类型的园林有不同的音响美。喇叭里的声音在某些儿童公园、青年公园来说可能需要，会增加勃勃生气的美感，但对自然山水式园林来说，却应突出自然音响。

能增加山水式园林魅力的自然音响甚多：泉水、飞瀑、浪涛拍岸的音响美；风中的松涛声、杨树的籁籁声、雨打芭蕉声、竹林细雨的淅沥声；在中国诗词中甚为常见的是鸟鸣的音响等等。它们的主要作用是烘托静谧的自然环境幽深的意境。

② 人工音响引起的美感：人工音响有较明显的时代特征，因而对园林美

感的影响也比较显著，使用时须格外慎重。即使在上面说过的那些儿童公园、青年公园也不宜滥用。

特别在扩音设备普及后，人工音响很容易被无限制地扩大其音量和送音范围，这也并不妥当，因为人耳有感受阈限和注意阈限，超过这个阈限效果便会适得其反，违背了园林作为休憩场所的宗旨。

(3) 有亲切的感觉参加而构成的美感

按感觉种类可分为：

① 温感：如张籍的诗句"曲江冰欲尽，风日已恬和"就包含了初春时节乍暖还寒的感受。园林美感中的这类感受还包含从热到冷间的一系列过渡梯级上的感受。

② 湿感：如唐代词人温庭筠的《河傅》中有这样的句子："湖上，闲望，雨萧萧，烟浦花桥，路遥，谢娘翠蛾愁不消，终朝梦魂迷晚潮……"较好地描述了暮春季节终日雾雨迷濛，夹裹着湖上晚潮的湿润气息阵阵袭来的感受。这类感受常造成特殊的意境。

③ 触感：此类切肤之感也常进入园林。李清照的词中就有多处。如"玉枕纱橱，半夜凉初透"，"玉阑干慵倚，被冷香消新梦觉"等等。

④ 嗅感：嗅感在园林美感中往往是很重要的成分。如诗词中常用的"兰烬落"，"香灯半掩流苏帐"，"水殿风来暗香满"等等都与此有关。

⑤ 运动感：这里指的是欣赏主体自身运动引起的感受。如苔径上、船中得到的运动感。

此外，还有身体内部的感受，如酒醉、梦醒等等也常进入园林美感。

从例举的诗词看，这类感受不是单纯的"感觉"，它是一种审美感受。只因引起美感的主要对象比较明确，故单独划为一类。

(4) 语言艺术引起的美感

园林艺术与语言艺术有密切关系，语言艺术美感直接影响到园林美感的丰富程度和格调高低。

此类美感是眼前的美景与语言艺术激起的艺术想像或联想而引起的，它也是一种综合美感，大致上可按信源及信息传递手段的不同而分成两类：

① 导游者的语言引起的美感：一位好的导游者，不仅向游人介绍园林的丰富历史内涵，而且向他们介绍园林审美价值的历史发展。通过导游者娓娓动听的介绍，游客仿佛一时间在审美能力和审美水平上成熟了，他会看到原来看不到的东西，引发美妙的遐想。当然，这需要导游者有深厚的修养和高超的讲述技巧。呆板地、机械地、冷漠地、训诫式地背诵解说词往往适得其反。

② 园内文字引起的美感：命名、题咏、碑铭、楹联等等不仅本身有很高的艺术价值，而且还能增添园林的诗意。诗意是园林意境的核心。好的文字对

园林起到概括(画龙点睛)、烘托主题,渲染整体的效果,暗示景观特色,启发联想,激发感情,引导游人领悟意境,提高美感格调的导游作用。文人墨客妙笔佳句和介绍景点来历的碑志同样能使人开阔眼界,增长知识,创造历史时空的意境,增强对自然、园林文化的感应效果。作为书法艺术,当然也可以起装饰、点缀作用。然而,此类美感的引起较多地依赖于游客的自身素养。另外,文字的内容和形式都有时代、地域特征,新建的园林不宜一味摹仿传统,摹仿他地的园林,否则不仅显得做作,还会破坏自身本来可能给予游人独具特色的美感。

以上是园林美感的几种主要构成因素。这些因素往往并不单独起作用。事实上,我们游园时得到的美感总是整体的。这种整体层次上的美感按构成方式,大致可分为两类:

(1) 复合美感——“统觉”

所谓统觉,不仅指各种感觉共同起作用,更重要的是说,园林美感中的各种不同的感受互相影响,互相促进。按各种感受产生作用的先后可再分两种:

① 同时的:刘禹锡有一首《和令狐相公玩白菊》较好地描述了他在相府园内玩赏白菊时一刹那间感受到的视觉美感、嗅觉美感、语言艺术美感等等:“家家菊尽黄,梁国独如霜。莹静真琪树,分明对玉堂。仙人披雪氅,素女不红妆。粉蝶来难见,麻衣拂更香。向风摇羽扇,含露滴琼浆,高艳遮银井,繁枝复象床。桂丛惭并发,梅蕊妒先芳。一入瑶华咏,从兹播乐章。”显然,即使暂时不论想像、联想,这种同时统觉也是不期而至。突然激发了多种美感的,比一般心理学中所说的统觉要复杂得多,高级得多,是心灵的震颤,因此,把它降低到“复杂感觉”或“知觉”层次是不恰当的。

② 叠加的:所谓叠加指的是各种感觉先后融为一体,升华为更高的美感。晏殊的一首《清平乐》:“金风细细,叶叶梧桐坠。绿酒初尝人易醉,一枕小窗浓睡。紫薇朱槿花残,斜阳却照阑干。双燕欲归时节,银屏昨夜微寒。”以景纬情,自然温婉,不着意而为之,又语不说尽。我们仔细沿着词人的心理轨迹,不难看出由若干心理状态和感受叠加的统觉对造成意境有多么重要的作用。

(2) 通感

通感指产生了艺术幻觉的高级美感,不仅有真切的感受,还引发了想像。温庭筠的名词《更漏子》中便多有通感:“玉炉香,红蜡泪。偏照画堂秋思。眉翠薄,鬓云残,夜长衾枕寒,梧桐树,三更雨,不道离情正苦,一叶叶,一声声,空阶滴到明。”人在室内,直接听到的是秋风秋雨声,感到的只是秋寒,而有着丰富的视觉想像,便仿佛庭院中的一切历历在目……。可见,通感的主要特征是由此及彼,由有及无,它是使我们产生想像、联想和对“无之美”的美感的重要主观条件之一,是提高艺术格调的必由之路。好的园林作品都不急于把一切美景通盘托出，总是充分调动游客的所有感官，使他想像此时此地不能直接感受到的东西。

统觉和通感在一定的条件下升华为诗情画意的美感，它只是由眼前的美景与艺术想像或联想结合在一起而引起的。但与语言艺术美感不同，不同处主要有三点：

① 语言艺术美经他人启示而产生，此类美感由游赏者自动产生；

② 较少强制性，决无“逆反心理”出现；

③ 更自由更广阔。

欣赏园林时的诗情画意的美感同欣赏其他艺术也不尽相同，它的对象是一个真实的美的环境，人感受到许多真实的快感和园林中确实蕴含着的诗意，这对领会“无之美”既有帮助又有限制。因此，优秀的园林很注意虚实相生的艺术辩证法，都把“满”当做艺术大忌。

但是，我们面对的游客毕竟是多层次的，他们的审美需要也是多层次的，所以，我们主张要努力向一切优秀的园林学习，但切忌机械摹仿，置游客的实际审美需要于不顾。

3. 园林美感的形态

形态即外观的类型。园林美感在人的心里，那么，所谓园林美感的形态，指的就是园林美感的总的“味儿”，即总的“趣味倾向”的类型，或曰总的情趣表现的类型。

园林美感形态与园林美的形态有关联，但不完全取决于园林美的形态，还取决于园林美的本质内涵和游人自身，即还取决于艺术对于自然的既要征服又保持和谐一致的辩证关系的审美态度和游客对该园林作品的审美价值的理解等等。

作为一种艺术美感形态，园林美感形态即包含与一般艺术美感共有的形态，也包含特有的形态，掌握好这些形态是很重要的，对从事园林专业的人员就更为重要了。因为他对园林的感受不能仅仅停留在“美”、“好看”这样泛泛的水平上(何况，人的美感有一定的主观性，不一定能够正确评价园林美)；同时，园林美的形态极其复杂多样，这是由于多方面原因造成的，有与一般艺术相近的共同原因，也有园林艺术特有的原因，甚至不同形态都有不尽相同的原因，科学地分析这些原因有助于在创造时能自觉地去增加园林的艺术魅力。

园林美感的常态总是正面的、积极向上的。即美感与园林美方向一致，理智与情感一致的正常形态。

(1) 与一般艺术美感共有的形态

① 秀丽感：秀丽感的重要特征是愉快的和谐感。在一般艺术中产生这种感受形态的原因主要在对象方面，这时审美对象呈现出婉约、柔美也就是中国

常说的“阴柔之美”。“和谐感”多是指艺术品结构的“和谐性”给人感官的愉快，不一定有更多的内容。园林秀丽感的主要特征也是愉快的和谐感，但内容要丰富得多。试比较杜甫在两首咏乐游园的诗中所描述的感受，《乐游园歌》说：“乐游古园萃森爽，烟绵碧草萋萋长。公子华筵势最高，秦川对酒平如掌。长生木瓢示真率，更调鞍马狂欢赏。青春波浪芙蓉园，白日雷霆夹城仗。阊阖晴开詄荡荡，曲江翠屏排银榜，拂水低徊舞袖翻，缘云清切歇声上……”，这是诗人在赴贺兰杨长史筵醉中的感受，美景与盛筵交辉，何等宜人。而《曲江对雨》则有些不同：“城上春云复苑墙，江亭晚色静年芳。林花著雨胭脂湿，水荇牵风翠带长。龙武新军深驻辇，芙蓉别殿漫焚香，何时沼此金钱会，暂醉佳人锦瑟旁。”景色依旧，甚至比前一首描写的还要美，至少有十分动人的特色，但诗人怀旧之情溢于言表，简直是在向我们大发感慨，与前一首含蓄的怀旧表现有很大差别。可见，园林秀丽感中的愉快与和谐不仅指对象的“和谐结构”给人生理愉快，而且指对象与人之间的“和谐关系”给人心身的愉悦。杜诗（特别是后一首）描写的正是因“身逢美景须有酒”的意念受到压抑而在园林秀丽感上附加的苦闷色彩，而不是感到园林本身已经失去了婉转、柔美。

② 雄伟感：这是在转为有限强大的刺激下产生的情绪矛盾的愉快与不快混合的美感。在一般艺术中产生这种感受形态的原因也主要在对象方面，生活里也有它生非审美关系中的超限度刺激在被审美时减低到限度之内。但是，这里同时也就包含了主、客体之间较为复杂的关系变化，纯不快中有了较明显的转化或融入了较多的愉快这就是所谓“阳刚之美”。园林的雄伟感也是如此，然而不同园林间有一些差别。人对对象是现实实物的（如香山鬼见愁，动物园中的狮虎等）雄伟感受主客体关系实际转化（由非审美的转化为审美）影响更大，而对象是艺术品的雄伟感受典型化的影响更显著，即对象在纳入园内之前本来只有有限强大的刺激。前者若是真正意义上的园林雄伟感，而后者一般用于园林的附属物，因为此类艺术品在园林中不占主导地位（既使这种有雄伟感的艺术品是建筑物组成的，也只用于某个景点的中心，而不大可能每座园林建筑物都是有雄伟感的，否则就不是园林而只能称做建筑群了）。

③ 喜剧感：喜剧感是现实生活中够不上秀丽感的感受，在艺术中向美感转化的结果，其主要特征是滑稽感和嘻笑。在园林中引起喜剧感的对象可以是现实物（如熊猫、企鹅），也可以是艺术品，因为引起喜剧感的现实物的被审美是艺术向生活扩展的结果。

以不少园林中常见的弥勒佛像为例。他在生活中的原形是历史上实有的“布袋和尚”。据《景德传记录》和《龙华忏法》等书记载，他生于晚唐，明州奉化县人，在本县岳林寺出家，他形体肥胖，蹙眉皤腹，出语不定，随处偃卧，常背负锡杖，腰系布袋，讨食后分少许入袋，饥即食，饱便睡，常与小儿嬉戏……。可见，生活中的“布袋和尚”本是可怜之人。但到了艺术里就被夸张了：双眉粗长，作弯弓状，双眼和嘴角带有喜笑自若的神态，双耳肥厚颀长，垂于双肩，胸怀坦露，大腹便便，跣足屈膝，席地而坐，俨然一尊妙趣横生、可亲可爱的塑像。于是，从奉化到杭州，北宋时，再遍及全国，并传到日本，被奉为七福神之一。这个典型化的过程，清楚地揭示了喜剧感的转化过程。

④ 悲剧感：悲剧感是现实生活中超乎雄伟的感受在艺术中向美感转化的结果，其主要特征是值得同情者的不幸给人以强有力的刺激。在园林中引起悲剧感的多半是艺术品，通常整体环境及现实物并不引起悲剧感。伴随着悲剧感的还有崇高、震荡、凄怆、壮烈、恐惧与哀怜（后两种形态在园林中较为少见，因为它们与整个园林宗旨不一致）。

此类艺术品多为纪念性的园林雕像，一般来说在少数园林中有限地使用。

悲剧感有十分明显的时代性和阶级性，因此，它往往被统治阶级利用。不少时候统治者强调对自己来说显得崇高的那一侧面塑造出其实不是崇高而是引起恐怖感的形象。试比较杭州紫阳山的两尊神像——“伍子胥”像和“大黑天”像。

伍子胥冒死向吴王诤谏，被吴王怒杀，投尸于江中。据传，江潮涌来，托起尸身屹立不倒，随潮头奔腾向前，百姓惊以为神，是称潮神，乃立祠塑像供奉。明代黄修娟的《登吴山绝顶》正表达了对此风物的历史悲剧感：“一上胥山路，疑登霄汉边，江云连越塞，斗宿尽吴天。潮带千峰雨，城含万井烟，居高堪纵目，览古思悠悠。”

而元代统治者在紫阳洞下侧的宝成寺雕造的麻曷葛剌像则完全是另一回事。麻曷葛剌为梵语音译，佛经通译为摩诃迦罗，即密宗的“大黑天”，或称“大日如来”。宝应寺内石壁间有公元 1322 年元代造像一龛，龛旁有一方题记曰：“朝廷差来官骠骑卫上将军左卫亲军都指挥使伯家奴，发心喜舍净财，庄严麻曷葛剌圣相一堂祈福。保佑宅门光显，禄位增高，一切时中，吉祥如意者。至治二年月日立石。”在利欲熏心的外表下隐藏着一段罪恶的历史：相传元军攻打杭州，守城军民奋力抗争，久不下，后因“大黑天”显灵，守兵大败。元军入城后，大肆奸杀掠夺。这就是元统治者伯家奴到杭州雕造石像的真实缘由，伯家奴也不是“喜舍净财”，完全是由沾满血腥的钱雕造此像的。尽管元统治者特别崇拜“大黑天”，这尊雕像却短腿光腹，头发虬卷，瞪目翘须，足踏一人，双手抱人头，两肩也挂着人头，咧着嘴，满脸杀气，一副凶煞模样，无论如何也引不起我们的美感来。

(2) 园林艺术美感的特有形态

园林艺术是一种特殊的艺术，园林美感当然会具有许多一般艺术没有的特殊形态。这些形态有时和某一门艺术美感的形态看起来有某些相似，也有些名称和“画品”、“诗品”中的叫法相近，但略加分析，便可看出它们其实很不相同的。

由于造成园林美感的原因极其复杂，园林美感的形态当然也十分繁多，更多的形态还需要在园林审美实践中去比较和把握。

① 劲与节：劲，即强劲，与雄伟感的外表部分颇为相似——都有力度感。但园林美感中的劲同雄伟有很大的不同，其对象往往不具有绝对意义上的强大力量，其体量可能并不大，运动也不一定强烈，却有不可抑制的生命力或内在力量。园林美感中的劲与悲剧感表面无缘，却有内在联系，常常欲扬先抑，在逆境中显示出生命或坚定。因此，可以用来象征坚贞或倔强的性格。

劲，在书法、音乐、舞蹈中有不同的巧妙表现，园林艺术可以取法。如，表现“欲扬先抑”，可以从它们的疾徐、强弱、曲直、刚柔等的对比中得到启迪。但园林艺术多用现实存在的毫无消极意义的物去显示劲感和象征性格，因此无法按社会内涵区分顺逆，故而不能抄袭照搬。优秀的园林常采用两种方法：一是利用造型艺术惯用的能产生劲感的形象，如挺立的青松、修长的翠竹等作象征物，二是汲取书法、音乐、舞蹈艺术塑造形象的手法和精神实质去暗喻，比方说，有意用柔弱的小草、攀附的藤蔓、不动的磐石等，与要表现的形象作强列的对比等等。

节，指高峻而有节度，它与适度有密切的关系，比劲似乎少一些力度，却多出了几分自觉性，因此显得更高大些。《易经》云：“其于木也，为坚多节。”可见，适度与内在的高大间没有必然的矛盾，倒是相辅相成的。所以，节的对象往往用来象征风骨。中国书法和古代乐论对节颇有研究，值得园林艺术借鉴，但园林构成因素中很多是自然形成的或渊于自然的，无法过多地施加人力，因此，优秀的园林多在选择和配置上下功夫，以突出其高峻而有节度感，如孔庙、武侯墓中稀疏、苍老却仍顽强生存下来的古柏，朴实坚强，颇给人以左思所说的“功成耻受赏，高节卓不群”的美感。

劲节，常常在一起构成复合的美感形态，其对象常用来象征劲直的性格和高尚的情操。骆宾王的《浮槎》中有这样的诗句：“真心凌晚桂，劲节掩寒松”，用的正是象征手法，古代文人园林中多使用。不过，今天大众的审美情趣有了很大变化，我们必须摸索新的表现方法。

② 质朴、真率与清新：质朴感在中国园林中是十分常见的一种美感形态。它来自“天然去雕饰的质朴美”，《红楼梦》的大观园中也有几处景点表现了这种美。质朴的特征是实在，自然守正，毫不矫揉造作。园林，比其他艺术更容易给人以质朴感，特别是中国园林，很讲究“妙及自然”、“宛自天开”，但这不等于排斥艺术性。事实上，我们从各地自然山水园林的微妙差异中，察觉其中不仅有地理因素的差异，也有艺术家对人和自然关系的理解差异。因此，如何在

现代园林中保持并发扬传统质朴感决不仅是个“反朴归真”、“返回大自然去”的问题。人，总是时代的人，社会的人，他对自身与自然关系的理解也就不会一成不变。我们要认真研究古人的成功经验，但也要努力探索表现现代质朴感的有效途径，试想，要是今天的庭院和儿童公园等一律采取“采菊东篱下，悠然见南山”或“北山白云里，隐者自愉悦”的风格，人们会接受吗？

真率感是中国园林美感的另一重要形态。它与质朴感有些近似，也有比较密切的联系，但毕竟是两种不同的美感形态。真率感的最大特点是真挚坦诚。古人可以创造“醉月频中圣，迷花不事君。高山安可仰，徒此揖清芬”的意境，我们就不一定非摹仿“醉月”、“迷花”的表面现象不可，更重要的是要给游人以充分的自主。设计上也尽可能任其自然。然而，既真率而又含蓄却不容易，这需要很深厚的艺术修养，决非艺术上的草率。

清新也是常见的形态，又常被误用来指“自然美感”。的确，园林因其自然性因素可以是清新的。其实，除了自然因素起作用外，更多地是指艺术上的原因。园林的清新感一方面来自艺术上的明晰，另一方面来自艺术上的巧妙的独创性。

③ 纯正与典雅：一些儒家书院、文人园林更讲究纯正感。所谓纯正，指净化，不含物欲杂念。比起质朴和真率来，似乎升华到了更理想的境界。这类园林往往不种植妖艳的花草，也没有富丽堂皇的陈设装潢，更多的是一种高洁的追求，借用楚辞里的词句来形容：“有此鸿节兮，长愈固而弥纯”；不尚修琢，不事张扬，却蕴含着坚定的信念，正象《韩非子》中所说：“如朝露，纯朴不散”。不过此类园林并不适于多层次的审美需要，有相当大的局限性。

某些宗教园林给人的虔诚感与此颇有近似之处，特别是道家园林。但是，许多香烟旺盛的寺庙却给人一种虔诚不足，庸俗有余的感觉，那些善男信女却把信仰降低为膜拜，徒有形式而已，甚至企图靠布施换取来世的荣华富贵吧，所以这些寺庙日益华丽而虚伪。

典雅感也是常见的园林美感形态，与纯正相通，却更有规范性。典雅不能曲解为有“古意”，也不一定都是“阳春白雪”，更不必一味追求富丽堂皇，而是指合乎公认为优秀之作中的那种普遍法则而不落俗套。

④ 精致与洞达：与纯正相通但不脱尘世的是精致。这里所反映的不仅是园林建筑和工艺品的精巧细致，更多地是指整个园林给人的一种《汉书》上所说的“精心致思”的心灵上的美感。它不排斥建筑和工艺品的细密、工致、精巧甚至华贵，但突出的却是园林中靠深思熟虑，靠那种潜心细究，那种专一的精神所达到的无可挑剔的艺术效果。

精致感既来自工艺的精巧，但更主要的是来自艺术构思的精深和配置以及布局的精妙。一味追求细部的雕琢，而忽视总体上的和谐，算不上精致的园林，反而使人感到落入俗套。

洞达在过去被说成是与超逸近似的情趣，其实二者大有区别。只要我们头脑中没有隐遁观的框架，便不难发现洞达可以是对生活辩证和艺术辩证法的高度自觉，倒是和精致有实质上近似，即都达到了透辟的境地。但精致是靠深思熟虑达到艺术上完美，而洞达则靠清醒的艺术见解达到创作中的自主性，却不追求表面上的艺术效果。

⑤ 超逸与淡泊：超逸指感受到园林有超脱不俗的意趣。过去不少文人园林强调了"超然避世"的隐逸思想情趣，过多地追求悠静、闲散、逃遁、消极的效果，结果反倒成了一种附庸、一种束缚。真正的超逸可以是积极的，关键是脱俗的，保持了高尚的情操和卓然不群的艺术开拓精神。

古代园林中有不少都把淡泊视为高深的情趣，甚至皇家园林的某些景点也标榜"宁静淡泊"。"宁静淡泊"出自诸葛亮的《戒子书》中的名句："非淡泊无以明志，非宁静无以致远"，关键在"明志"和"致远"。但有些园林没有这样的美感。"明志"、"致远"不是挂个匾额就行了，"宁静"也不仅是指环境幽静。曹植的《蝉赋》说："实淡泊而寡欲兮"，正是讲出了它的要害：玩物可以丧志，明志必须淡名利。当然，淡泊在不同时代有不同的内涵，完全肯定和完全否定都是不可取的。

以上诸形态多指园林美的总的倾向给人的美感。另外，还有较多的形态在不同景点或不同单体中表现出来。这些形态有巧妙、古拙、奇（怪、丑、顽）、幽、冷、稳、深沉（温醇）、肃穆（自持）、飞动（飘逸）、蔚茂（清厚）、浓艳、宽舒、洒脱、丰富等等。它们又可以不同的方式组合，构成许多复合形态。

§1.3 园林的形式与风格

辩证法认为内容与形式是矛盾的统一体，他们的关系是内容居于决定性的地位，首先是内容决定形式。

园林不可能有脱离内容的空间形式，形式必须反映内容。

如果我们今天的园林中，仍然以古代的喇嘛塔、庙宇作为园林的主景；在湖中一定要堆上蓬莱、方丈、瀛洲、三仙山；在进门或重点地方摆上一块山石，或是把日本的石灯笼、枯山水、西方希腊、罗马的神庙、维纳斯喷泉作为园林的主题；在种植方面，仅仅局限在梅兰菊竹等诗画的古老题材，或是月桂树的绿墙、法国梧桐的行列树、雏菊和三色堇或五色苋的模纹花坛等外国题材，这样的园林是徒具形式，缺乏内容，既不能满足园林内在的功能要求，又不能反映新时代的思想和精神面貌。这种做法，是对于古人和国外的生搬硬套，模仿代替，乃是教条主义的体现。

但是任何形式发展，不可能从空中掉下来，对传统园林，也不能采取虚无主义的态度。必须对传统进行深入研究，在传统的基础上创新。因此园林必须从内容出发，继承传统的民族形式。但是新内容与旧形式必然会有若干的矛盾。新的内容，必然要求旧的形式不断的革新，否则形式与内容就难于统一了。

1.3.1 园林的规划形式

园林的规划形式，可以归纳为三大类：规则式、自然式、混合式。

1. 规则式园林

这一类园林又称整形式、建筑式、图案式或几何式园林。

西方园林，以埃及、希腊、罗马起到18世纪英国风景式园林产生以前，基本上以规则式园林为主，其中又以文艺复兴时期意大利台地建筑式园林和19世纪法国勒诺特(Le Noter)平面图案式园林为代表。这一类园林，以建筑和建筑式的空间布局作为园林风景表现的主题(图1-9)。

我国的天安门广场，南京的中山陵，以及古典寺庙园林如北京的天坛，都是规则式园林。其基本特征如下。

(1) 地形地貌

在平原地区，由不同标高的水平面及缓倾斜的平面组成，在山地及丘陵地，由阶梯式大小不同的水平台地、倾斜平面及石级组成，其剖面均为直线所构成。

(2) 水体

园林内水体的外形轮廓，均为几何形，采用整齐式驳岸，园林水景的类型以整形水池、壁泉、喷泉、整形瀑布及运河等为主。其中以大量的喷泉作为水景的主题。

(3) 建筑

园林内不仅个体建筑采取中轴对称均衡设计，而且建筑群和大规模建筑组群的布局，也采取中轴对称均衡的手法。以主要建筑群和次要建筑群形成的主轴和付轴系统控制全园。

(4) 道路广场

园林中空旷地和广场外形轮廓均为几何形，封闭性的草坪、广场空间以对称建筑群或规则式林带、树墙包围。道路均为直线、折线或几何曲线组成，构成方格形或环状放射形、中轴对称或不对称的几何布局。

(5) 种植设计

以图案为主题的模纹花坛或花镜为主，有时布置成大规模的花坛群，树木配植成行列式和对称式，并运用大量的绿篱绿墙以区划和组织空间，树木整形修剪以模拟建筑体形和动物形态，如绿柱、绿塔、绿门、绿亭和常用绿树修剪而成的鸟兽等等。

(6) 园林其他景物

除以建筑、花坛群、规则式水景和喷泉为主景外，其他多采用盆树、盆花、饰瓶、雕像为主要景物，雕像的基座为规则式，雕像位置多配置于轴线的起点、终点和交点。

(a)

图 1-9A 规则式园林

(a) 台地园示例之一，意大利佐尼庄园建于 1652 年。这类巴洛克式花园，强调中轴对称，并利用地形组成台梯级台地水流瀑布，构成庭园空间由低而高的视线焦点，形成丰富的层次。

德国威廉领地（Wilheims home）一组古典风格的水景建筑，建于1701年，跌落高度为130英尺的中央瀑布，引导视线由低向高延伸，衬托八角宫的方尖塔和高达33英尺的大力神像气势雄伟。

A.八角宫
B.水瀑布
C.蓄水池

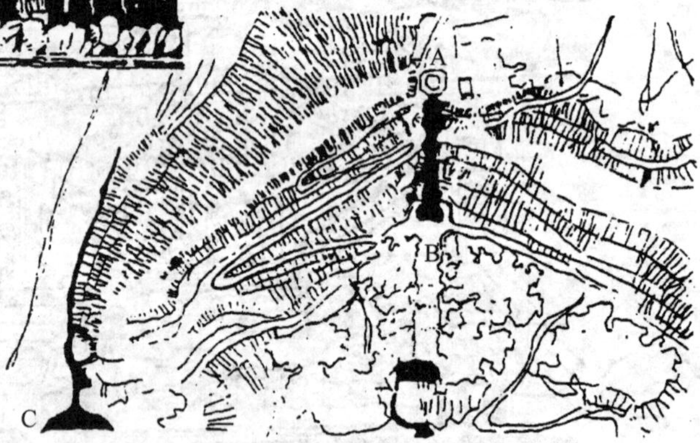

(b)

图 1-9B 规则式园林

(b) 台地园示例之二(德国威廉领地)

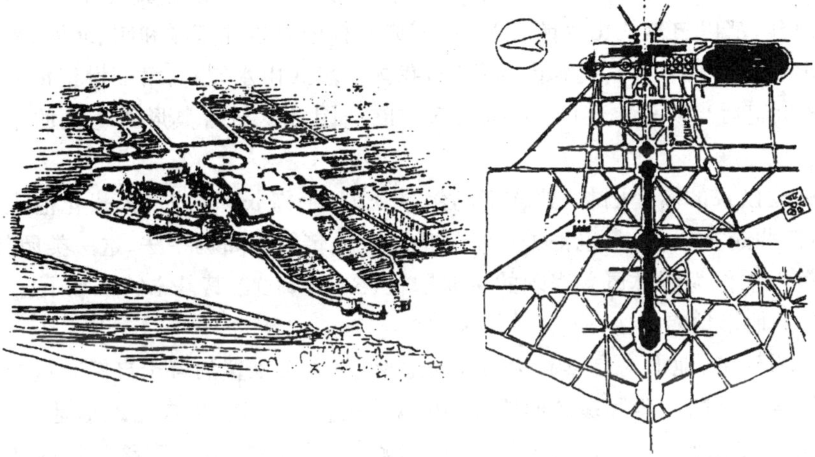

(c) (d)

图 1-9C　规则式园林

(c) 平地规则式园林规划图示例之一；(d) 平地规则式园林规划图示例之二，法国凡尔赛宫园平面规划图

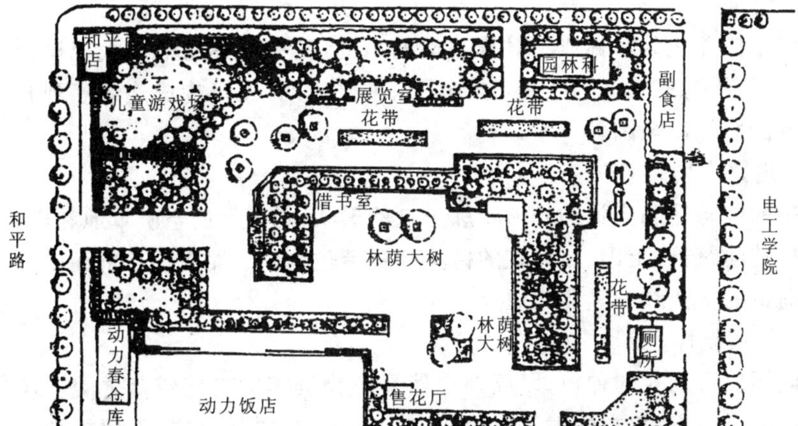

(e)

图 1-9D　规则式园林

(e) 规则不对称式规划设计图示例——街头块状绿地(哈尔滨，动力广场)

2. 自然式园林

这一类园林，又称为风景式、不规则式、山水园林等。

我国园林，从有历史记载的周秦时代开始，无论大型的皇家苑囿和小型的第宅园林，都以自然式山水园林为主，古典园林中可以北京颐和园、北海、承德避暑山庄、苏州拙政园，网师园为代表，我国自然式山水园林，第6世纪传入日本，18世纪后半叶传入英国，从而引起了欧洲园林反对古典形式主义的革新运动。

解放以来的新建园林，如北京陶然亭公园，上海长风公园，杭州花港观鱼公园，广州越秀山公园，也都进一步发扬了这种传统的布局手法，这一类园林，以自然山水作为园林风景表现的主要题材(图1-10)。其基本特征如下。

(1) 地形地貌

平原地带，地形为自然起伏的和缓地形，与人工堆置的若干自然起伏的土丘相结合。其断面为和缓的曲线；在山地和丘陵地，则利用自然地形地貌，除建筑和广场基址以外不作人工阶梯形的地形改造工作，原有破碎割切的地形地貌，也加以人工整理，使其自然。

(2) 水体

园林内水体的轮廓为自然的曲线，水岸由各种自然曲线的倾斜坡度组成，如有驳岸，亦多为自然山石驳岸，园林水景的类型以溪涧、河流、自然式瀑布、池沼、湖泊等为骨架。

(3) 建筑

园内个体建筑为对称或不对称均衡的布局，其中的建筑群和大规模建筑组群，多采用不对称均衡的布局，全园不以轴线控制，而以构成连续序列布局的主要导游线控制全园。

(4) 道路广场

园中的空旷地和广场的外形轮廓为自然形状，封闭性的空旷草地和广场，以不对称的建筑群、土山、自然式的树丛和林带包围。道路平面和剖面以自然的起伏曲折的平曲线和竖曲线组成。

(5) 种植设计

园内不成行列式的种植，以反映自然界植物群落的自然错落之美。花卉布置以花丛群为主，树木配植以孤植树、树丛、树群、树林为主，不用规则修剪的绿篱绿墙和模纹花坛。以自然的树丛、树群、林带来区划和组织园林空间，树木不作模拟的整形。

(6) 园林其他景物

除建筑、自然山水、植物群落为主景以外，还可采用山石，假山、桩景、盆景、雕像为主要或次要景物。其中雕像基座为自然式，雕像位置多配置于透景线集中的焦点上。

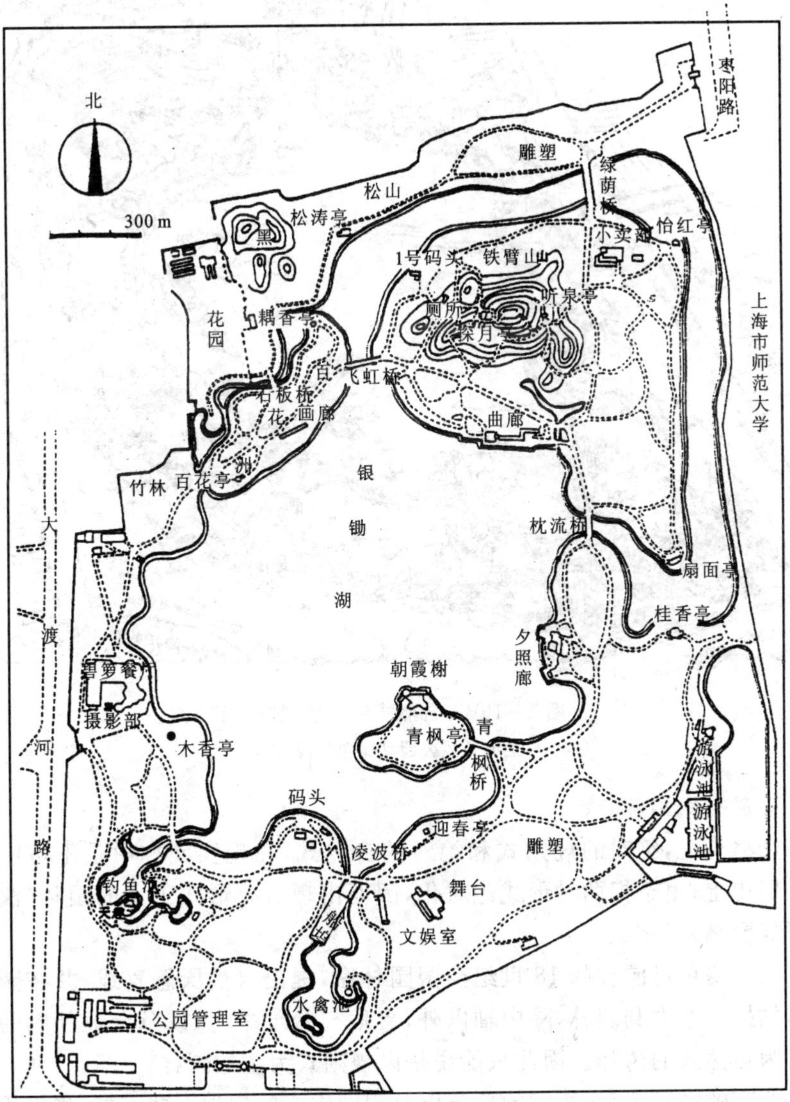

图 1－10A　自然式园林规划图示例

上海长风公园平面图

图 1-10B　自然式园林规划图示例

上海长风公园鸟瞰图(自然式)

3. 混合式园林

严格地说,绝对的规则式和绝对的自然式,在现实园林中是不可能做到的。历史上,由于把两种形式绝对化,因而出现古典形式主义的园林(法国洛可可式园林)。

反对洛可可园林的18世纪英国园林家,提出自然厌恶直线,并在园林中种植枯树。意大利园林,除中轴以外,台地与台地之间,以及台地外围的背景仍然为自然式的树林。因此只能说是以规则式为主的园林。

北京的颐和园,在行宫的部分以及构图中心的佛香阁建筑群,也采用了中轴对称的规则布局,但只能说是以自然式为主的园林。

实际上,在建筑群附近的园林种植类型必然要采取规则式布局,而在离开建筑群较远的地方,在大规模园林中,也不能不采取自然式的布局。

园林中,如果规则与自然式比例差不多的园林,可称为混合式园林。如广州烈士起义陵园、北京中山公园、沈阳北陵公园等都属于此类园林(图1-11)。

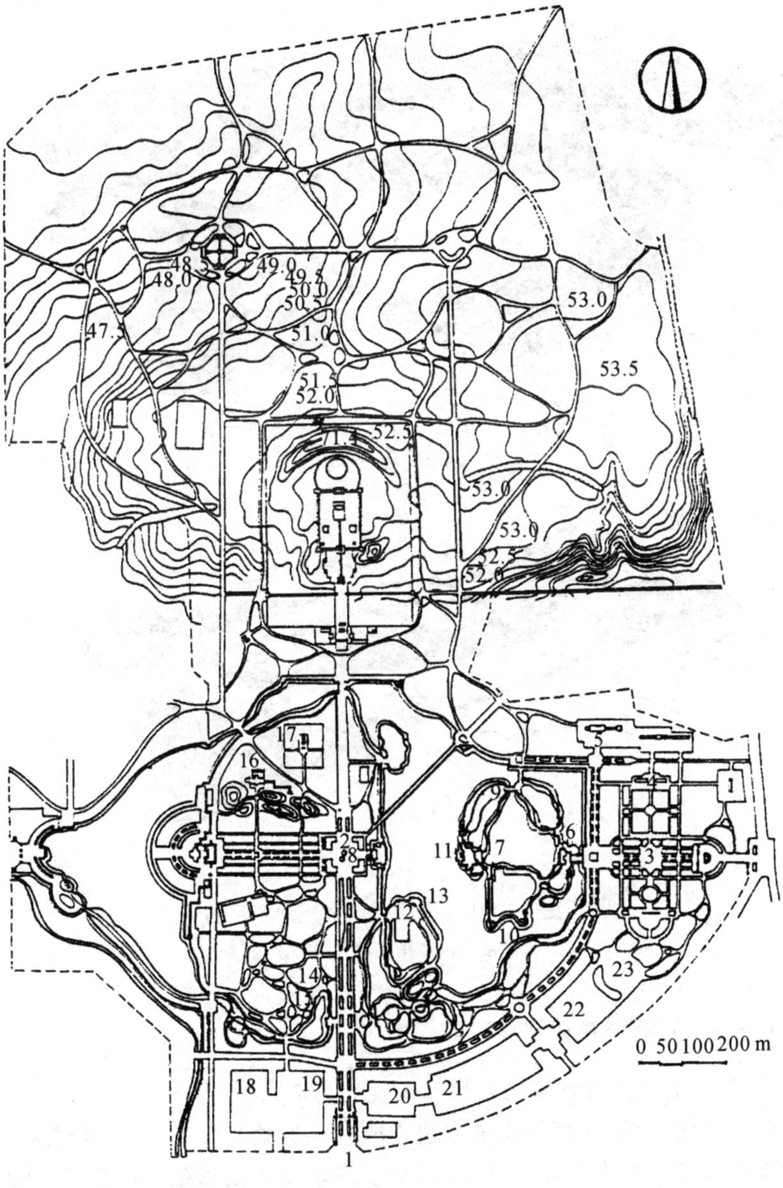

图 1－11A　混合式园林规划图示例

混合式示例——沈阳北陵公园平面规划图

1. 主要入口　2. 中心广场　3. 沉池　4. 观赏花圃　5. 大温室　6. 文娱厅　7. 环翠阁　8. 多景台　9. 翼然亭　10. 望荷亭　11. 水榭　12. 沁芳亭　13. 码头　14. 赏心亭　15. 知春亭　16. 松陵酒家　17. 友谊园　18. 儿童游戏场　19. 旱冰场　20. 公园管理处　21. 游泳场　22. 球场　23. 杂技场

图 1－11B　混合式园林规划图示例

北陵公园自然式部分的湖山意境

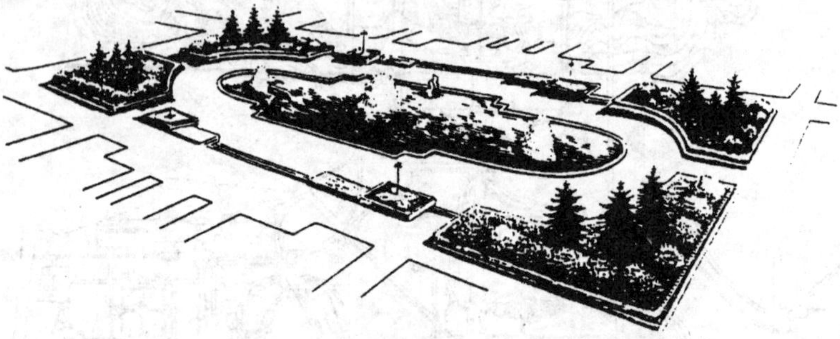

图 1－11C　混合式园林规划图示例

北陵公园规则式部分中心水池

1.3.2　影响园林规划形式的因素

1. *在城镇依据城市绿地系统总体规划的要求*

考虑使用、生活方面的需要来决定园林的形式。也就是说，首先从园林的功能要求出发。如古代建的流杯亭，为了满足文人饮酒赋诗的要求，如颐和园长廊的出现，一方面是为政治服务的，在万寿山佛香阁前有700多米之长廊，气魄很雄伟，同时使佛香阁成为中轴对称之中心；另一方面也为生活服务的，皇帝既要游玩，又怕日晒雨淋，因此很需要建长廊。又如颐和园之苏州街原建有酒楼等仿苏州街景，也是为了满足皇帝的好奇心。我们今天的新型园林是要从园林本身的功能出发，如街道、体育场等绿化常常采取规则式的。

2. 应该根据自然条件，环境条件来决定园林的形式

原来的地形是平地，搞规则式是比较经济的，原来地形起伏较大，则自然式较好；如原来树木多搞自然式较好；面积小的搞规则式较好，面积太大，搞规则式需大量投资。管理细致的搞规则式好，管理粗放的搞自然式好。建筑物多的搞规则式容易配合。

3. 意识形态的不同影响到园林形式

如西方盛行的是基督教，有很多希腊神话传说，神话是把人神化了，描写神的实际上是人，神话也影响了园林，因而把很多神像放在园林露天里。而我国古代描写的神仙是住在名山大川里，把神山水化了。因此中西方对神的表现形式各异。由于这种思想意识的影响，我国园林常出现海上三仙山等形象。如颐和园宗教建筑很多，喇嘛庙、关帝庙、佛寺、五圣祠等，这些都是意识形态对园林形式的影响。

4. 艺术传统决定园林形式

我国由于传统的影响，形成了以自然式园林为主的规划形式，当然与我们国家的自然风景有关。但意大利位于地中海，国土上也是有山有水，可是为什么意大利园林采用了规则式的形式呢？我国苏州宅园，园子面积很小，但仍然搞自然式的，圆明园原地形平坦，园内建筑也很多，也搞自然式的，……这些都与艺术传统有关，因为审美观是不一样的。

总之，影响园林规划形式的因素是多样的、复杂的。若以地形和环境等因素简单而论，则原有地形平坦，可规划规则式；原有地形起伏、丘陵水面多的可规划为自然式；原有树木多的可规划为自然式，树木少的可规划为规则式；大面积园林以自然式为宜，小面积的则以规则式较经济；四周环境为规则式的则宜规划为规则式。林荫道、建筑广场的街心花园等以规则式为宜；街坊、机关工厂、体育场，大型建筑物前的园林以混合式为宜；森林公园，综合性休息公园，花园、植物园等，以自然式为宜。

1.3.3 园林的风格

园林风格系指反映国家民族文化传统、地方特点和风俗民情的园林艺术形象特征和时代特征。

1. 反映不同国家、不同时代的风格特点

不同国家其风格不一样。从古典园林来说，有以意大利和法国为代表的规则式园林风格；有以英国为代表的，以植物造景为主的自然式园林风格；有以中国为代表的写意山水式的园林风格。同一国家，由于时代不同，其先后的风格也有不同。就以意大利和法国来说，他们已经摆脱古典园林风格的束缚，向浪漫主义的自然式园林发展。现在欧美各国的园林，已打破了原有界线，与

整个城市和城郊园林绿地融为一体，并正在用生态学的观点改造园林。

我国的近代园林，也正在摆脱传统园林风格的影响，走以植物造景为主的道路。园林建筑多趋于轻巧玲珑、色彩明快，过去以山石为主的假山，现在改用以土为主，并创造丘陵起伏的地形地貌，同时增加了现代化的文化娱乐设施。

2. 反映地方特点

同为规则式园林，风格也不一。如意大利多山地，把山地修成台地，在台地上建造规则式园林。而法国多平地，则在平地上建造规则式园林，通过园林反映出各自的地方特点。同为草原牧场风光的园林，由于地方植物种类不同，用地面积大小不一。英国和美国的园林风格，有明显的差别。英国园林用地面积小，多常绿阔叶树，美国园林用地大，多常绿针叶树。同为自然山水式园林，中国和日本在风格上也有着明显的差异。日本园林风格虽然源于中国，但他们结合了国土的地理条件和风俗民情，形成了自己的风格。日本造园家通过石组手法，布置茶庭和枯山水，把造庭艺术简化到象征性表现，甚至濒于抽象，有一定的程式化，过于刻板。就我国古典园林来讲，江南园林与北方园林也有明显的差别，北方皇家园林富丽堂皇、气魄大、尺度大、建筑厚重、多针叶树；江南园林尺度小、建筑轻巧典雅、多常绿阔叶树；同为江南园林，还有杭州园林、扬州园林和苏州园林等地方风格之别。同是现代园林，人们常以“稳重雄伟”来形容北方园林；以“明秀典雅”来形容江南园林；以“物朗轻盈”来形容岭南园林；另外还有山地与海滨等风格迥异的园林。由于城市发展的历史不同，也影响到园林风格。如哈尔滨园林受俄罗斯民族和日本庭园的影响，具有粗犷与精细并存的特点，其中园林建筑和花坛具有浓郁的西洋风味，与历史悠久的古老城市中的园林风格有着明显的区别。

3. 个人风格

同一块绿地，表现同一主题，但由于设计者不同，作品的风格就不可能一致，这里体现了个人风格的问题。因设计者生活经历、立场观点、艺术修养、个性特征不同，在处理主题、驾驭素材、表现手法等方面都有所不同，各具特色。风格体现在艺术作品的内容和形式的各个方面，尽管如此，个人的风格是在时代、民族、阶级风格的前提下形成的；但时代、民族、阶级的风格又是通过个人风格表现出来的。

在园林风格的创造性上，忌千篇一律，千人一面，更不能赶时髦。广东园林风格，曾几何时风靡全国，苏州园林也是满天飞，东施效颦，贻笑大方。还是应该因地制宜，因情制宜，形成具有地方特色的新风格。在现代园林设计中，师法于古，又不拘泥于古，要在贯通古今中外，融汇百家的基础上，大胆变革创新，要体现出时代精神。这样才能达到形式更趋完善，风格更为新颖。

第2章 园林构图艺术法则

§2.1 园林构成要素

大千世界，各国形形色色的园林构成可以归纳为五大要素，无论任何形式的园林都由这些要素组成。

2.1.1 山水地形

地形是构成园林的骨架，主要包括平地、土丘、丘陵、山峦、山峰、凹地、谷地、坞、坪等类型。地形要素的利用与改造，将影响到园林的形式、建筑的布局、植物配植、景观效果、给排水工程、小气候等诸因素。

水体是地形组成中不可缺少的部分。水是园林的灵魂，“园林的生命”。水体可以分成静水和动水两种类型。静水包括湖、池、塘、潭、沼等形态；动水常见的形态有河、溪、渠、涧、瀑布、喷泉、涌泉、壁泉等。另外，水声、倒影等也是园林水景的重要组成部分。水体中还形成堤、岛、洲、渚等地貌。

2.1.2 植物

植物是园林中有生命的构成要素。植物要素包括乔木、灌木、攀缘植物、花卉、草坪地被、水生植物等。植物的四季景观，本身的形态、色彩、芳香、风韵、习性等都是园林造景的题材。园林植物与地形、水体、建筑、山石、雕塑等有机配植，将形成优美、雅静的环境和艺术效果。

园林中除了考虑植物要素外，自然界往往是动物、植物共生共荣构成的生物生态景观。在条件允许的情况下，动物景观的规划，如观鱼游、听鸟鸣、莺歌燕舞、鸟语花香将为园林景观增色。

2.1.3 建筑

根据园林的立意、功能要求、造景等需要，必须考虑适当的建筑和建筑的组合。同时考虑建筑的体量、造型、色彩以及与其配合的假山艺术、雕塑艺术、园林植物、水景等诸要素的安排，并要求精心构思，使园林中的建筑起到画龙点睛的作用。

2.1.4 广场与道路

广场与道路、建筑的有机组织，对于园林形式的形成起着决定性的作用。广场与道路的形式可以是规则的，也可以是自然的，或自由曲线流线形的。广场和道路的系统将构成园林的脉络，并且起到园林中交通组织和导游线的作用。

2.1.5 园林小品

它是园林构成不可缺少的组成部分，使园林景观更富于表现力。园林小品，一般包括园林雕塑、园林山石、园林壁画、摩岩石刻等内容。很难想像，将西方园林中的雕塑作品去掉，或把中国园林中的假山、石驳岸、碑刻、壁雕等去掉，如何构成完整的园林艺术形象。反之，园林小品也可以单独构成专题园林，如雕塑公园、假山园等。

§2.2 园林造型要素

园林艺术是造型艺术，园林美具有美的形象性的特征，创造出一个实际的园林景物形象要通过各种造型要素来实现，常见的园林造型要素有点、线、形、色彩、质感等。

2.2.1 点

1. 点的概念

几何学上，点是没有大小、面积，只有其存在的位置，是一个没有具体形象的抽象概念，但作为造型要素来理解，点就具备形象和大小了。

点的大小和形状是相互依存的，要据其在空间的大小和与物体之间的相互关系来判断，靠人们的感觉来比较，如夜空中的星星，草坪上的一棵树或一株花，家具上的拉手、锁孔，家电上的旋扭等。任何形状的物体在特定的环境中都可当做点来理解。同样一个形状，占有相对大空间的称做点，相对小空间的则失去了点的意义。

2. 点的特征

(1) 点在空间中起着标明位置的作用

点容易引起人的注意，成为视觉中心，丰富造型，打破单调。点在画面不同地方的位置会产生不同的视觉作用和不同的平衡关系（图 2－1）。

(2) 点因其数量、位置和组合关系不同而产生不同的情感效果

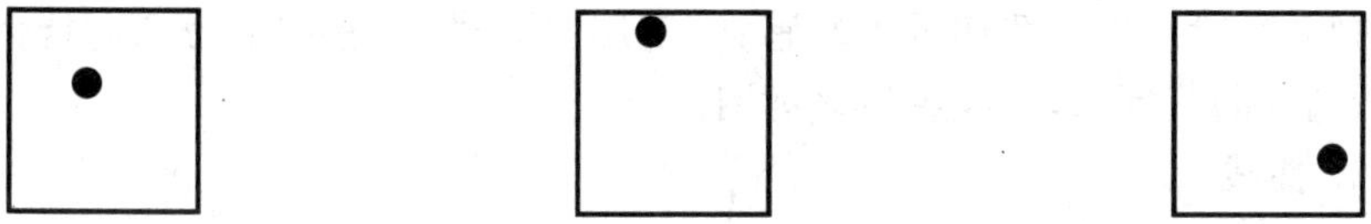

点在中央
静止、平衡

点在上方
上浮、飘动有动势

点在下方
下沉、压抑有动势

图 2－1　点的特征

大小相同的两个点，人的视线会在两点间来回流动，产生线的感觉，这条线称为消极线，最终人的视线停留在两点的中央；大小不同的两个点，或一远一近、一深一浅，人的视觉注意力先集中在优势一方，再向劣的一方移动。优势一方的称为始动点，劣的一方称为终点。

多数点的集合，易产生面的感觉；点的疏密不同的排列，会产生明暗的变化；点的连续排列，形成虚线，有时比实线的效果更动人；按序排列的点，会产生节奏变化的韵律美。

2.2.2　线

1. 线的概念

点的运动轨迹构成线，点向一个方向运动构成直线，随时间变化方向的构成曲线。在几何学中，线有长短而无宽窄，在造型要素中，由于点有大小不同，线就具有宽窄了。

线是造型要素中最基本的要素，是构成视觉形象的基本条件，没有线就谈不上园林的造型与构图。线分为直线和曲线两大类，在这些线中，又有粗细、长短、浓淡、虚实等之分，给人以完全不同的视觉印象。

2. 线的感情特征

(1) 直线

直线给人以坚硬、刚直、单纯、顽强、明快的感觉，具有速度、力量、男性美的特征。粗直线有厚重、强壮之感，细直线有轻快、敏捷之感。直线本身具有某种平衡性，很容易适应环境，纵横交错，水平和垂直地组织起来可形成空间设计。直线有水平线、垂直线和斜线之分。

① 水平线：水平线与大地平行，使人体验到一种合理性、一种理智的平衡、安定的延伸状态，联想到平静的海面、无垠的大地、宽广的地平线，给人以平稳、安祥、永久、宁静的感觉。

② 垂直线：垂直线与大地垂直，使人体验到一种无限性、狂喜与激情，给人以刚强、严肃、崇高、挺拔、雄伟、进取的感觉。

③ 斜线：斜线使人体验到一种特定的方向性和动向，象征着危险及无法

控制的感情，给人以活跃和运动的感觉，使用斜线时，只有在重力和支持力的平衡所允许的范围内，才能灵活地运用。

(2) 曲线

曲线给人以优雅、流畅、轻快、丰满、活泼、柔软的感觉，具有灵活、优柔、女性美的特征。曲线分为数学曲线和自由曲线两大类，曲线在自然式园林造型中运用较多，如中国古典园林中的水池、园路、曲墙、月洞门等。

① 数学曲线：数学曲线也称几何曲线，常见的有圆、椭圆、双曲线、抛物线、螺旋线……等，使人体验到一种理智、弹性、单一性和规律性，给人以明快、流动的感觉。

② 自由曲线：自由曲线有自然形成的和人工随意描绘的，使人体验到一种起伏变化的流动性、多样性和具有生命的活力，给人以柔软、流畅、自由奔放的感觉。但自由曲线不易掌握，用得不好则给人一种散乱、无序、缺乏美感的印象。

2.2.3 形

点和线的扩展可以得到形的概念。形包括平面的形和立体的形。形依据其构成分为几何形和非几何形两大类。几何形分为直线形、曲线形和直、曲线组合形，非几何形也称为自由形，分为有机形、偶然形和不规则形。有机形是由曲线按一定规律组成，如植物的叶形、动物的体形；偶然形是用特殊的技法意外或偶然得到的形，如一滴墨水掉到纸上形成的形、火山爆发形成的形；不规则形是自由曲线和直线随意人工组成的形。

1. 平面的形——面

(1) 面的概念

线移动的轨迹就是面，在造型要素中，点、线、面之间没有绝对的界线，点扩大可成为面，线加宽也能成为面。

(2) 面的性格

面的性格即为面的感情特征，是人们对面的性质的普遍心理反应。对面的性质的研究比较困难，只能以简单的圆、正方形、矩形、梯形、三角形、扇形等来研究其性质及其相互关系，应以简单易懂的原则。

① 几何形：几何形对视觉的刺激集中，信号感强，使人体验到一种秩序性，给人以明朗、端正、醒目、简洁的感觉，但有时会产生呆板，单调感。

圆形：具有单一的中心点，依这个中心点运动，引起向周围等距放射活动，或从周围向中心点集中活动，圆形吸引人的视线，引人注目，容易形成重点的东西。如圆形的水池、圆形的花坛。圆形给人以饱满、柔和、活泼、统一感，圆形易和周围环境谐调。

正方形：具有近似圆形的性质，以直角构成，给人以大方、单纯、庄严、安定、明朗、坚固、静止、规则的感觉，但正方形四边相等，缺乏变化，又会产生乏味单调感。

矩形：矩形是适合于造型的最容易利用的形状，长宽比例适宜的矩形能给人以美感。若矩形的长边为水平线时，给人以宁静稳定感，若矩形的长边为垂直线时，给人以挺拔、崇高、雄伟、庄严的感觉。

梯形：梯形具有斜线的性质，是偏心的、正梯形给人以沉重、坚固、稳定感，倒梯形给人以轻巧的动感。

三角形：正三角形给人以稳定、灵敏、锐利、醒目的感觉，倒三角形给人以不稳定的运动感。

扇形：给人以轻巧、华丽、凉爽的感觉。

② 自由形：自由形给人以优雅、柔软、活泼、大胆、明快的感觉，如果运用不当，则会给人以杂乱感。

2. 立体的形——体

面运动的轨迹构成体、或由面包围而形成体，常见的简单形体有圆球、圆柱、圆锥、立方体、棱锥、棱柱等，这些常见的基本形体通过变化、组合可构成新的形体。

我们从形体上可以感觉出某种性格和气氛。如卷起、弯曲的形状有优雅而纤细的感觉，带棱角的形状则有刚强、尖锐、粗暴的感觉，圆球有单纯、饱满、柔和、愉快、温暖的感觉。总之，形体的性格与形体的视向线所呈现的性格有关，同时又与形体体量的大小有关，体量大而厚的形体给人以庄重、结实感觉，体量小而薄的形体给人以轻盈的感觉。

2.2.4 色彩

园林是绚丽的色彩世界，色彩对人们的感觉强烈迅速，具有先声夺人的力量。在园林造型要素中，没有像色彩这样强速的诉诸感觉。

1. 色彩与光

色彩和光有着不可分割的联系。我们在园林中所看到的绚丽多彩的美丽景色，都是由于光的作用才使我们感觉和认识，正是有了光，我们才能看到一切物体的色彩与形态。太阳的光谱是由不同波长的色光组成，色彩是人们对色光的感觉，即通过发光体的幅射光线或不发光体的反射光线在空气中以不同速度和长度的光波运动，作用在人的视网膜上的结果。人眼可见色光的波长在 400～700 nm(nm，十亿分之一米)之间，红色波长为 610～700 nm，紫色为 400～450 nm。按顺序排列为红、橙、黄、绿、蓝、紫。

色彩分为光源色和物体色。光源色是由发光体发出的不同色光的色彩。

物体色是不发光物体在自然光线下所呈现出的色彩,任何物体对光线有吸收和反射的本能,物体的色彩是对光线吸收和反射的结果。若物体吸收了其他色光,只将红色反射出来,则物体表现为红色,同理植物绿叶的绿色,是树叶吸收了光线中红、橙、黄、蓝、紫色光而反射出绿光的结果。物体将色光全部反射则表现为白色,将色光全部吸收则为黑色,将色光等量部分反射则为灰色。

2. 色彩的混合

在自然界中,由于各种色彩的不同混合,才呈现出五彩缤纷的色彩世界。

(1) 原色

无法用色彩(或色光)混合出来的色称原色。色光的三原色是:红、蓝、绿,色光的三原色相混可得白光;色料的三原色是:红、黄、蓝,色料的三原色相混合则成黑浊色。三原色可调配出任何其他色彩(或色光),故三原色又称第一色。

(2) 间色、复色与补色

三原色的任何两色等量混合而得的颜色称为间色,如图 2-2 中所示的橙、绿、紫,间色又叫第二色。复色是三间色中任意两种相互等量调配而产生的颜色,也就是第三色,如图 2-2 中所示的橙绿、紫绿、橙紫。三原色中两色相互等量调配所产生的间色与另一原色为互补色,许多人习惯叫对比色,如紫为黄的补色,绿为红的补色,橙为蓝的补色。由于互补色在色彩关系中,其对比关系最强,因此表现力强,响亮、明快(图 2-2)。

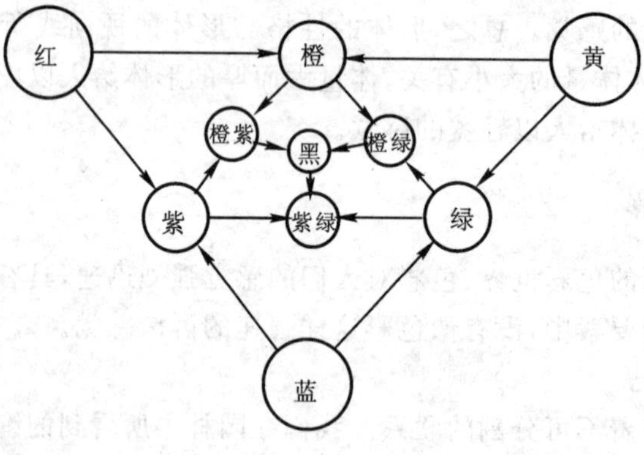

图 2-2　原色、间色、复色与补色

(3) 色彩的三要素

① 色相:色相是指色彩的相貌、色别名称。如红、橙、黄、绿、蓝、紫即为不同色相。在使用色料时,可使它的首尾相连呈一圆环形,称此环为色相环,(图 2-3)。

② 明度:明度是指色彩的明暗程度,反射率的大小决定色彩的明暗程度。

反射率大则明度高，反之则明度低。在色料中黑色明度最低，白色明度最高。任何色料混入白色后均可提高其明度，混入白色愈多明度愈高；若混入黑色均可降低明度，混入黑色愈多明度愈低。六种标准色相的明度次序依次为黄、橙、绿、红、蓝、紫，黄色明度高，紫色明度低。

③ 纯度：纯度是指色彩的饱和程度，纯度又称色度或彩度，在色相环中的各色是纯度最高的色彩。在任何一个色相中加入白色后，其纯度降低，而明度提高。加入黑色则其纯度和明度都降低。

(4) 色彩的感情与应用

不同的色彩，对人的生理和心理会产生不同的作用，这种作用是因人的长期的生活经验积累和对大自然周围环境等的联想，随着年龄、性别、文化程度、民族习惯、个人爱好及审美感情的差异，人们对色彩的感受也不同，但共同的社会条件和生活环境，也使色彩具有一般性的共同感情，当我们进行园林色彩设计时，应根据色彩容易引起人们思想感情的客观反映和一般规律去选择色彩。

① 色彩的温度感：根据色光的温度效应分为暖色与冷色。人们看到红、橙、黄等色，会联想到红太阳、炉火，使人感到温暖，从而与暖热的概念联系起来，因此称这些色为暖色。当看到蓝色或蓝绿色就联想到冰色、水色、海洋、冰、雪，就与清冷的概念相联系，因而称蓝、蓝绿色为冷色。了解色彩的温度感，在园林花卉种植设计时，就应该根据园林的功能要求和使用环境条件选择冷暖不同的色彩。如在春秋季节和寒冷地带宜多用暖色花卉，而在夏季或炎热地带宜多用冷色花卉，以适应和平衡人们的心理特点。

② 色彩的距离感：由于空气透视的关系，暖色在色彩距离上有向前及接近的感觉，而冷色有后退及远离的感觉，同一色相，纯度大的则近前，纯度小的则退远，明色调及暗色调则近前，而灰色调则退远。

在园林中常利用色彩的距离感来加强风景深远的效果，如做为背景的树木宜选用灰绿色或灰蓝色的树种；毛白杨、银白杨、雪松等。

③ 色彩的运动感：暖色伴随的运动感觉较强烈，给人以兴奋感，而冷色伴随的运动感觉较弱，给人以宁静感，同一色相，若纯度降低，兴奋感与安静感也随之减弱。

在园林中的文娱活动场地宜多用暖色，以烘托欢乐、活跃、轻松、明快的气氛，而在安静休息场地，色彩的选择不能影响宁静的气氛。

④ 色彩的方向感：暖色、白色或同一色相纯度大、明度高的有向外散射的方向感，而冷色、黑色或同一色相纯度小、明度低的有向内收缩的方向感。

在园林草坪上布置花坛或花丛，宜选用暖色、白色、纯度大、明度高的色彩的花卉，能以少胜多与草坪取得均衡。

⑤ 色彩的面积感：呈散射运动方向的色彩，有扩大面积的感觉，而呈收缩运动方向的色彩，有缩小面积的感觉。

在园林中，水面的面积的感觉比相同面积的草坪大。特别是在小面积的园林中，若有条件可采用水面或选择白色、暖色、纯度大、明度高的色彩，使人们易产生扩大面积的错觉。

⑥ 色彩的重量感：明度不同的色彩对人的心理会产生不同的轻重感。色彩的重量感与明度和纯度有关，一般明度高，感觉轻，明度低，感觉重。纯度高显暖色有重感，纯度低显冷色有轻感。

色彩的重量感对园林建筑的设色关系很大，建筑的基部宜用暗色，以增强建筑的稳定感，建筑物的基础栽植也宜选用色彩浓重的植物种类。

2.2.5 质感

1. 质感的意义和趣味

所有的园林材料，不管是人工的或自然的都有其本身的性质和性格，人们通过触觉和视觉所感到材料的质地与纹理等性质，称为该材料的质感。我们从粗糙不光滑质感所感受到的是野蛮的缺乏雅致的情调；从细致光滑的质感中则感受到的是女性的、优雅的情调；从金属感受到的是坚硬、寒冷、光滑的感觉；从布帛上感受到的是柔软、轻盈、温和的感觉；从石头上感受到的是沉重、坚硬、强壮的感觉。

对材料质感的体验是不能被其他东西代替的，不是用语言所能表达的，需要直接地用肌肤接触或用眼睛观看，才能有生理的、直接的感觉。

2. 质感的表现

(1) 质感的表现必须尽量发挥素材固有的美，自然的美

近年来，在自然风格的园林中，常看到有混凝土模仿树干、木头、树墩等造型，但比真正的树、树干、树墩、木头等在美的程度上降低了很多。

(2) 质感与现赏者的距离不同而不同

如同样的材料近赏质感很美，远观不一定能产生最好的质感效果。

(3) 质感的调和与对比

如地面上用地被植物、石子、砂子、混凝土等铺装的时候，使用同一材料时比使用多种材容易达到整洁和统一，在质感上也易得到同一调和，像分隔的石墙、树篱、或是堆山置石、都以尽量使用同一材料为佳。

为提高质感的效果，可根据材料质感的对比，使各种素材的优点相得益彰。如园林中的置石，点缀在土地面的就不如草坪地面的优美，这是由于质感的对比效果。石块的坚硬强壮的质感与草坪柔软、纤细的质感对比，从不同的素材中看到了美。

§2.3 园林构图艺术法则

构图是造型艺术的术语，是为了满足人们对某种物质生活和精神生活的需要，采用一定的物质手段来组织特定的空间，使该空间在形式与内容、审美与功能、科学与技术、自然美、艺术美及生活美取得高度统一的创作技法。园林构图是将园林构成要素及造型要素，依据其功能要求和美学法则做出统一安排的技法。其中包括了对园林构成要素及造型要素的取舍、剪裁、配布与组合。

园林构图艺术法则，即为园林构图的美学法则，是指园林的整体和部分组成关系中美的内在法则，也称美的形式原理。

2.3.1 多样与统一

多样统一法则是用来确定园林各组成部分之间相互关系的法则。

世界上万事万物之间都有着错综复杂的和千丝万缕的联系，构成了事物发展的规律，规律就是事物间的本质联系。18世纪法国思想家狄德罗提出了“美在关系”的著名论点。“美在关系”不是所有关系都是美的，只有称得上和谐的关系才是美的关系。如果把众多的事物，通过某种关系联系在一起，获得了和谐的效果，这就是多样统一。多样统一规律是一切艺术领域中处理构图的最概括、最本质的法则。任何完美的艺术作品，都具有若干不同的组成部分，各组成部分之间既有区别，又有内在联系，通过一定的规律有机的组成一个完整的整体。

园林构图亦莫能外。区别就存在着差异，有差异就是变化，因此，变化就同多样等同起来，所以多样统一亦可称为变化统一。

园林从全园到局部，或到某一景物，都是由若干个不同部分组成，这些组成部分它们的形态、体量、色彩、结构、材料、风格……等要有一定程度的相似性或一致性，给人以统一的感觉。十分相似的园林组成部分，使人产生整齐、庄严之感，但过分一致，则感到单调、郁闷、缺乏生气，反之没有整体统一，会使人感到杂乱无章，因此，园林构图要统一中求变化，变化中求统一。

园林构图中的多样统一法则常具体表现在对比与调和、韵律与节奏、主从与重点、联系与分隔等方面。

1. 对比与调和

对比与调和是运用构图中某一因素（形态、体量、色彩、空间……）中两种程度不同的差异以取得不同的艺术效果的表现形式，差异程度显著的表现称为对比，表现为彼此对照，互相衬托，更加鲜明地突出各自的特点；差异程度较小的表现称为调和，表现为彼此和谐，互相联系，产生完整的效果。对比强调差异，以表现不同的特性；调和则谐调差异，以表现其共性。

（1）调和

使园林中不同艺术形象和不同功能要求的局部，求得一定的共同性与相互转化，这种构图上的技法称为调和，调和有相似调和与近似调和。

① 相似调和：构图中形状相似而大小或排列上有变化称为相似调和。当一个园景的组成部分重复出现时，如果在相似的基础上变化，即可产生调和统一感。例如在一个大圆形的广场上，中央有圆形的水池，水池周围有圆形的花坛，这就是相似调和，相似调和也称同一调和。

② 近似调和：构图中近似的形体重复出现，称为近似调和。如方形与长方形的变化，圆形与椭圆形的变化都是近似调和。自然式的园林，如果细加分析，其中有许许多多的近似调和，植物叶片之间大同小异，本身就是一个近似调和的整体，自然式园林中起伏变化的山丘，蜿蜒的小河，曲折的园路，树林的林冠线与林缘线，这一切都统一在曲线之中，给人以调和的美感。

在园林中，调和的表现是多方面的（形态、色彩、线条、比例、虚实、明暗……）主要通过构景要素中的山石、水体、建筑、植物、道路、小品等的风格和色调的一致而获得的。园林的主体是植物，尽管各种植物在形态、体量、色泽上有千差万别，但总体上它们之间的共性多于差异性，在绿色这个色调上得到了统一，园林建筑虽个体的平面、立面、体量、屋顶形式存在着差异变化，但可从色彩、风格、法式、材料等取得相同，求得共同，采用调和技法在变化中求统一。

（2）对比

差异程度大，求得不同变化，把两个对立的事物作比较，称为对比，对比是园林构图艺术中最基本的手法，表现是多方面的。

① 形象对比：有长宽、高低、大小、方圆等不同形象的对比。以短衬长、以低衬高、以小衬大、以方衬圆都能造成人们的错觉，使长者愈显其长，高者愈显其高，大者愈显其大等等，反之亦然。例如天安门广场上的人民英雄纪念碑，岩边的水杉林都取得了高与低、水平与垂直的对比效果。地形地貌的山水对比；高地与平地的对比；水陆对比；主景与背景的对比；平静水体与流动水体的对比；建筑与植物的对比；乔木与灌木的对比；棕榈叶与针叶的对比等等都是形象的对比。

② 体量对比：把体量大小不同的物体，放在一起进行比较，则大者愈显其大，小者愈显其小。但把两个体量相同的物体分别放在两个大小不同的空间内进行比较，能予人以不同的量感。如两块体量相同的峰石，把一块置于开阔的草坪上，而把另一块置于闭合的天井里，则前者会感其小，而后者会感其大，这是由于对比而产生的“大中见小和小中见大”的道理。

③ 方向对比：在园林规划设计中的主副轴线形成平面上方向的对比；山与水形成立面上方向的对比。在建筑组合的立面处理，有横向处理、纵向处理以及纵横交叉处理等等，可使空间造型产生方向上的对比。

④ 空间开合对比：颐和园中苏州河的河道由东向西，随万寿山后山山脚曲折蜿蜒，河道时窄时宽，两岸古树参天，影响到空间时开时合，时收时放，交替向前，通向昆明湖。合者，空间幽静深邃；开者，空间宽敞明朗；在前后空间大小的对比中，景观效果由于对比而彼此得到加强。最后来到昆明湖，则更感空间之宏大，湖面之宽阔，水波之浩渺，使游赏者的情绪，由最初的沉静转为兴奋，再沉静，再兴奋；把游人情绪引向高潮，感到无比兴奋。这种对比手法在园林空间的处理上是变化无穷的。

⑤ 明暗对比：由于光线强弱造成空间明暗的对比，加强了景物的立体感和空间变化。"明"给人以开朗活跃的感受。"暗"给人以幽深与沉静的感受。一般来说，明暗对比强烈的空间景物易使人振奋，明暗对比弱的空间景物使人宁谧。游人从暗处看明处，景物愈显瑰丽而灿烂，从明处看暗处则景物愈显深邃。明暗对比手法在空间开合收放的对比中，也表现得十分明显。林木森森的闭合空间显得暗，由草坪或水体构成的开敞空间则显得明，明暗对比手法，在古典园林中应用较为普遍。苏州留园和无锡蠡园的入口处理，都是先经过一段狭长而幽暗的弄堂和山洞，然后进入主庭院，深感其特别明朗。

⑥ 虚实对比：虚予人以轻松，实予人以厚重，山水对比，山是实、水是虚；建筑与庭院对比，则建筑是实，庭院是虚；建筑四壁是实，内部空间是虚，墙是实，门窗是虚；岸上的景物是实，水中倒影是虚。由于虚实的对比，使景物坚实而有力度，空凌而又生动。园林十分重视布置空间，处理虚的地方以达到"实中有虚，虚中有实，虚实相生"的目的。例如圆明园九洲"上下天光"用水面衬托庭院，扩大空间感，以虚代实；再如苏州怡园面壁亭的镜借法，用镜子把对面的假山和螺髻亭收入镜内，以实代虚，扩大了境界。此外，还有借用粉墙、树影产生虚实相生的景色。

⑦ 色彩对比：利用色彩的对比关系，能引人注目。所谓"万绿丛中一点红"，由于万绿的衬托，而一点红格外的醒目，成为构图中主题，建筑的背景如为深绿色的树木，则建筑可用明亮的浅色调，加强对比，突出建筑。秋季在红色叶的枫林、黄色叶的银杏树之后，宜有深绿色的背景树木来衬托。"溪湾柳间栽桃"，阳春三月，桃红柳绿，红桃衣柳，以绿衬红，景色夭冶迷人。

⑧ 质感对比：在园林绿地中，可利用植物与建筑、道路、广场、山石、水体等不同材料的质感，造成对比，增强艺术效果，即使植物之间也因树种不同，有粗糙与光洁、厚实与透明的不同，产生质感差异。利用材料质感的对比，可造成雄厚、轻巧、庄严、活泼或以人工胜或以自然胜的不同艺术效果。如云南石

林的望峰亭建在密集如林的奇峰怪石之巅，通过形、色、质等的强烈对比，产生了奇丽的景色，吸引了众多的游人登亭远眺。

⑨ 疏密对比：疏密对比在园林构图中比比皆是。如种植设计中的草地、疏林、密林、就是疏密对比手法的具体应用，群林的林缘变化是由疏到密和由密到疏和疏密相间，给景观增加韵律感。《画论》中提到“宽处可容走马，密处难以藏针”，故颐和园中有烟波浩渺的昆明湖，也有林木葱郁、宫室建筑密集的万寿山，形成了强烈的疏密对比。

⑩ 动静对比：六朝诗人王籍《入若耶溪》诗里有一联说：“蝉噪林愈静，鸟鸣山更幽”。林荫深处有蝉常噪，可使环境凭添几分寂静之感。山谷之中的鸟啼鸣，益增环境之幽邃气氛。人们只有在夜深人静的时候，才能听到秒钟的滴答声，它表明四周万籁俱寂。“树欲静而风不止”，植物的外貌随四季而变化，静中动也，止水静，游鱼动，动静交织，静坐亭廊之中，行云流水，飞鸟落花，皆动也。动静对比在园林中表现在各个方面，亭、台、楼、阁等园林建筑原本是静止的，但它的飞檐翘角在静穆中有飞动之势，静态中有动势之美。

在园林艺术构图中，如果只有调和，没有对比，则虽易达到统一，但构图欠生动，使人感到单调；如果过分强调对比而忽略了调和，则虽构图多样、生动，但缺少统一感，使人感到杂乱无章。故调和是园林艺术构图变化中求统一的手法，对比是统一中求变化的手法。

2. 韵律与节奏

诗歌中要有韵律，音乐中要求节奏，是指声音和乐曲有规律的重复和变化。自然界中许多现象，常是有规律的重复出现，有节奏的重复变化。例如海边的浪潮，一浪一浪地向岸上扑来，均匀而有节奏。在园林绿地中，如道旁植树，是种一种树好，还是两种树间种好；在一个带形用地上，设计一个长花坛好，还是设计成几个花坛并列起来好，这都牵涉到构图中的韵律节奏问题。

所谓韵律与节奏即是某些组成因素作有规律的重复，在重复中又组织变化。韵律与节奏能赋予园林以生气活跃感，表现出情趣和速度感。重复是获得韵律的必要条件，但只有简单的重复则易感单调，故在韵律中又组织节奏上的变化。所以韵律与节奏是园林艺术构图多样与统一的重要手法之一。

园林构图中的韵律与节秦方式很多，常见的有：

(1) 简单韵律

即由同一组成因素作有规律的重复出现的连续构图，如等距栽植的七叶树的行道树，等高、等距的梯级登山道，等高、等距的游廊、宣传廊等。

(2) 交替韵律

即由两种以上组成要素有规律地交替重复出现的连续构图。如“溪湾柳间栽桃”；两个品种相间种植的行道树；一段梯级与一段平台交替布置等。

(3) 渐变韵律

即由同一组成因素有规律地增加或有规律地减少出现的逐渐变化的连续构图。色彩由深到浅的变化，体形由小到大的逐渐变化都能构成渐变韵律，如中国式建筑——塔，层云式的树桩盆景。

(4) 起伏韵律

即由某一组成因素有规律增加和有规律减少同时出现的起伏增减变化的连续构图。如山脊地形线、林冠线的有起有伏，水岸线、林缘线的有进有退。

(5) 拟态韵律

即由某一组成因素有规律纵横交错或多个方向出现重复变化的连续构图。如在园林铺地中，以卵石、片石、水泥板、砖瓦等不同材料，可按纵横交错的各种花纹，组成连续图案，设计得宜，能引人入胜。空间的开合、明暗变化，平面上有曲折断续，竖向上有起伏高低，都能产生良好的韵律节奏感。

3. 主从与重点

(1) 建立良好的主从关系是达到统一的重要手法

在众多的园林构景空间中，必有一个空间在体量上或高度上起主导作用，其他大小空间起陪衬或烘托作用。同样，在每个空间中也一定要有主体与客体之分，主体是空间构图的重心或重点，也起主导作用，其余的客体对主体起陪衬或烘托作用，这样主次分明，相得益彰，才能共存于统一的构图之中。若是主体孤立，缺乏必要的配体衬托，即形成孤家寡人。如过分强调客体，喧宾夺主或主次不分，都会导致构图失败。所以整个园林构图乃至局部都需要重视这个问题。凡是成为名园的构图，重点必定突出，主次必定分明；凡是缺乏重点，主次不分明的园林，其景观必然紊乱或贫乏，缺乏强烈的艺术感染力，很难引人入胜，更谈不上构图的统一性。主从相互间的内在联系，使园林构图达到统一，而适当处理两者之间的差异，使园林构图达到多样变化。在园林构图中常采取对位与呼应的手法以取得主从之间的联系，采取对比与衬托的手法以显出两者之间的差异。

对位是通过关系线(包括有形轴线和无形轴线)按一定规律处理各组成部分相互间的位置关系。轴线对称的布置，容易体现出较强的对位关系，自由布置，则往往要求更高的手法，来取得其间的对位关系。对位得宜，主从关系良好，能使整个构图统一协调。如在天安门广场的构图中，天安门、人民英雄纪念碑、毛主席纪念堂、正阳门位于广场的主要轴线上，人民大会堂、革命历史博物馆列居左右，而形成广场的次轴线，人民英雄纪念碑位于广场的中心，而天安门、革命历史博物馆、正阳门、人民大会堂又恰在以人民英雄纪念碑为圆心的圆周上，这些对位关系，表明人民英雄纪念碑为广场构图中心。常见的构图对位关系线，可以是轴线、圆形、方形、矩形、三角形、多角形等，规划式构图的主体位于其几何中心，而自然式构图的主体位于其自然重心。

呼应是指组成部分之间在对位上的主从关系，采用呼应的关系引导对位，以取得主从之间的联系，使构图统一协调。呼应的手法较多，有布局上的呼应，造型风格上的呼应，种植上的呼应，色彩上的呼应等。如两个相对的山头，一主一从，在布局上取得呼应。

(2) 重点处理

重点处理是园林构图中运用最多的手法之一。对园林的主体和主要部分采用重点处理，使其更加突出，对非主要部分，采用重点处理，加强其表现力，在统一中求得变化。

园林的主体和主要部分，是指园林主要出入口、主景区、主景、主要道路、广场、建筑、水体及种植。非主要部分是指园林中的关键部位，如道路的交叉口、转折处、游人视线的焦点；园林中装饰效果部位，如在大草坪、水面、密林的边缘部位，为打破单调，常进行装饰处理。

重点处理适用得宜，能加强表现，突出构图主题，丰富构图变化，若不善运用，会使构图单调乏味，若运用过多，会分散注意力，造成混乱。

4. 联系与分隔

在园林构图中，不同的组成空间或局部，它们之间存在着必要的联系与分隔。包括园林景物形体之间，室内外空间之间，局部空间之间，可利用植物，土丘、道路、广场、台阶、挡土墙、水面、桥、栏杆、花架、廊、门、窗等进行联系与分隔，联系与分隔是体现多样统一原则又一重要手法，联系多用于变化中求统一，分隔多用于统一中求变化。

联系分为两种，一种是有形的联系，如道路、廊、水系等交通上相通及通过景窗、漏窗、门洞等方式的空间渗透。一种是无形的联系，如景观上相互呼应，相互衬托、相互对称、相互对比，在空间的构图上造成统一协调艺术效果的内在联系关系。

园林构图中的分隔是为了把不同景区、功能区、景点分隔开、形成各自的特色，避免相互干扰，或创造隔景，或构成闭锁的空间，或“俗则屏之”，遮挡不美观的部分。如北京的北海是以大水面为主体的，四周布局了数处小园，如濠濮间、画舫斋、静心斋等。都是与外界相互分隔的，具有各自特色的内容，即所谓“园中之园”。

对比与调和、韵律与节奏、主从与重点、联系与分隔等手法在园林构图中同时存在，相互作用，例如对比手法的运用，一方面对比的双方有良好的主从关系，取得构图的统一协调，另一方面表现主次，突出重点，取得构图的多样变化。

2.3.2 比例与尺度

比例与尺度法则是确定园林构图尺寸大小所遵循的法则。园林构成要素的本身或彼此之间都存在比例与尺度的关系，直接影响着园林构图与造景。

1. 比例

比例是指整体与局部，或局部与局部之间的大小关系。在园林构图中，园林景物本身，景物与景物、景物与总体之间都存在着内在的长、宽、高的大小关系。比例是园林构图中用于调和景物尺寸的基本手段之一。和谐的比例是完美构图的条件之一，可以使人产生美感。

比例是通过一定的数值或几何关系来体现，数学和几何学的某些规律与园林艺术构图和人的审美经验之间，必然存在着某种关系，把这种关系可归纳为几何法则或数学法则。

抽象的几何形状有美的，也有不美的，美的几何形状取决于"外形的肯定性"，即形体周边的比例和位置不能加以任何改变，只能按比例放大或缩小，否则就会失去其外形特征，如圆、正方形、等边三角形、黄金率、矩形平方根等，它们本身都存在着某种良好的比例关系，在园林构图中得到了广泛的应用。

园林构图中，常用的数学比率有等差数列比、整数数列比、调和数列比、等比数列比、费波纳齐数列(Fibonacii Series)比(相加级数比)等。

等差数列比 1∶3∶5∶7∶9……

整数数列比 1∶2∶3∶4∶5……

调和数列比 1/1∶1/2∶1/3∶1/4∶1/5……

等比数列比 1∶2∶4∶8∶16……

弗波纳齐数列比 1∶2∶3∶5∶8∶13……

比例体现在园林景物的体型上，具有适当美好的关系，其中既有景物本身各部分之间的比例关系，也有景物之间、个体与整体之间的比例关系，这些关系难以用精确的数字来表达，而是属于人们感觉上和经验上的审美概念。

2. 尺度

比例只能表明各种对比要素之间的相对数比关系，不能涉及对比要素的真实尺寸，要确定园林景物的真实尺寸大小，必须应用人与物的对比关系，这种对比关系就是尺度。

研究园林景物给人以视觉上的大小印象和真实尺寸之间的关系，常采用不变因素与可变因素进行对比，从其比例关系中衬托出可变因素的真实大小。这个"不变因素"就是"人"，因为人是具有众所周知的真实尺寸的，而且尺寸变化不大。以"人"为"标尺"是易于为人们所接受的。古希腊哲学家苏格拉底说："能思维的人是万物的尺度"。例如人们通常不用尺子而用人的几围来量度古树名木树干的周长。又如在野外摄影，为了要说明所摄对象（树、石、塔、碑等）的真实大小，常常傍立一人为标尺，使读者马上能判断出对象有几人高的真实大小来。这种以人为标尺的比例关系就是“尺度”。生活中许多构件或要素与人有密切的关系。如栏杆、扶手、窗台、踏步、桌椅以及板凳等，根据使用功能要求，它们基本上保持不变的尺寸，所以在建筑构图上也常常将它们作为“辅助标尺”来使用。园林构图的尺度是以人的体形标准和使用活动所需空间为视觉感知的量度标准。园林造景为人服务，人的平均身高、肩宽、足长、腿长与许多构图尺寸有直接关系。

比例寄于良好的尺度之中，景物恰当的尺度也需要有良好的比例来体现。比例与尺度原是不能分离的，所以人们常把它们混为一谈，所谓“尺度”在西方认为是十分微妙而难以捉摸的原则，其中包含着比例关系，也包含着协调、匀称和平衡的审美要求。

园林空间的大小印象会给人以不同的感觉，如开朗、闭锁、舒畅、雄伟、亲切、轻巧……这种感觉就叫尺度感。如果视觉尺寸小于或大于真实的尺寸就会产生特殊的感受，人们都乐于领受大型雕刻乐山大佛的大尺寸和庄丽景象；也都喜欢与成人相同的尺度，如哈尔滨市斯大林公园中的雕塑“起步”、“晨读”、“浴女”等等具有亲切宜人的特点；也喜欢比成人小得多的尺度，如哈尔滨市儿童公园的小火车，坐在小火车上使人产生回到童年的感受。

3. 影响比例与尺度的因素

(1) 功能与性质决定了园林构图的比例尺度

如皇家宫苑构图，为了表现雄伟、崇高、壮观的气势效果，常采取大比例大尺度，而苏州私家宅园构图则以稍小的比例尺度，以表现园林的轻巧多趣与诗情画意。

(2) 材料、结构及工程技术条件决定了比例尺度

如用石材建造园林建筑，跨度受石材的限制，廊柱间距很小；用砖结构建造拱券形式的房屋室内空间很小而墙很厚；用木结构屋顶的变化可丰富多样；混凝土建材的崛起，造型上的比例关系得到解放，园林建筑也为之丰富多彩。

(3) 周围环境影响比例尺度

如大草坪上的孤植树与小庭院中同样大小的孤植树，给人的尺度感就不同。“远山疑无树”，能够引起比例感的是山中的行人或桥、亭等建筑物，为了显示山势的高耸，可以建筑小型的亭阁之类，使人觉得“亭小显山高”。任何一个景物在其不同的环境中，应有不同的尺度，在特定的环境中应有特定的尺度。如在这个环境中景物成功的尺度，当搬到另一个环境中时，就未必成功。要形成一个完美的空间造型艺术，任何一个景物在它所处的环境中都必须有良好的比例与尺度，亦即是指景物本身与景物之间有良好的比例关系的同时，

景物在其所处的环境中要有合适的尺度。

(4) 植物的生长会改变比例尺度

园林中植物配置设计，在树木定植的最初几年，它们本身与整体之间的比例与尺度是恰当的，但随着树龄的增加，树木就会失去最初认为和谐的比例与尺度。如苏州古典园林中的山水亭桥在高大的古树名木的对比下，已变成了土丘和小水沟了，亭桥更是矮小不堪，完全失去了“一勺水江湖万里，一峰山太华千寻”的魅力。亦有树木在定植的初期比例尺度并不恰当，但到一二十年后树木的比例与尺度都达到了最佳的程度，如杭州花港观鱼公园的雪松大草坪。

2.3.3 均衡与稳定

均衡与稳定是确定园林构图量感平衡、形式安定的法则。均衡与稳定法则，来源于自然物体的属性，是动力和重心两者矛盾的统一。自然界凡属静止的物体都要遵循力学原则，以平衡的状态存在，不平衡的物体或造景使人产生燥乱和不稳定感，亦即危险感。在园林中的景物一般都要求赏心悦目，使人心旷神怡，所以无论供静观或动观的景物在艺术构图上都要求达到均衡。均衡能促成安定，防止不安和混乱，给景物外观以魅力和统一。构图上的均衡虽与力学上的平衡概念含义一致，但纯属于感觉上的。均衡有对称和非对称均衡两种，现分述如下：

1. 对称均衡

其特点是：

① 一定有一条轴线；

② 景物在轴线的两边作对称布置。

如果布置的景物从形象、色彩、质地以及分量上完全相同，如同镜面反映一般，则称为绝对对称。如果布置的景物在总体上是一致的，而在某些局部却存在着差异的则称为拟对称。最典型的例子如寺院门口的一对石狮子，初看是一致的，细看却有雌雄之别。凡是由对称布置所产生的均衡就称为对称均衡。对称均衡在人们心理上产生理性的严谨，条理性和稳定感。在园林构图上这种对称布置的手法是用来陪衬主题的，如果处理恰当，能达到主题突出，井然有序。如法国凡尔赛宫那样，显示出由对称布置所产生的非凡的美，成为千古佳作。但如果不分场合，不顾功能要求，一味追求对称性，有时反而流于平庸和呆板。

2. 不对称均衡

自然界中除了日、月、人和动物外，绝大多数的景物是以不对称均衡存在的。尤其我国传统园林都是摹山范水，景观都以不对称均衡的状态存在。在景物不对称的情况下取得均衡，其原理与力学上的杠杆平衡原理颇有相似之处。一个小小的秤铊可以与一个重量比它大得多的物体取得平衡，这个平衡中心就是支点。调节秤铊与支点的距离可以取得与物体重量的平衡。所以说在园林布局上，重量感大的物体离均衡中心近，重量感小的物体离均衡中心远，二者因而取得均衡。国画中常有近处的山石与远处的一叶轻舟相均衡的处理，齐白石画中的花、鸟、鱼、虫在布局上与题词和印章取得均衡，用的也是这个原理。

中国园林中假山的堆叠，树桩盆景和山石盆景的景物布置等等也都是不对称均衡。不对称均衡构图的美学价值，大大超过对称均衡构图的美学价值，可以起到移步换景的效果。不过在构图时要综合衡量构成园林绿地的物质要素的虚实、色彩、质感、疏密、线条、体型、数量等等给人产生的体量感觉，切忌单纯考虑平面构图，还要考虑立面构图，要努力培养对景物的多维空间的想像力，用立面图和鸟瞰图以及模型来核实对创作的判断力。

所有景物小至微型盆景，大至整个绿地以及风景区的布局，都可采用不对称均衡布置，它在人们心理上产生偏移性的自由灵活，它予人以轻松活泼的美感，充满着动势，故又可称为动态平衡。

第3章　园林风景艺术

§3.1　风景与风景的欣赏

3.1.1　风景

风景是以自然物为主体所形成的能引起美感的审美对象，而且必定是以时空为特点的多维空间，具有诗情画意，令人赏心悦目，使人流连。有陈毅诗为证。

水作青罗带，山如碧玉簪。
洞穴幽且深，处处呈奇观。
桂林此三绝，足给一生看。
久看欲舍去，舍去又来探。
佳景最留人，景亦待人勘。
愧我诗笔弱，难言百二三。
愿作桂林人，不愿作神仙。

园林和风景名胜，是由许多孤立的、连续的或断续的风景，以某种方式剪接和联系所构成的空间境域。风景的形象是多种多样的，如高山峻岭之景、江河湖海之景、林海雪原之景、高山草原之景、花港观鱼之景、文物古迹之景、风土民情之景等等。

风景名胜一般具有区域性、全国性乃至世界性的游览意义，它是一种大范围的游憩绿地，人们去风景区主要是欣赏原野的自然风光美景，要变换一种新的生活环境，接触一些和自己生活习惯不同的风土人情，同时希望猎奇，获得自己不熟悉的新鲜知识，如西方人向往东方的文物古迹、文化传统等。也有人希望在游憩中获得生物学、地质学、人类学、社会学等各方面知识。所以，旅游者在风景区中的活动时间是较长的，一般都在一天以上，活动的范围较大，以改变长期在狭小的建筑空间中活动的郁闭感。

风景区的面积一般均较大，如无锡太湖风景区有 366 km^2，四川峨嵋山有

200 km^2，安徽黄山有 154 km^2，陕西华山有 150 km^2，江西庐山有 330 km^2，福建武夷山绵延达 500 km^2，桂林风景区 2 065 km^2，朝鲜金刚山风景区有 531 km^2，美国黄石国家公园达 8 900 km^2。对于这样大的风景区，没有方便的食、宿、交通和丰富的游览游乐内容，是不能吸引大量游人的。此外，风景区还必须各有特色，不然千篇一律，也吸引不了大量游人，因为，对于每一个游客来讲，他的游览次数是有限的，总希望每到一处都有新意境、新收获，仅从这个角度出发，每个风景区应有不同的特色。

我国现有的风景区，如“泰山之雄，华山之险，匡庐之瀑，峨嵋之秀”，虽同是名山，各有奇观。泰山之雄是由于泰山在山东平原上孤峰独起，山势耸立，山上可远眺东海，故有“登泰山而小天下”的雄伟气势；华山的东南西三面均为高峻的悬岩，“自古华山一条路”是最逼真的写照，可见其登山之惊险；而“匡庐之瀑”的特征也是由于其特殊的地势所造成的，庐山位于四面壁立的山顶平台上，这里雨量充沛，山顶汇水面又大，从而在四周峭壁上形成众多的瀑布景观，故有“飞流直下三千尺，凝是银河落九天”的绝句；“峨嵋天下秀”是形容其貌如眉，峨嵋山植被丰富，气候温和，终年云雾飘绕，具有“清、幽、秀、雅”的特色，因此，白居易有“蜀国多仙山，峨嵋貌难匹”的佳句。我国的名山大川，远不止这些奇观绝境，“五岳归来成一笑，名山还让桂林多”，桂林山水是以山水呼应为特色的富有交响乐章韵律节奏之美的自然风光。对于同时具有雄、险、奇、秀的黄山，更是集各名山之精华，并形成独特的山川壮丽之魂魄，被称颂为“五岳归来不看山，黄山归来不看岳”之风景明珠了。

自然风景区，最具有特色的要数“武陵源的山、九寨沟的水”了。“武陵源”位于湖南省武陵山下，包括张家界国家森林公园、索溪峪自然风景区、天子山自然风景区三处，这三处为相邻的同一地貌，称为砂岩峰林地貌，其中有数千座笔立的石峰，石峰如柱，高约 300 m，峰顶多平台，且上大下小，它密集而险峻；峰顶石隙中均生长着黄山松，峰脚下溪流迂回跌落，杂树丛生，给人一种神、奇、秀、野的奇特自然风貌之美。

九寨沟位于四川松潘地区，由大量的跌水和瀑布群组成自然水景，这里的水是蓝色的，并和丰富多彩的植物景观组成自然界少见的水景奇观。

名山风景区各有自己的特色，这些特色首先取决于自然景观的千变万化，园林景观的规划设计和建设，只是对自然景观的提炼和典型再现，以及对其特定环境的巧妙利用罢了。“特色”不是人们在建设中“创造”出来的，不摆正这种主客关系，必将造成焚琴煮鹤，把风景破坏了。

1. 风景的特征

(1) 环境特征

风景不同于音乐、舞蹈、绘画等,它不能随意搬动,只产生于特定的环境之中。它是一个四维空间,只能在其整体环境中进行欣赏。把环境破坏了,风景亦就不存在了。

我国历史上形成的风景名胜区,多是自然奇观与寺庙丛林相结合,用自然之神力来为创造人间"仙境"服务。现在新开辟的风景区,多为欣赏风景优美的自然奇观为主的自然风景区,如"武陵源"的砂岩风林奇观、九寨沟的水景奇观、黑龙江的五大连池、云南的石林等,均是大自然的造化,不需人工斧琢之功,只要对其景点进行提炼就可以了。

因此,对于自然风景区和风景名胜区,应从生态角度上来加强对环境的保护,以保持其地貌、植被、动物或气象景观;对其中风景旅游价值较高的部分,需开放供游人参观,均是以不破坏其生态环境为前提条件。

(2) 时间特征

自然风光美景,随着时间的迁移变化万千,日出、日落、云雾、月夜等随时间而变幻多致。植物的色、香、形因四季而不同,动态水景在雨季和旱季的效果各异,许多历史名胜随历史的久远程度而价值不同,人们对风景的欣赏也随游人的行进而逐渐展现,所以,风景是在特殊的时空中展开的,是一个具有时间要素的序列。

(3) 观赏效果的"距离"特征

美学概念上有"心里距离"之说,从"距离太近"直至"丧失距离"。如舞蹈,有高度技巧、富于表现力,同时寓意深刻,谓之"距离正确",反之,未加工过的日常生活中的行为动作,直接搬上舞台,谓之"距离太近"。又如雕塑,表现出人体完美造型的,谓之"距离正确",反之,与真人一样的人体模型,谓之"距离太近"。

最佳距离——最佳的主客体汇合点(交叉点),即最佳境界、最佳感受。风景的观赏效果所引起的心里距离如下:

心理距离——取决于——客体(风景)所提供的条件 / 主体(游人)所提供的条件——因人因物而变的可变性

心理距离和时间距离的关系,存在着两种情况:

① 客体是古代作品,主体是当代人,因历史相隔久远,不熟悉,不理解而感到疏远(心理距离远);

② 但也正因为其历史久远,造成与近代事物的差异感到新奇,而吸引人

去了解(心理距离近);

自然风景之所以还受到当代人的喜爱,除了人们对自然环境的追求之外,历史造成的差异和奇异感,常是吸引人们去游览观光的重要因素。这种心理距离的因素,常为自然风景带来永恒的效益。

(4) 综合特征

风景是一种综合性的资源,为了充分发挥风景的科学和艺术价值,需要有社会学、生态学、地理学、植物学、建筑学、园林学、画家、诗人等各行各业的专家协同作业。

为了使游人在风景中能获得良好的休憩效果,以满足人们对舒适环境的需求,环保、医学、气象以及旅游业等方面的学科也要渗透进来。所以,风景是人们对自然环境多学科的综合的巧妙利用,只有这样,才能充分展示风景多方面的效益。

2. 风景空间类型

(1) 风景空间概念

风景空间靠实体来形成,视觉空间的“景”要由景物面来构成,风景之所以引起人们的注意,是因为它具有不同于附近景观和特征,例如:五岳之所以成名,并非山本身的绝对海拔高度(均不超过 2 000 m),而是相对海拔高度,相对周围的平原,它们“失去”了附近平原的特征,这种“不同”即成了奇景。美国的大峡谷国家公园,在群山中“失去”了山,而成为空谷,峡谷成了奇景。武陵源风景区,其山中盆地因地貌的切割浸蚀,形成了峡谷中的林,它同时“失去”了山和平原盆地的特征,而成为奇景。所以,上述例子说明,常见地貌(有)的消失(无),常成为有价值的风景,在风景空间中,“有无相生”、“有”与“无”的组织、“有”与“无”的对立统一,是利用风景的主要方法。

风景空间除了要“奇”之外,“景”和“情”的完美结合,是至为重要的。“景”是自然物对视觉空间的表现形象,“情”则是造成感情起伏激动的内在感受,两者充分融合,方为完美。

如果,将“景”结合环境,以典故叙述出景名,使“情”、“景”交融,则情趣倍增,象云南石林的阿诗玛、武陵源的望郎峰等,均属此类风景。

(2) 风景空间类型

风景空间是由自然风景的景物面构成的,景物面实质上又是空间与实体的交接面,称之为风景界面,其中主要有底界面、壁界面、顶界面三种类型。风景底界面可以是草地、水面、砾石或细砂面、片石台地以及迂回的溪流等;风景的壁界面,常常是游人的主要观赏面,或为悬岩峭壁、或为珠帘瀑布、或为峰林峡谷，壁面处理，除了自然景观外，塑造人工观赏面是我国自然风景中常采用的手法。如山东泰山顶上壁面的石刻，山西恒山的悬空寺，甘肃麦积山石壁内的泥塑等，均为风景的壁面增色不少；风景的顶面，一般情况下没有明显的界面，大多以天空为背景，在溶洞中，石窟内，虽有顶面存在，但多为不被注意面，因为长时间仰视观赏，视线容易疲劳。自然风景空间类型，主要有下列几种。

① 涧式空间：两岸为峭壁，且高度比大，下部多为溪流，河谷如武夷山的流香涧、湖南湘西的猛峒河，其高宽比在 10∶1 以上，由于河床窄，绝壁陡且高，溪回景异，变换多姿。

② 井式空间：四周为山峦，空间的高宽比在 5∶1 以上，封闭感较强，常构成不流通的内部空间，如武夷山的茶洞、张家界的紫草坛等。

③ 一线天空间：由岩石的大裂隙，或是溶洞之顶部，有小而狭窄的天窗式空间出现，一线阳光射入，其光线效果好。

④ 天台式空间：天台多为山顶之平台，视线开阔，常是险峰上的“无限风光”之佳处，如武夷山的天游、泰山的极顶、黄山始信峰、张家界的黄狮寨等地。

⑤ 山腰台地空间：在山腰或山脚上部，有突出山体的台地，这种地势，一面靠山，三面开敞，背山面势，有开阔与封闭之对比，同时又因离开了山体，增强了层次效果，往往可造成较好的景观，如湖南岳麓山之爱晚亭。

⑥ 动态流通空间：在溪流河道沿岸，山的起伏和层次变化，配以倒影效果，常富于景观变换，构成流通空间者，宜动态观赏，如桂林漓江、武夷山九曲溪等。

⑦ 洞穴空间：包括溶洞，山体的裂隙，山壁的岩屋、天坑等，常造成阴深、奇险之感。

⑧ 回水绝壁空间：在流水受阻，因水的切割形成绝壁，同时，因水的滞流形成水潭，在潭之出口，流速减缓而形成沙州，这种空间有闭锁与开阔之对比，常为风水先生利用来造景。

⑨ 洲、岛空间：沿海的砂州，沿湖海的半岛与岛屿，特别是水库形成的众多小岛，使开阔的水面产生多层次和多变化的水面空间，其景观效果绝佳，如新安江水库，大连海滨，北戴河等地。

⑩ 植物空间：林中空地，林荫道等，都是植物组成的空间，它是比地貌空间更有生命力空间的环境，也是自然风景空间必不可少的组成部分（图 3－1）。

洞式空间高宽比1:10
井式空间高宽比5:1
一线天空间
天台式空间
山腰台地空间
动态流动空间
洞穴空间
回水绝壁空间
洲岛空间
植物空间

图 3-1　风景空间类型

3.1.2 风景的欣赏

1. 动态观赏与静态观赏

景的观赏有动态观赏与静态观赏之分，在实际情况中动静是结合的，动是游，静是息，游而不息，使人精疲力竭，息而不游，又失去了游览的意义。因而园林绿地的规划设计，一般应从动与静两方面的要求去考虑。静观是游人驻足之点，动则给游人以较长的游览路线。动态观赏，游人视点与景物产生相对位移，如看风景立体电影，一景一景不断向后移去，成为一种动态连续构图；静态观赏，其视点与景物位置不变，如看一幅立体风景画，整个画面是一幅静态构图。静态观赏点，也正是摄影师创作和画家写生的地方。但事实上，动静二字本是相对而言的。“风来花自舞，春入鸟能言”，“远峰初歇雨，片石欲生烟”。陈从周说得精辟“有动必有静，有静必有动，然而在园林景观中，静寓动中，动由静出，其变化之多，造景之妙，层出不穷，所谓通其变，逐成天下之文。若静坐亭中，行云流水，鸟飞花落，皆动也。舟游人行，而山石树木，则有静止者，止水静，游鱼动，动静交织，自成佳趣。故以静观动，以动观静，则景出。”他又说“静之物，动亦存焉。坐对石峰，透漏具备，而皴法之明快，线条之飞俊，虽静犹动。水面似静，涟漪自动，画面似静，动态自现，静之物若无生意，即无动态。故动观静观，实造园产生效果之最关键处，明乎此理，则景观之理初解矣。”

由于时代在进步，现代人的生活方式、活动量、兴趣和爱好自与古人不同。游览方式在改变：有步行、有利用自行车、火车、船只、汽车以及飞机等交通工具，由于游览的交通工具不同，速度或视点位置不同，即使是同一风景区，游人所获得的感受也并不一致。当然旅与游是有区别的，旅宜速，游宜缓，但不能分割，旅中有游，游中也有旅。在旅途中，我们同样希望见到赏心悦目的风景和风土民情。

(1) 空中旅游

空中旅游具有视野广阔、整体感强和地面分辨率高的特点。俯视城市、山岭、湖泊、河流、农田、原野、村庄以及森林等景色。这种连绵不断，使游览者认识到，风景中任何一个物体都与整体有关，都是整体的组成部分。俯视地球表面，发现有许多地区充满着明显的和谐，或所有自然因素充满着统一性，不仅是地面形状，岩石组合及花草树木如此，就连动物的生活也是如此。我们可以说这些地区具有自然的风景特性，其统一性越显著，其风景特性就愈强，俯视的景物效果就愈好。

(2) 乘火车观赏

乘火车观赏多注意窗户前方景物，景物距游人愈远，向后移动的速度愈慢；视距愈近，景物向后移动的速度愈快。人们以每小时移动 60 km 的速度来浏览景色时，选择较少，多注意景观的体量、轮廓和天际线。沿路重点景色应有适当的视距，景色不零乱、不单调、连续而有节奏，丰富而有整体感。距铁路10 km处的景物如树木，其高度不超过4 m就不至于阻挡远处的山峦和层林。在沿路栽植护路林带的同时，宜注意将沿路的风光美景显露出来。

(3) 乘汽车旅游

由于汽车大小、开敞与封闭的不同，影响到游人视平线的高低。坐小客车视平线低，坐大客车视平线较高，坐敞车旅游的视野比坐蓬车旅游开阔。总之，坐汽车旅游较坐火车旅游的视距近，且停和行均较自由灵活。

(4) 乘船游览

船只行使速度较飞机、火车、汽车缓慢，既能注视前方，又能左顾右盼，视线选择较上述几种交通工具更为自由。

(5) 骑自行车旅游

骑自行车旅游或游览较用其他交通工具有更大的灵活性。它可以进入汽车不能进入之境。如骑车通过西湖苏白二堤，浏览西湖全貌较之步行、车行更痛快，游目驰怀，心旷神怡。由于骑车比步行行驶速度较快而省力，有足够的时间和精力在各景点慢游细赏。

(6) 坐缆车欣赏景色

提高了游人视点，既能仰视，又能俯视。赏山景、探幽谷别有一番情趣，对弱势体力者，无疑是一种福音。

(7) 步行游览

步行游览者倍尝艰辛。在交通方便的今天，徐霞客式的长途跋涉旅游已不再重演，但在风景区内徒步游览，仍然是主要的方式，步行可以对园内景物细观慢赏，停停走走，走走停停，有憩有游，动静结合，只有这样，方能品出风景名胜和园林景物的神、韵、味来，这是其他浏览方式不可替代的。

2. 视点位置

观景因视点位置高低而有平视、仰视、俯视之别。居高临下，景物全收，这是俯视；有些景区险峻难攀，只能在低处仰望，属于仰视。在平坦的江海之滨或半岛之端，景物开阔或深远，观赏多为平视。俯视、仰视、平视的观赏效果或感受各不相同。

(1) 平视观赏

视线平视向前，使人有平静、深远、安静的气氛，不易疲劳。平视风景与地面平行的线组，均有向前消失感。距离愈远景物愈小，色泽愈灰，能反映出景物的远近和深度。因而平视对景物的深度有较强的感染力。平视风景都布置在开阔的江、河、湖、海之滨。在视点处可设亭、廊、榭以供凭栏远眺。同时在远眺中有一种可望而不可及的心理，如遥远的山体、天边的白云，天水一色、闲闲鸥鸟、风帆远扬、孤村炊烟等等引起的情怀十分复杂，是渴望远眺的一种引力。对西湖风景温柔恬静之感，大多是与平视观赏密不可分的。

(2) 俯视观赏

视点高且景物都呈现在视点下方，观者的视线俯视向前，此时与中视线平行的线组均向下消失，故视点愈高，景物就显得愈小，“会当凌绝顶，一览众山小”，之所以有登泰山而小天下之说，就是这种境界。再者，人的视点受身材高度的影响，一般为 1.5～1.7 m，对周围景物均存在严重的透视变形，圆的成为椭圆，方的成了长方，已经习以为常。如一旦提高视点，看到平日不常见到的景象，感到十分新奇，尤其是对花坛图案的俯视比平视要美得多。这一点也是人们喜欢居高临下的重要原因之一。

俯视景观的空间垂直深度感特别强烈，由于俯视点与景物的水平距离不同，便产生了俯视鸟瞰和平视鸟瞰两种不同的景观。在形势险峻的高山上，可以俯视深沟峡谷，有惊险感。平视鸟瞰是远景，视点远伸，有胸襟开阔，目光远大，心旷神怡之感。

在中国园林中，常常在天然形势险峻，俯视风景很深的峡谷和河川的山上布置亭桥和建筑等，居高临下，创造游览胜景。如无地势可借者，建楼台或高塔，亦可收到俯视的效果。

(3) 仰视观赏

当景物高大，视距很近或视点在景物的下方时，均须仰视鉴赏，与中视平行的线条有向上消失感。因而对景物高度的感染力特别强烈，易形成雄伟、庄严、紧张的气氛。在园林中为了强调主景形象高大，可以把游人视点安排在离主景高度一倍以内，不使人有后退的余地，借用错觉使景象显得比实际高大，这是经济的艺术处理手法之一。古典园林中堆叠假山，不是从增加假山的绝对高度考虑，而是采用仰视手法，将视点安排在离假山较近的距离内，游人被迫仰视假山，产生山峰耸立的错觉。

苏州古典园林中，观赏点与景物之间的距离一般都不大。这固然受园林面积所限，但也由于园中厅堂常以假山作为主要对象，而通常假山高度都不超过 7 m，若视距过大，山石就显得低矮，所以大多采用 12～20 m 的视距为宜。峰石应近看，一般都设置在庭园的小空间内，以显其高。

平视、俯视、仰视的观赏有时不能截然分开。如登高山峻岭，先在下面向上望，在一步步地向上攀登，眼前就出现一组组的仰视画面；当登上最高处时，向四周平视鸟瞰，及一步步返回地面时，眼前又出现一组组的俯视鸟瞰景观。这是因为风景是游赏空间，是连续的立体画面。

3. 观赏视距

不论是动观还是静观，游人所在的位置称为观赏点。观赏点与被观赏景物之间的距离称为观赏视距。观赏视距恰当与否，影响观赏的艺术效果。

空间景物都存在一个最佳观赏面或观赏角度问题。最佳观赏面与视点位置和视距有关，事先给游人安排好赏景的视距和视点，能取得最佳的观赏效果。

按照人眼结构和一般人的正常视力和视域，若头部不转动，视域的垂直明视角为26°～30°，水平明视角为45°，超过此范围，就要转动头部或转动眼珠以扩大视域。但并不是所有景物都要明视距离的，因为有些景物适合远视，有些景物适合朦胧欣赏。“雾里观花，花更绰约，浮云掩月，月更神秘”，在这种情况下，就无需考虑明视距离。北京颐和园的谐趣园中，由饮绿亭展望涵远堂，仰角为13°，垂直视角恰好为26°，视距适宜，有良好的观赏效果。观赏纪念碑时，垂直视角可分别按18°，27°和45°处理。视角为18°，视距是纪念碑高度的3倍，能看到碑身及其周围的环境；视角为27°时，视距为碑高的2倍，能观察到碑的整体；到45°时视距则为碑高的1倍，只能观察到碑的局部和细部(图3-2)。如需要观赏园林建筑及其在环境中的位置、整体及局部，则应分别在建筑高度的1，2，3倍距离处，设空场、布视点，使游人能在不同视距内，观赏景物与环境、景物的整体和局部。也可考虑从不同角度去欣赏景物而布视点，能收到移步换景之妙。一般说，封闭广场的中心如有纪念性建筑物，则该建筑物的高度及广场四周建筑物的高度与广场直径之比宜为1∶3～1∶6方有较合适的视距。

§3.2 园林造景艺术

造景的指导思想，是因借自然，效法自然而又高于自然，做到“虽由人作，宛自天开”。

3.2.1 中国园林造景手法

中国园林，特别是自然山水园林，追求具有诗情画意的美感，把自然美和人工美结合起来，创造出一个把自然与生活环境融合在一起的空间。园林十分注重景象，景象是其基本单元。但从根本上说，园林艺术是整体处理空间的艺术，发现并掌握自然山水美的形象特征和组合规律，形成了与之相适应的艺术处理手法。对于自然山水美的认识，在我国古代的诗文中有着较多的反映，但对自然山水美作为一种艺术创作的对象加以认识的，还是绘画。我国古代的山水画理论对此有许多精辟的见解，中国许多园林都是由画家主持经营设计的，或者园林的主人就是画家。如唐代王维，宋代皇帝宋徽宗，南宋的俞澂，元代的倪云林，明代的米万钟、文征明、文震亨、计成、石涛，清代的张涟、张然、李渔、戈裕良等，他们都擅长绘画，并参与造园。王维利用自然山水的“辋川别业”和宋徽宗用太湖石建造的“艮岳”都是历史上负有盛名的园林。戈裕良堆叠的苏州环秀山庄的假山遗留至今，表现了高超的技艺。因此，山水画理论必然对园林艺术创作起着指导作用。中国画论中强调布局要主景突出和多样性的统一。为使山水空间的处理达到小中见大的目的而采用的一些手法，如景深，实中求虚，错觉和联想、景愈藏则境愈深等都是我国园林艺术创作中的原则和手法。我国园林艺术创作手法主要表现在以下几方面。

1. *自由灵活的布局*

除了选择、加工和制作各种园林要素外，园林艺术创作还要处理诸要素（如山、水、花木和建筑）之间的关系，特别是要处理人工建筑物和自然景物之间的关系。为了使这些物质要素能构成和谐的整体环境，突出自然美，首先，必须处理好园林的总体布局，也就是要作好空间的组合。中国园林反映了人们对自然山水美的追求，因此在布局上必须师法自然，创造意境。在这方面我国园林艺术创作有着优秀的传统。《园冶》中对处理园林布局有着非常精辟的见解，即“相地合宜、构园得体，”“巧于因借、精在体宜”。造园要选择合适的地方，并充分利用园地的自然条件和四周的空间特点来进行艺术创作，并达到“虽由人作，宛天自开”的效果。

造园必须先选择园地，然后才能规划布局。因此《园冶》将相地列为第一篇，并把园地分为山林地、城市地、村庄地、郊野地、傍宅地、江湖地六种形式。认为山林地最适宜造园，“有高有凹，有曲有深，有峻有悬，有平有坦，自成天然之趣，不烦人事之功。”对村庄地、郊野地、江湖地、认为也是适宜造园的地方。这些见解都是非常正确和富于经验的。建于清代的承德避暑山庄，其境内山林地约占总面积的 2/3，山岭起伏，沟谷交错，峰峦并峙，境内还有开阔的平原和疏朗迂回的湖沼，“自成天然之趣”。避暑山庄的总体布局充分利用了得天独厚的自然景物，并结合了复杂多变的地形特点，根据不同的功能要求划分为四个各有特色的景区——宫殿区、湖泊区、平原区和山岭区。位于北京西郊平原区的清代圆明园，虽已在咸丰十年（1860 年）被八国联军焚毁，但从残存的园址和文献记载中可以看出，它虽没有山林溪谷等自然风景，却充分利用泉水丰富的有利条件，开挖水面，形成一个完整的河湖水系；又利用堆土成岗阜，叠石成假山，并与水系相结合，经过人工改造后，创造出一派自然风光（图 3-3）。苏州的拙政园和网师园都是位于城市内的园林，它们分别选择了城的东北隅和西南隅，园外原为农田，环境幽静而偏僻。拙政园原是一片积水弥漫的洼地，建园时利用此特点疏浚成池，并堆土为山，四周种植花木，形成了一个以水为主的风景园（图 3-4）。从以上可以看出，它们的总体布局都是以自然山水空间为主，突出了自然美。

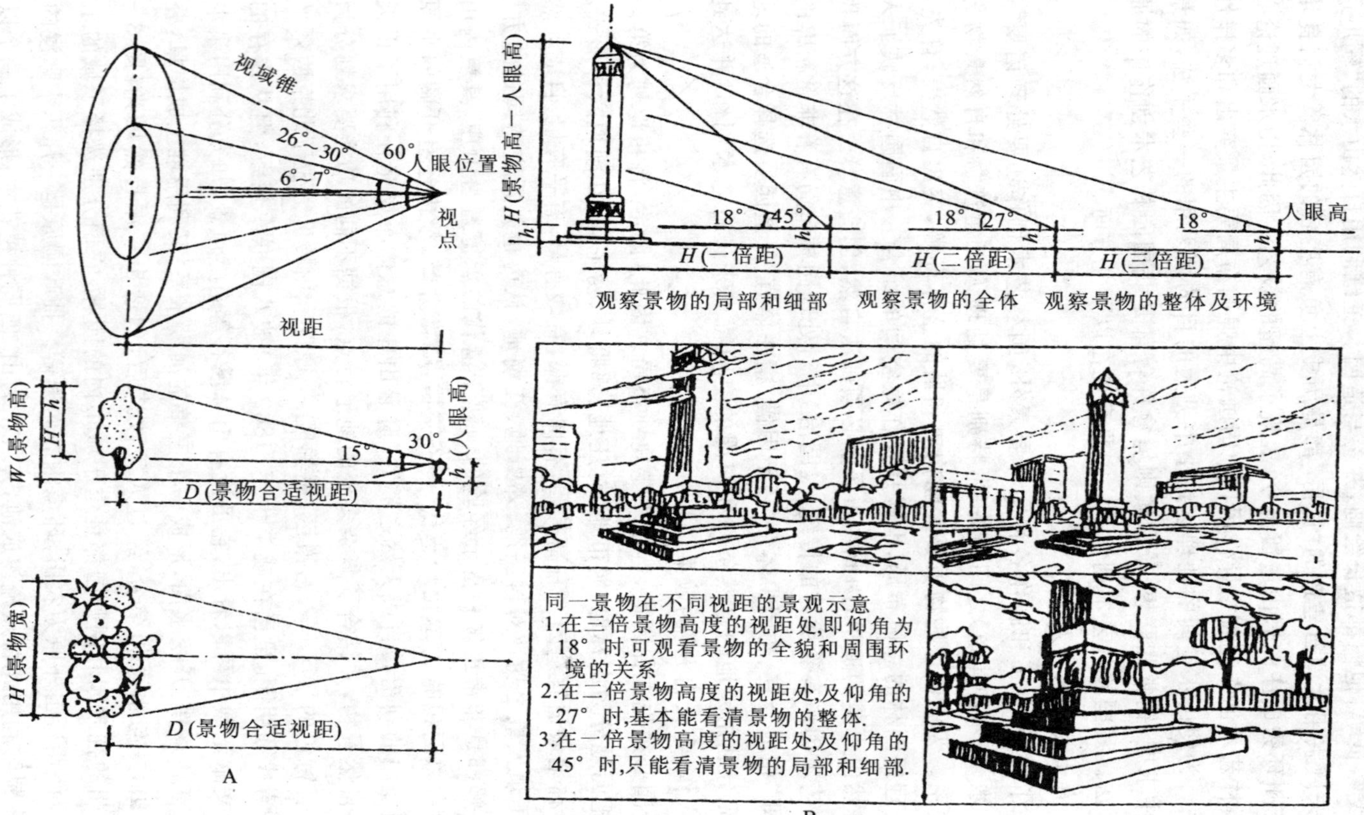

图3-2 视距分析图

A.视点、视域、视距关系示意 B.同一景物在不同视距的景观示意

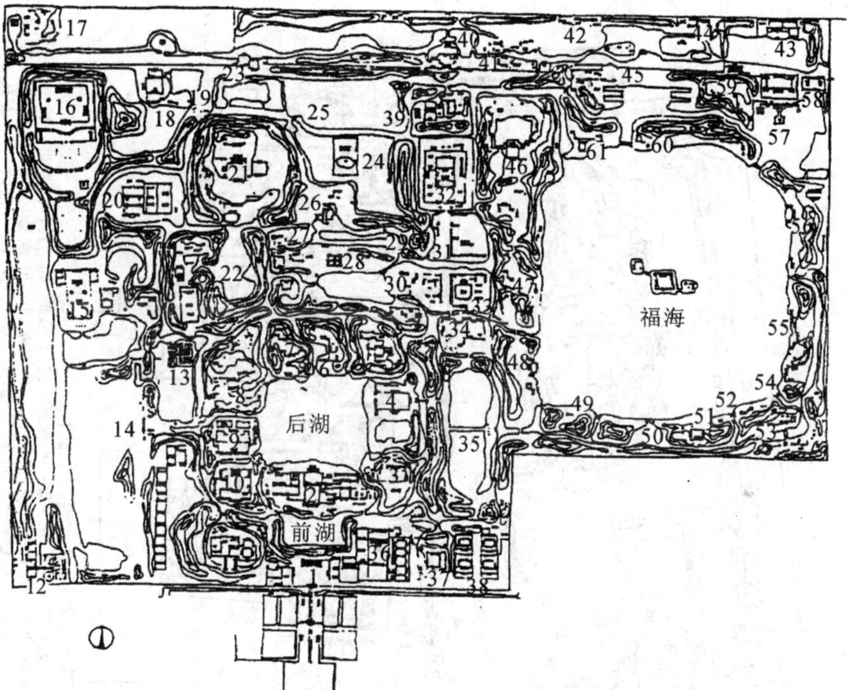

图 3－3　圆明园总平面图

1. 正大光明；2. 九洲清宴；3. 镂月开云；4. 天然图画；5. 碧桐书院
6. 慈云普护；7. 上下天光；8. 杏花春馆；9. 坦坦荡荡；10. 茹古涵今；
11. 长春仙馆；12. 藻园；13. 万方安和；14. 山高水长；15. 月地云居；
16. 鸿慈永祜；17. 紫碧山房；18. 汇芳书院；19. 断桥残雪；20. 日天琳宇；
21. 濂溪乐处；22. 武陵春色；23. 多稼如云；24. 文源阁；25. 柳浪闻莺；
26. 水木明瑟；27. 映水兰香；28. 澹泊宁静；29. 兰亭；30. 坐石临流；
31. 买卖街；32. 舍卫城；33. 同乐园；34. 曲院风荷；35. 九孔桥；
36. 保和太和；37. 前垂天贶；38. 洞天深处；39. 西蜂秀色；40. 鱼跃鸢飞；
41. 北远山村；42. 若帆之阁；43. 天宇空明；44. 青旷斋；45. 贯澜园；
46. 廓然大公；47. 延真院；48. 澡身浴德；49. 一碧万顷；50. 夹镜鸣琴；
51. 广育宫；52. 南屏晚钟；53. 别有洞天；54. 观鱼跃；55. 接秀山房；
56. 涵虚朗鉴；57. 方壶胜境；58. 蕊珠宫；59. 三潭印月；60. 君子轩；61. 平湖秋月

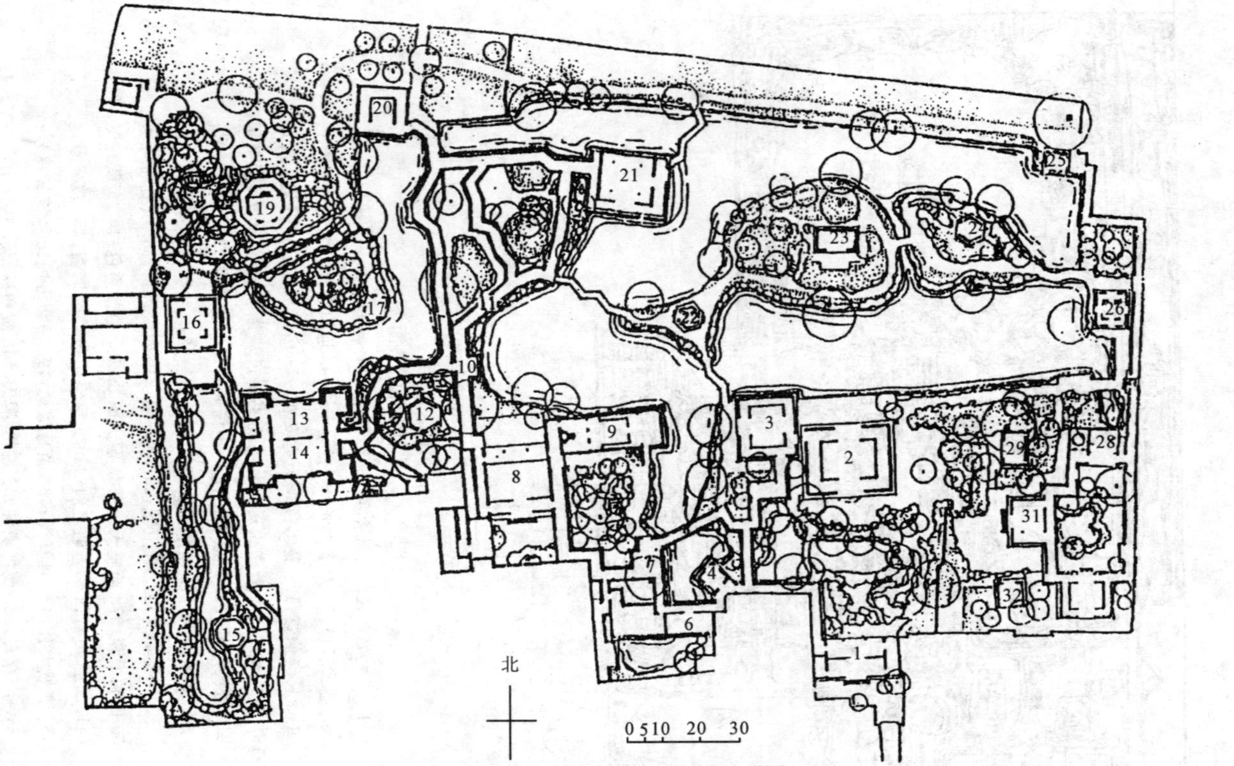

图3-4　苏州拙政园中、西部平面图

1. 腰门；2. 远香堂；3. 南轩；4. 郁风亭；5. 小飞虹；6. 小沧浪；7. 得真亭；8. 玉兰堂；9. 香洲；10. 另有洞天；11. 柳荫路曲；12. 宜两亭；13. 三十六鸳鸯馆；14. 十八曼陀萝花馆；15. 塔影亭；16. 留听阁；17. 与谁同坐轩；18. 笠亭；19. 浮翠阁；20. 倒影楼；21. 风山楼；22. 荷风四面亭；23. 雪香云蔚亭；24. 北山亭；25. 绿绮亭；26. 梧竹幽居；27. 东半亭；28. 海棠春坞；29. 绣绮亭；30. 楷杷园；31. 玲珑馆；32. 春秋佳日亭

中国园林自由灵活的布局在平面形式上表现为不规则的平面构图，小至园内的一些小景区也几乎都采用这种形式，这在江南一带的私家园林中表现最为突出。至于皇家园林中的宫殿区和部分建筑群，是为了强调皇权和适应封建礼制的需要，将平面处理成规则的布局形式，显得严谨规整。但综观全园，由于山水为主体，园林总的布局仍显得自由活泼。

中国园林的布局和以法国古典花园为代表的西方园林的布局截然不同。西方园林在总体布局上采用均衡对称形式的平面构图，强调中轴线的主导作用。花木、建筑、道路、水池、喷泉、雕塑都根据中轴线对称的布置，并多呈几何形图案。甚至树木都修剪成各种规则的形体，如圆形、卵形、锥形等。一切显得井井有条，强调了人工美。西方园林采用这种布局形式，同样是受传统文化艺术的影响。早在古希腊时期的毕达哥拉斯学派就认为美在于比例和数，由于人体也有着比例和数的关系所以人体是美的表现。这一学派还最早提出了著名的“黄金分割”的构图法则。这种美学思想长期以来一直在欧洲处于统治地位，15 世纪文艺复兴时期的意大利杰出的艺术家米开朗琪罗就曾说：“艺术的真正对象就是人体”。所以这种美学思想必然强调平衡对称和整齐划一，崇尚各种几何图形，西方园林艺术也不例外地受到这种唯理美学思想的影响，使园林的布局形成了对称均衡形式的平面构图。两种哲理使东西方园林走着各自的道路，形成绝然不同的风格。

由于中国古典园林要满足多种实用功能的需求，建筑占有较多的面积，特别是在江南一带的私家园林中，建筑密度多在 15%至多 40%之间，因此，在布局上处理好建筑在园林中的位置，对于创造自然山水景观有着重要的作用。园林建筑的布局大体采取以下的方式：建筑集中布置，与山水形成对比；建筑分散布局，相对集中成为重点；建筑分散布置，注重和山水、树木自然环境的融合，如《园治》所说：“花间隐榭，水际安亭”。

江南私家园林的布局方式多以水池为中心，水池的两面分别为山和建筑，形成对比，园内主要厅堂常位于和住宅相邻处，例如：北京颐和园的布局以自然山水为主体，在山前昆明湖开阔的自然环境中，湖面占了很大面积。因此，把十几组大小建筑群与小景区集中布置在万寿山的前山阳坡一带，形成以排云殿——佛香阁为中心的建筑布局。其他较大的景点分组点缀在沿湖的堤岸和湖中的小岛上，从而形成了山和水、实和虚、宏丽的建筑和疏朗的水景的强烈对比，主次分明，重点突出，景观特点十分鲜明（图 3－5）。

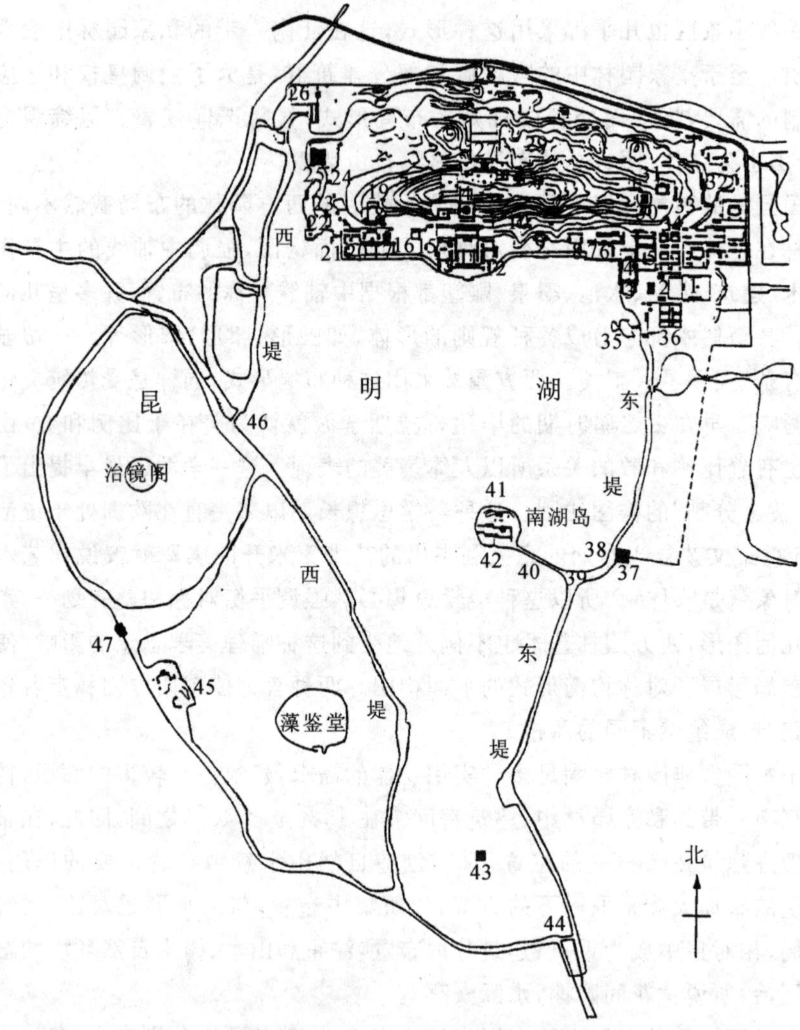

图 3－5　北京颐和园平面图

1. 东宫门；2. 仁寿殿；3. 玉澜堂；4. 宜芸馆；5. 德和园；6. 乐寿堂

7. 水木自亲；8. 养云轩；9. 无尽意轩；10. 写秋轩；11. 排云殿；

12. 介寿堂；13. 清华轩；14. 佛香阁；15. 云松巢；16. 山色湖光共一楼；

17. 听鹂馆；18. 画中游；19. 湖山真意；20. 石丈亭；21. 石舫；22. 小西泠；

23. 延清赏；24. 贝阙；25. 大船坞；26. 西北门；27. 须弥灵境

28. 北宫门；29. 花承阁；30. 景福阁；31. 益寿堂；32. 谐趣园；33. 赤成霞起

34. 东八所；35. 知春亭；36. 文昌阁；37. 新宫门；38. 铜牛；39. 廓如亭；

40. 十七孔长桥；41. 涵虚堂；42. 鉴远堂；43. 凤凰礅；

44. 绣绮桥；45. 畅观堂；46. 玉带桥；47. 西宫门

2. 空间分隔

为了在有限的面积内构成富于变化的景观，同时也为了满足多种实用需要，中国园林采取分隔景区和空间的手法，把全园分隔为若干景区。各个景区都有风景主题和特色，这是我国园林为丰富园景和扩大空间感经常采用的一种手法。

私家园林，大都处于城市中，面积较小，其布局多是在园中部挖池堆山作为主要景区，一些小景区围绕主要景区布置，开敞疏朗与紧凑迂回相结合，构成了曲折而又有变化的景观。园内主景区常以山水为主题，如南京瞻园、无锡寄畅园和苏州的拙政园、艺圃、怡园等。有的主景区则注重表现一种自然特色，给人以深刻的印象。苏州环秀山庄的湖石假山，扬州个园的四季假山和上海豫园的黄石大假山都是以山石取胜。苏州网师园和广东顺德清辉园则以水见长。小景区的风景则有多样的题材，有以花木为主的，如牡丹、荷花、玉兰、桂花、梅花、海棠、竹丛等；有以水景为主，构筑水院、水廊、水榭等；有以石峰为主的，如揖峰轩，拜石轩，揖峰指柏轩等；也有以峰石、花木、水池等混合而成的形式。其中以石峰为主的庭院较多，如留园冠云峰庭院、怡园拜石轩庭院。这是因为石峰造型千姿百态，引人遐想，自古以来成为骚人墨客的崇尚之物，他们常以得奇石为荣。总之，园林景观既要主题突出，形成特色，又要富于变化，使两者统一起来。

皇家园林的规模远远大于私家园林，一般都是利用自然山水加以改造而建造的，因此可以利用各种地形条件来创造不同的园林景观，并加以分隔。颐和园的东部为占地面积较小的宫殿区，其后的山水区是主要景区。但山水区又被万寿山分割为辽阔的前山区和幽深的后山区。但前山区毕竟过于辽阔有空旷之感，就用西堤和其支堤将昆明湖划分为三个大小不同的水域，每个水域中各有一个岛屿，沿湖又有一些小景区，从而形成了有主有次的水域和景区。

园林划分空间的手段是多种多样的，既可利用自然的山、水和植物，也可使用人工的墙、廊、房屋、桥等建筑。皇家园林由于多是利用自然山水建造，而且占地较广，因此用自然山水作为分隔景区的主要手段，小景区多用建筑分隔，如宫殿区的建筑庭院。私家园林的主要景区则多用山、水、树木和建筑结合使用分隔景区，以取得较好的景观效果。一些小庭院由于使用功能的要求，多用墙、廊、房屋分隔而成。用建筑分隔景区易产生规整呆板的效果，因此常用以下方法来处理：第一，小空间中再求变化。苏州拙政园海棠春坞是用围墙和走廊围成的小庭院，平面为三合院形式，但房屋不用传统的三开间平面，而用东小西大的两开间平面，两侧小院也相应东小西大，在一个占地仅约140 m^2的空间内形成三个大小不同的小院，加之有花木和湖石点缀，整个空间就显得生动活泼了。第二，廊、墙形式多样，分隔灵活。廊有直廊、曲廊、波形廊、复廊等形式，根据其位置，有沿墙走廊、空廊、楼廊、爬山廊等，墙则有云墙和花墙的变化，廊、墙转折起伏灵活方便，使空间能形成多种形式的变化。第三，注意空间的通透，克服封闭感。

用山、水、树木分隔景区，其景观必然显得自然，但在私家园林中，由于占地面积小，又旨在表现写意山水的意境，必须注意山水和空间的比例尺度关系，以取得良好的整体空间效果。苏州的拙政园、留园、和怡园的主景区的假山高度均为 4 m 多，从隔水相望的主厅堂至假山上的亭子的距离也约有 34 m 左右，这样的比例尺度使空间既不感到局促，也不觉得空旷。山作为分隔景区的手段，切忌造型呆板闭塞，拙政园和留园的假山都用弯曲的水溪分隔，使假山形成主次之分，山形显得轻盈，同时，水池有源远流长之感。水给人以清澈、明快的感受，作为分隔空间的一种手段，有着隔而不断、虚中有实的效果。水的迂回盘曲，还将一些小景区有机地联系在一起。用树木分隔空间，在皇家园林和风景名胜园林中起着较好的作用，如颐和园前山昆明湖沿岸和后山沿湖的一些树丛巧妙而自然地分隔了空间，使景色若隐若现，富于变化。在私家园林中，由于占地面积小，树木多为孤植、丛植、分隔空间的作用并不明显，需注意和建筑、山石配合，以取得分隔空间的效果。

园林空间既要分隔，又要能使各景区保持联系与过渡，使各个景区成为园林整体空间中有机的组成部分，像一部乐曲中的几个互相联系的乐章一样。如避暑山庄在山岭区和湖泊区、平原区相毗连的山峰上建筑了数座亭子，又在进入山区的峪口地带布置了几级园林建筑，它们不但点缀了风景，还起着引导作用，巧妙地将山区与湖泊区、平原区联系起来。又如，拙政园西部紧靠中部的假山上有亭一座，在亭中既可俯瞰西部景色，又可远视中部景色，所以取名宜两亭，这座亭由于位置较高，在中部远远就可看见，明显地起着引导和联系中西两部的作用。园林空间分隔须注意主次分明、疏密相间、开朗幽深相结合，这样才能形成景色富于变化而又统一的整体环境。

3. 空间对比

对比是艺术创作中不可缺少的手法，也是中国园林艺术创作非常普遍的运用手法，能够创造丰富多彩的园景。在不同的景区或两个相邻的空间之间，都可因各自不同的特色而形成对比。

空间大小的对比：以小衬大是园林环境为突出主要空间所惯用的一种手法。当两个大小明显不同的空间毗邻在一起时，从小空间进入大空间，必然使大空间显得更庞大。

皇家园林由于规模大，它的布局方式常是在一个大的山水自然空间周围分隔成许多较小的空间，这种小空间多为园中园的形式，然后，再在小园区分隔空间构成景观，即所谓集锦式布局。因此，这种逐步过渡的对比形成了多层次的、各有特色的空间景区。例如前述的颐和园的空间分隔，在昆明湖大水面的四周就布置了许多小园林空间，形成强烈的对比。

江南一带的私家园林大都处于城市中，面积较小，为了取得小中见大的效果，常用欲扬先仰的办法来组织空间序列，就是先要经过一些小空间，才能进入大空间——主要景区，利用大小空间的对比，从而突出了园林内部的主景区。苏州留园的入口处理是具有代表性的实例。进入园门后，在较宽敞的前厅东侧是一长约 8 m，宽约 1.5 m 的过道，再折转经过两个差不多大小的过道后，还要依次通过敞厅和“古木交柯”，才能进入开朗的园内主景区，其大小对比的强烈给人留下深刻的印象。

园林空间大小的对比是相对的，不仅“小中见大”，当从大空间进入小空间时，也能“大中见小”。

空间形状不同的对比：不同形状的空间具有不同的特征和气氛，整齐规则的空间给人以严谨规整的感受，曲折不规则的空间则给人以自由活泼的感受，两者必然形成强烈的对比。

皇家园林的宫殿部分多为规整的空间形式，而园林部分则是自然山水空间，互相衬托，给人以强烈的感受。一些园中园的形式多为自由灵活的布局，但也有少数在布局中采用规整空间和自然空间的对比。如北海静心斋的入口部分用房屋和走廊对称地组成长方形的小院，院内曲折的水池，自然的山石，葱郁的树木，建筑参差错落，这和规则形水院的严谨气氛形成强烈的对比。又如，无锡寄畅园入口区是一个规整的四合院，在走出双孝洞后，展现在眼前的是一个自然的空间，对比强烈。空间的开敞和封闭的对比：开敞的空间和封闭的空间是相对而言的，因为园林内空间不是孤立的存在，它必然和其他空间相连又相隔，并组成有机整体。留园的揖峰轩和还我读书处是毗连在一起的两个庭院，前者由于四周的房屋、走廊和院墙上都开设了门洞、窗洞，有的窗洞还有邻近房屋的窗洞相对，因此显得封闭，确是读书的好地方，两者形成对比。

空间内部处理不同，也能形成开敞和封闭的对比。例如故宫乾隆花园中部遂初堂的前后各有一个庭院，前院是为建筑组成的对称形式的四合院，院中没有什么景物，严谨中显得开敞，后面的庭院虽然平面仅稍有变化，却因堆叠了大量山石，显得拥塞，两者的对比极为强烈。

建筑空间和自然空间的对比：皇家园林是宫、苑的结合，具有双重功能的作用。其布置方式，由于封建礼制的需要，是宫在前，苑在后。宫殿区基本上采用对称形式的布局，组成一些严谨、封闭的庭院。在经过这些气氛严肃的庭院以后，看到绮丽的自然景色时，会使人立刻产生兴奋、欢悦的心情。例如颐和园的主要入口位于园子的东部，入园后首先进入用建筑围合而成的仁寿殿前院，气氛庄严。然后，走过一段曲径进入玉兰堂前院，方正又封闭的庭院同样显得气氛严肃。当穿过这些庭院来到昆明湖畔时，湖光山色全部展现在眼前，心情为之一振。又如承德避暑山庄，同样是采用相连的建筑群庭院和自然景色相对比的方法。位于宫殿区东南的正宫和松鹤斋建筑群，都是皇帝处理朝政和生活的用房，它们用许多封闭的庭院组合而成。当走出这些庭院来到万壑松风建筑群，或者登上云山胜地楼时，原来被收敛的视野豁然开朗，可以尽情欣赏山水风光。

私家园林由于使用要求不同，其内部庭院空间结构，远不如皇家园林的庭院那么严整，因此它和写意式的自然景物的对比就没有那么强烈。但私家园林毕竟是宅园，它和规整、封闭的住宅紧密地联系在一起，因此，综观住宅花园全局，仍有严整的空间和自然风景形成对比的感受。

园林空间的各种对比手法经常互相结合交叉使用，使空间有变化、有层次、有深度，使建筑空间与自然空间有机地结合，以满足园林美观与实用两方面的需要。

空间的对比，不能只从毗邻的两个空间之间的关系来考虑，因为各个不同形状和不同性质的空间在总体布局中是按照一定的观赏路线贯通、穿插、结合起来，形成空间上的序列。因此，要从空间序列的整体性通盘考虑空间的对比。

4.空间的渗透和层次

中国园林在意境上追求雅、深、远、秘，因此空间布局注重蜿蜒曲折，用以达到上述效果，即“景贵乎深，不曲不深”。空间渗透的手法，对于占地面积很小的私家园林，为求得深远的空间效果，有着重要的作用。

一幅画挂在墙上，有没有镜框，其效果是不相同的，有镜框就有深度感，其实画与人之间的距离并没有改变，只是多了镜框一个层次而已。当空间互相毗邻时，利用空间的互相渗透，从而形成层次的变化以增加景的深度。如透过多个层次去看景物时，其深远效果就更为强烈，并有景无止境的感觉。

空间分隔和联系是空间渗透的前提，一个空间不分隔就不会形成层次，一个空间完全封闭也不会形成渗透。只有在空间分隔之后又使之相互联系，才能形成空间渗透。渗透是随着视线的移动渗入其他空间去的。被西方近代建筑理论所推崇的“流动空间”观点，早就在我国园林实践中加以运用。空间渗透通常不只是通过某一个“视孔”，而是通过若干“视孔”，因此，当人走动时，就会看到不断变化着的景色，形成“步移景异”的效果。“步异”需要时间，只有时间的变化才能形成景色的变化。因此，这是时间和空间的结合。近代建筑理论的新视点“四度空间”强调的就是时间一度和空间三度的统一。“流动空间论”也就是空间渗透，由此可见，在我国造园实践中早就有着内容丰富的理论。

空间渗透主要通过门洞、漏窗和空廊。苏州园林在这方面有许多优秀的实例。例如留园，它是一个小巧的建筑庭院，在其西侧和绿荫相邻的墙上开设了漏窗，绿荫西侧墙上也相应开了空窗，形成了两个空间层次，因此从古木交柯西侧看小院中的湖石假山，虽然两者的距离只有 20 m，却显得非常深远。在古木交柯西侧墙的南端，还开设了小巧的门洞，它和位于绿荫西南的小亭的东西两侧墙上开设的门洞处于一条轴线上，把古木交柯小院和华步小筑小院串联在一起，从而形成了“庭院深深，深几许?”的意境。古木交柯的北墙上则是一排六个花纹精美的漏窗，过古木交柯进入曲溪楼前的走廊西侧也开设了四个漏窗，因此从古木交柯北行或西行，透过漏窗都能时隔时透，隐约地看见中部山水景色，而且各个窗景既有不同，又有一定的连续性，使人强烈地感到步移景异的绝妙效果。

通过墙上开设的门洞、窗洞使空间渗透，造成实中有虚，因此空间的封闭感较强。通过空廊使空间渗透，空间显得开敞。由于走廊在园林中起着联系各个景区的作用，并且曲折随意，灵活多变，所以走廊作为空间渗透的手段运用相当普遍。从园林的实例看，一些在使用功能上要求幽静的庭园采用前者，以观景为主的庭院多采用后者。例如拙政园小沧浪水院前的“小飞虹”为架水空廊，它灵活地分隔了水面，使两面景色互相渗透融合为一体。室内外空间渗透也是中国园林常用的一种手法，这对满足园林赏景的需要是十分重要的。园林内的主要厅堂轩馆多位于主要景区内，而且大都布置在适宜欣赏风景的位置，正如《园冶》所说：“凡园圃立基。定厅堂为主，先乎取景，妙在朝南”。皇家园林中的小园林和江南一带私家园林的主要厅堂几乎都是布置在主景区的水池一边，因此，这些建筑尽量多地设隔扇，以便在厅内欣赏到最佳的风景，最有代表性的是拙政园中部的四面厅远香堂。在它四周设上下通透的窗，使室外内外空间高度渗透。由于一般房屋都有前廊，廊上柱间装有雀替或挂落、栏杆，因此自室内向外观景时，就又多了一个层次，增加了景的深度。同时，从较暗的室内向外看，外部空间分外显得明快、绚丽。有的厅堂前后均为开敞的隔扇，或两侧山墙上开设各式窗，因此当邻近的建筑前后或左右相对时，人的视线就可由内至外，再由外至内，甚至还能再由内至外，形成更多层次的内外空间互相渗透，使层次的变化更加丰富。

5. 对景与借景

对景与借景是我国园林为创造丰富的景观而使用的传统手法，从而在视觉上、意境上扩大了园林空间。

对景的关键在于“对”，通常是在园内主要的观赏点和游览路线的行进方向上布置景物，形成各种对景。因此在处理园林总体布局和局部空间时，都必然要考虑对景的处理。

园林的对景大致有以下几种情况，一种是在较大的空间范围内的对景，如主景区是山水自然空间，主体建筑位于水池的一侧，自室内可欣赏隔水的山景。有些建筑虽然只在小空间的范围内，但都有庭院，有的还有前后院，院中或种植花木，或堆叠山石，形成对景。如苏州留园东部五峰仙馆的前院中有一座较大的湖石假山(《园冶》中称其为厅山)，成为厅的对景，这种形式适宜静观。另一种是在道路、走廊的行进方向，或进门、转折等变换空间处所看到的景物。由于私家园林的布局自由曲折，因此这种对景多是在不断改变前进方向时，逐步展开景物，形成动态的、不断变化的效果。当从门窗洞内或叠石、树木所形成的空隙间看到景物时，由于具有框景的作用，使对景显得突出、引人注目。又如拙政园中部从枇杷园的圆洞门"晚翠"看见水池北面假山上的雪香云蔚亭掩映于林木之中；扬州个园入口处，可以从翠竹与石笋掩映的洞门内看见假山后面的花厅；沿着颐和园乐寿堂临湖的走廊行进时，通过一排形式各异的什锦窗，可以看到一幅幅构图不同而又连续的前湖景物画面，使人感到新奇和兴奋。还有一种是房屋的两侧山墙和后墙上开门、设窗形成框景，由于两侧山墙和后墙外多是面积很小的小院，因此景物常用石峰、单株花木组成，简练的画面，在白粉墙的衬托下，不但花木随风摇曳，还有光影地变幻，显得生动活泼。

在皇家园林和私家园林的主景区中，建筑之间常互为对景。皇家园林的建筑之间的关系多为轴线式对称，两个建筑之间以轴线对应关系联系起来，这种轴线对称方式形成比较庄重、严谨的构图效果。江南私家园林的建筑之间虽有对应，却没有严格的轴线对称方式，例如苏州拙政园、怡园的主景区，都有建筑互为对景，当把水池南面主要厅堂的中轴线分别向北延伸到水池北面的假山时，拙政园的雪香云蔚亭虽基本上在中轴线上，但亭略朝向西南，而怡园的小沧浪亭则向西偏离中轴线。因此，这种对景关系显得自由活泼。

借景有多种方式，如《园冶》所说："如远借、邻借、仰借、俯借、应时而借"。远借是指借园外远处的景物，把它引入园内成为全园景观的一个组成部分，从而达到了扩大园内空间的效果。远景主要是借园林外远处的自然美景，如峰、峦、岗、岭重叠的山色，田野村落平远的风光，湖光水影的景色，只要极目所至的远景，都可借入园内。为了借到远处的景色，登高才能取得很好的观景效果。"欲穷千里目，更上一层楼"，因此在居于城市中的私家园林常建楼观景，如拙政园的见山楼、沧浪亭的看山楼。借景还要善于选择，如《园冶》中说："园虽别内外，得景则无拘远近……极目所至，俗则屏之，嘉则收之"，无锡寄畅园内虽只有小山，但它将园外的惠山、锡山及山上的塔都借入了园内，宛如在一个空间内。苏州沧浪亭园内以山林为主景，仅有一个小水池，但通过长廊上的一连串漏窗把园外水面借入园内。

皇家园林借景的大气与园林宏伟的气派相适宜。从承德避暑山庄内望僧帽峰、罗汉峰；从北京颐和园的一些主要景点——佛香阁、湖山真意、鱼藻轩、知春亭、涵虚堂等处远眺园外的玉泉山及玉峰塔，园外景色和园内景物融为一体，都使人感到气势雄伟。

邻借是指距离不同的景物，都可以借来丰富园内景观。俯借和仰借是关于安排不同的赏景角度，给人以不同的视觉美感。应时而借是所借之景物因时间的变化而表现出不同特点，一日之间有晨钟暮鼓，晓星夜月；一年四季有春光明媚、夏日浓荫、秋高气爽、冬日积雪；至于花木，随着季节变化有多种不同的特色，更为园林景观增添了丰富多彩的内容。

3.2.2 主景与配景

俗话说“牡丹虽好，还需绿叶扶持”，这句话正好说明了主配关系，虽然有许多先花后叶的花木，如玉兰、樱花、梅花、腊梅、杏花、榆叶梅、贴梗海棠等，在鲜花盛开时并无绿色扶持，却显得甚为逸致，有超凡脱俗的风度，但主配关系还是存在的，这时的配景不是这类花木自身的绿叶，而是蓝天白云或附近冷色的常绿树。在这些背景的衬托下，能取得更加动人的效果。

在传统画论中，既强调主景突出，又重视配景的烘托。如“画有宾主，不可使宾胜于主”（元代汤垕《画论》），重视主景突出，又重视配景的烘托，具有压倒一切之势。“众山拱状，主山始尊；群峰盘互，祖峰乃厚”（清笪重光《画筌》），强调配景对主景所起的作用，主景又需要配景来扶持。“主峰最宜高耸，客山须是奔趋”（唐王维《山水诀》）。这些论点都说明了主景突出，客景烘托的主配关系。

就整个园林而言，主景是全园的重点或核心，它是园林空间构图的中心，是主题或主体所在，是全园视线控制的焦点，也是精华所在，具有压倒群芳的气势，有强烈的艺术感染力。配景起陪衬主题的作用，使主景突出，主配相得益彰。

以杭州西湖为例，西湖风景区当以西湖为主体，以孤山、小瀛洲、阮公墩、湖心亭及苏、白二堤为配体，这是不言而喻的。如果西湖没有这些配体就会显得单调，有了它们，西湖的风景就有了层次和深度，景观就丰富多了。反之，这些配体若缺少了空明如镜的西湖，它们的存在也将失去意义。又如北京颐和园的万寿山和昆明湖，前者为主景，后者当属配景，万寿山因有昆明湖的衬托，显得高耸和雄伟，昆明湖因有万寿山之对比，而越显其宽广和平静，起到了相得益彰的效果。

在不同性质、规模、地形和水体的园林里，主景与配景是不同的。北京北海公园的主景为白塔山，从体量、高度、色彩、形象、空间意境和细部都压倒一切，独具优势，同时以宽阔的水面和蔚蓝的天空分别作为前景和背景，画面显得简洁而开阔，主景显得更为突出。北海公园除白塔山主景外，还有景山和三海四周的建筑群与之相呼应，取得各部分的平衡。主景突出，在所有的名园中莫不如是，只有杭州花港观鱼公园例外，主景是不明确的。有些人认为，在平面构图上以红鱼池为主体，在立面上应以牡丹园之牡丹亭为主题；还有些人认为，花港观鱼公园的主题为花和鱼，如同戏剧中的男女主角，所以设红鱼池和牡丹园以达到"花着鱼身，鱼嘬花"的艺术境界，但实际上把鱼和花割裂开来，主题就不明确了。花港观鱼公园的主题，顾名思义不难得出鱼为主题的答案，花港只是构成鱼生活和游人观鱼的环境，鱼不是生活在江、河、湖泊、水库、池塘等处，而是生活在曲折回环的港岔内，这条港岔的两岸有各种花草树木，游人不是在别的什么环境中观鱼，而是坐在沿着这条花港两岸的曲桥、亭、榭以及花廊中或坐在石叽上观鱼。待到两岸鲜花怒放，落英缤纷时，就出现了"花着鱼身，鱼嘬花"的艺术境界，景名吻合，名副其实。主题一旦明确以后，牡丹园、松雪大草坪的空间处理，在体量和气势上，就不会压倒观鱼部分，达到目前的势均平衡，难分主次的局面，更谈不上空间的互相烘托，这不能不说是在规划上的美中不足。

园林是由许多大小不同的空间组成的，每一个空间都应有主景和配景。但在众多空间中，也必然有主要空间和次要空间之分，它们仍然是花与叶的关系。突出主景的主要手法有下列几种。

1. 主景升高

为了使构图的主题鲜明，常常把集中反映主题的主景，在空间高程上加以突出。当然，主景升高，只是使主题突出的许多因素中的一个，如果没有综合运用其他多方面的手法，孤立地升高主体，那是没有生命的形式主义的手法。

北京天安门广场的人民英雄纪念碑，在综合的艺术构图中，也采用了空间高程突出的因素，使人民英雄纪念碑永垂不朽的主题得到鲜明的反映。

又如广州越秀公园的五羊雕塑，升高的主景，由于背景是开阔明朗的蓝天，因此富于表现力的主景，能够鲜明地衬托出来，而不受任何配景的干扰，因此升高的主景，在色彩上和明暗上，必须和明朗的蓝天取得对比。

在园林的地形地貌处理、堆山和种植设计中，主景升高也是传统的艺术手法之一。中国的假山艺术构图中，长期运用了"主峰最宜高耸，客山须是奔趋"的传统手法。

园林中形体雄伟和色彩华丽的孤植树或树丛，适宜栽植在升高的土丘上，而蓝天作为背景，这样既便于排水，又利于植物的生长发育，又能够突出主景。

我国古典园林，如颐和园的布局中心佛香阁和北海布局中心白塔，都运用了主景升高的手法来强调主体，主体所反映的思想主题，是以达到巩固皇帝的封建统治为目的的。因此，布局的艺术手法，必须与社会的一切内容统一起来。

2. 轴线对称

园林或建筑布局中，在主体的前方两侧，常常配置一对或一对以上的配体，来强调和陪衬主体，由对称群体形成的对称轴线，称为中轴线，主体总是布置在中轴线的终点。

用中轴对称的办法来强调和陪衬主体，是规则式园林布局最常用的突出主景的综合手法中的一种。

1959年国庆十周年，首都新建的天安门广场，全国农业展览馆，民族文化宫，北京火车站等园林和建筑的构图，都运用了规模宏大的中轴对称的处理手法。

天安门广场在综合运用了其他许多艺术手法的同时也运用了宏伟的中轴对称的手法，使象征我们全国人民力量和精神的天安门，显得更为庄严和壮丽。

中轴对称强调主景的艺术效果是宏伟、庄严和壮丽的。纪念性园林的构图中心，常常运用中轴对称的手法来突出主体。如上海虹口公园的构图中心鲁迅墓，广州起义烈士陵园的构图中心，哈尔滨的防汛纪念塔，锦州市辽沈战役革命烈士纪念塔等，都采用了中轴对称的布局来突出主景。

中轴对称布局中的对称配体，有“绝对对称”和“拟对称”之分。颐和园佛香阁中轴两侧的东西配殿与建筑群、北京故宫中轴线两侧的配殿都是属于绝对对称的布局；天安门广场中轴线西侧的人民大会堂和东侧的中国革命历史博物馆，在体量，体形，色彩与建筑风格和形式上大致相似，但一经细致分析，则各有不同，这种并不严格的对称，而又大体相似的布局，称为拟对称布局。

在混合式园林构图形式中，中轴对称建筑群主轴两侧的配景（包括建筑物、地形、地貌、雕塑、种植类形等），多运用绝对对称，而离中轴线稍远，则过度到拟对称的布局。离开中轴线很远，超过了局部静态构图视域感受的规定范围以外的（即空间的规定性），则可运用完全不对称或自然的布局形式。

3. 视线焦点

规则式园林，常常把主景配置在园林纵横轴线的交点上，或是放射轴线集中的焦点上，北京市的布局中心——天安门广场，布置在城市纵横主轴的交点上；柏林苏军纪念碑的母亲雕像布置在入口副轴与主轴的交点上；法国凡尔赛宫苑中，如爱坡罗喷泉、农神喷泉、花神喷泉、酒神喷泉等，也都布置在轴线的交点上，使主景突出。

自然式园林，常常把主景配置在全园主要透景线集中的焦点上，来突出主景，例如西湖风景区规划中，是以西湖的和平墩（原凤凰墩）作为风景区的焦点。

北海的白塔，布置在全园透景线集中的焦点；圆明园福海中的蓬岛瑶台，作为福海四周透景线集中的焦点。

4. 对比与调和

对比是突出主景的重要技法之一。园林中，作为配景的局部，对主景要起对比的作用。

在全园布局上，如颐和园东门，仁寿殿局部的构图为严整规则的中轴对称布置，这对于到了昆明湖边看万寿山、西山的自然山水风景，起到了强烈的对比作用，由于存在着入口局部的规则处理的对比，格外提高了自然山水风景的感染力。

配景对于主景、线条、体形、体量、色彩、明暗、动势、性格，空间的开朗与封锁，布局的规则与自然，都可以用对比作用来强调主景。

首先应该从规划上来考虑，次要局部与主要局部的对比关系，其次考虑局部设计的配体与主体的对比关系。

昆明湖开朗的湖面，为颐和园水景的主景，有了闭锁的苏州河及谐趣园水景作为对比，就格外显得开朗。

在局部设计上，白色的大理石雕像应以暗绿色的常绿树为背景；暗绿色的青铜像，则应以明朗的天空为背景；秋天的红枫应以暗绿色的油松为背景；春天红色的花坛应该以绿色的草地为背景；湖畔栽植垂柳和水生鸢尾，则与平静的湖面在线形和性格上取得对比。

单纯运用对比，能强调和突出主景。但是，突出主景仅是构图的一个方面的要求，构图尚有另一方面的要求，即配景和主景的调和与统一。因此，对比和调和常是渗透起来综合运用，使配景与主景达到对立统一的最高效果。

5. 动势集中

园林构图在空间上有一定的规定性，最常见的是："四面有景皆入画"的环拱四合空间。四面为景物环抱起来的构图空间，在游憩和风景艺术上有很高的评价。

大规模的园林，如承德的避暑山庄，是四面为群山环抱起来的园林空间，小规模的园林如苏州的留园、拙政园、狮子林、北京颐和园的谐趣园、北海的静心斋等，都是四面为景物环抱起来的闭锁园林空间。

在这种环拱的园林空间构图中，主景常常布置在环拱空间动势集中的焦点上。如杭州的西湖、北京的北海，以及古代的庙宇和现代的休憩建筑、园林公共建筑的布置，其朝向都是面向湖心的，所以这些风景的动势都是向心的。因此，西湖中央的主景孤山，北海的白塔便成了"众望所归"的构图中心，使得主景格外突出。

圆明园中的福海，在空间的构图上，基本仿照了西湖的处理手法，福海中央的蓬岛瑶台是主景，福海四周布置了平湖秋月，雷峰夕阳，南屏晚钟等景点，这些景点都朝向福海中央的蓬岛瑶台。动势集中于主景，因此，强调了主景。

自然式园林中，四周由土山和树林环抱起来的林中草地，也是环拱的构图空间，四周的配置其动势应该向心。在动势集中的焦点上，可以布置主景，如园林建筑，树丛、孤植树等等；环拱的假山园林，主峰可以布置在四周客山奔趋的构图中心。

6. 渐进

在色彩中，由不饱和的浅级到饱和的深级，或由饱和的深级到不饱和的浅级，由暗色调到明色调，由明色调到暗色调所引起的艺术上感染，称为渐层感。

园林景物，由配景到主景，在艺术处理上，级级升高，步步引人入胜，也是渐进的处理手法。

颐和园佛香阁建筑群，游人到达排云门时，看到佛主阁的仰角为 28°，上升 90 台石阶到了排云殿后看佛香阁时的仰角为 49°，，石级再上升 114 台到德辉殿后，看佛香阁时的仰角为 62°。游人与对象之间，视觉关系步步紧张，佛香阁主体建筑的雄伟感随着视角的变化而步步上升。

把主景安置在渐层和级进的顶点，将主景步步引向高潮，是强调主景和提高主景艺术感染力的重要处理手法。此外，空间的一重更进一重，所谓“园中有园，湖中有湖”的层层引人入胜，也是渐进的手法。如杭州的三潭印月，为湖中有湖，岛中有岛；颐和园的谐趣园为园中有园。

7. 重心处理

静止和稳定的园林空间，要求景物之间，取得一定的均衡关系，为了强调和突出主景，常常把主景布置在整个构图的重心上。

规则式园林构图，重点常常居于构图的几何中心。例如天安门广场中央的人民英雄纪念碑，居于广场的几何中心。

自然式园林，重心就不一定居于几何中心，如北海静心斋中心的沁泉廊，就布置在自然式园林空间的自然重心上。

中国传统的假山园林，主峰切忌居中，就是不应把主峰布置在构图的几何中心，而应稍有所偏，但是虽然偏于一方，必须是布置在自然空间的自然重心上。

四周为树林环抱的林中草地，在自然式园林的闭锁空间中，作为主景的孤植树或树丛，就不应该在草地的几何中心，而应略有所偏，但四周景物须配合主景而有变化，使重心落于主景上。

8. 抑景

中国古代画家唐志契在《绘事微言》中说：“善露者未始而不藏，若露而不藏便浅而薄。”

中国园林艺术的传统，反对一览无余的景色。主张："山重水复疑无路，柳暗花明又一村"的先藏后露的构图。

西方园林，其主轴常常直达入口，游人进园就可以立刻看到全园的精华所在，西方园林的构图中心和高潮，主要是采用主轴和透景线来强调，使主景一开始就"露"出来。法国凡尔赛宫苑就是一个例子。

中国园林的主要构图和高潮，并不是一进园就展现在眼前，而是采用欲"扬"先"抑"的手法，来提高主景的艺术效果。

中国园林的空间，受陶渊明的《桃花源记》的影响很大。"……忽逢桃花林，夹岸数百步，中无杂树，芳草鲜美，落英缤纷，渔人甚异之，复前行，欲穷其林，林尽水源，便得一山，山有小口，仿佛若有光，便舍船从口入，初级狭，才通人，复行数十步，豁然开朗，土地平旷，屋舍俨然，有良田美池，桑竹之属，阡陌交通，鸡犬相闻……。"

这是对桃花源描写的景象，其中的"豁然开朗"、"别有洞天"的主景处理手法，在中国古典园林中运用得比较广泛。

苏州拙政园就是一个典例，进了腰门以后，迎门就布置了一座假山，把园景屏障起来，这种在入口以假山屏障起来的方法，称为抑景，使主景不一下暴露，可以提高主景的艺术感染效果。游人入门，迎面来了一座假山阻挡，便有"疑无路"的感觉，可是假山有曲折的山洞，仿佛若有光，游人穿过山洞，所得的印象是豁然开朗，别有洞天的境界，使主景的印象感染大大提高。杭州文渊阁的进门假山，也是这样的作法。而苏州留园的作法，便有所不同，所采取的艺术手法，也取得了先抑后扬的效果。

3.2.3 景物的组织

1. 对景

凡是与景点相对的景称为对景。"楼观沧海日，门对浙江潮"就是说明对景的一例。对景有正对和侧对、单对和互对之分。正对是指视点通过轴线或透视线把视线引向景物的正面。正对取得端庄严正的效果，如由颐和园的龙王庙看佛香阁是正对。侧对是指视点与景物侧对，欣赏景物的侧面，能取得"怀抱琵琶半遮面"的艺术效果。如由颐和园的知春亭看佛香阁就是侧对的佳例。正对与侧对都是单对。互对是指在视线两端都安排景物，同时都是视点所在，如从佛香阁看十七孔桥或由十七孔桥看佛香阁形成互对。互对可以正对也可以侧对。园林里弯环曲折的道路、长廊、河流和溪涧的转折点，宜设置各种对景，增加景点，起到移步换景的作用，尤其对以框景作为对景，更引人入胜。

在进行城市绿化系统规划时，把视力所及的郊区风景或名胜古迹，用透景或对景的手法引入城市中来，与城市内部艺术评价很高的公用建筑、纪念性建筑、古迹名胜或园林风景组成对景，使其能互相观赏，以丰富城市景色。城市中干道的端点和河流的转弯处都是组织对景的理想位置。

2. 透景

美好的景物被高于游人视线的地物所挡住，须开辟透景线，这种处理手法叫透景。要把园内外主要风景点透视线在平面规划设计图上表示出来，并保证在透视线范围内，景物的立面空间上不再受遮挡。

在安排透景时，常常与轴线或放射型直线道路和河流统一考虑，这样做可以减少因开辟透景线而被移植或间伐大量树木。透景线除透景以外，还具有加强“对景”地位的作用。因此沿透景线两侧的景物，只能作透景的配景布置，以提高透景的艺术效果。

3. 藏景、障景

藏景　与西方开门见山的园林布局正好相反，中国园林艺术传统讲究含蓄，一向反对“开门见山，一览无余”。主张“山重水复疑无路，柳暗花明又一村”的“先藏后露，欲扬先抑”的设计手法。所以景都藏在里边，这样才能出其不意和引人入胜。景越深，游兴越浓。如颐和园要经过三道门和两个院落，绕过一道假山，才能见到园内景色。苏州狮子林、怡园、留园等也都要通过两三个院落和长廊，才能见到园景。园景也绝非一览无余，还须漫步览胜，才能穷其全貌。

障景　在园内设障景，使视线受阻，令游人产生“山穷水尽”之感。经改变空间引导方向，园景逐渐展开，达到“柳暗花明”的境界，这种抑制视线提高主景艺术魅力的手法叫障景。障景具有双重性，一是屏障景物，改变空间引导方向，二是作为前进方向的对景，所以对障景本身的景观效果也是很重要的。

障景务求高于视点，否则无障可言。障景依材料分有山障，如上海龙华公园入口正面的黄石大假山；树障如杭州柳浪闻莺公园的雪松大屏障；影壁障如杭州虎跑泉的影壁障以及组雕障，如上海烈士陵园正门入口的组雕等。其实可作为障景材料的远不只此，形式也可以多种多样，如无锡寄畅园入口的障景，是一座绵延的假山——八音涧作为入园前奏，通过两面如削的峭壁山，才见到空间的开阔，水平如镜、曲廊环围、古木参天、花木穿插的古典园林。

4. 隔景

凡将园林绿地分隔为大小不同的空间景域，使各空间具有各自的景观特色，而互不干扰者称为隔景。隔景是把整个绿地化整为零，能起到小中见大，园景深不可测和景观丰富的效果。它与障景不同之处，在于障景是出其不意，而且障景本身就是景，隔景旨在分隔空间景观，并不强调自身的景观效果。圆明园就是利用隔景的手法，构成大小景区 40 多个，正因为如此，风格迥异的西洋园能出现于圆明园中。

隔景有虚隔、实隔与虚实隔之分。一般来说，两个相邻的空间互不透露的为实隔，如颐和园中的谐趣园、无锡的寄畅园都用高墙隔开，属实隔。两个空间相互透漏的为虚隔，如用水体、山谷、堤、桥以及道路等分隔，形成空间与空间之间完全通透的形式。还有两个空间虽隔又连，隔而不断，景观能够互相渗透的，如用开漏窗的墙、长廊、铁栅栏、花墙、疏林、花架等分隔的空间称为虚实隔。长廊、花架和亭的柱子把一个完整的风景分隔成为一个个景面，这也叫隔景。如北京北海公园中的看画廊，即借长廊的立柱，把湖光山色分隔成一副幅画面供游人观赏。

在苏州拙政园的水池中，有两个起伏的岛屿，将水面分隔成南北两个景区，北面景区呈现出山清水秀的江南水乡情调，南面景区则呈现峻峭的山景，形成两种绝然不同的景色。两区之间能通过两岛相连的山凹处，可以互相透视，这也是既隔又连的一例。

3.2.4 前景的画面处理

园林规划设计，在平面与断面的规划上，解决了对景、透景与障景以后，在技术设计阶段，对于透入构图视域以内的对景，还须进行艺术加工，使所对的远景，更富有艺术感染力。

因为远景距离较远，轮廓的概括性虽强，但缺乏细部的效果；有时远景前方，没有近景、中景的陪衬，缺乏空间景深的感染力；有时由于远景视域广阔，在广阔的视域中一时很难选择最富于画意的构图。由于这些原因，对前景的艺术加工，就十分必要，在这方面，我国传统园林中的经验是十分丰富的，主要表现在以下几个方面。

1. 添景

当风景点与远方的对景之间，为一大片水面或中间没有中景、近景的过渡时，则对于风景点的整个前景来说，缺乏空间深度的感染力。景深的感染力，在园林风景评价中，占有很重要的地位，为了加强这种“景深”的感染力，就需要添景。

例如颐和园昆明湖东南岸，远望万寿山是一片单纯的水面，山后也没有背景的衬托，在景深上没有层次之分，因而景色单调，如果在湖边的一株高大垂柳之下，透视万寿山的远景，那么，万寿山就因为倒垂的柳丝作为装饰，而生动起来；同样，在一枝海棠花下，透过来的北海白塔风景，也格外生动；杭州西湖，在一株巨大香樟下透过的宝石山远景，也是一个生动的例子。

通常均以大的乔木来作为添景，在树种上，既要体形巨大又要花叶美观，在红叶树中，如乌桕、柿子、枫香、五角枫；常绿阔叶树中，如香樟、榕树、广玉兰等；花木及果树中，如银杏、木棉、玉兰、凤凰木等等；均为添景的优良树种，各地的适宜树种，种类繁多，不胜枚举，选择时应该不会困难。

2. 夹景

远景在水平方向视线很宽，而其中又并非全部景色都很感人。因此，常用夹景的办法，把左右单调的风景，用树木、土山或建筑物屏障起来，只留中间合乎画意的远景，从左右配景的夹道中透入游人视线，称为夹景。夹景在河流及道路上应用得最多，从颐和园后山的苏州河中划船，远方的苏州桥主景为两岸起伏的土山和美丽的林带所夹峙，构成了门楣动人的夹景。

3. 框景

框景是把真实的自然风景，用类似画框的门、窗、框架，或由乔木树冠抱合而成的透明空隙，把远景包围起来，使游人产生错觉，将现实风景误认为是画在纸上的图画，因而把自然美、升华为艺术美。

造园家李渔，对于框景的运用，有独特的见解，他曾设计一种湖舫，在密闭的舱房内，左、右开两个扇面窗，并说："坐于其中，则两岸的湖光山色，寺观浮屠，云烟竹树，以及往来樵人牧竖，醉翁游女，连人带马尽入便面之中，作我天然图画。"，又说："以内视外，固是一幅便面山水，而以外视内，亦是一幅扇头人物"，还说："同一物也，同一事把，此窗未设以前，仅作事物观，一有此窗，则不烦指点，人人具作图画观矣！"。于是他又在家内创设尺幅窗和无心画，并曰："逐命童子裁纸数幅以为画之头尾及左右镶边，头尾贴于窗之上下，镶边贴于两旁，俨然堂画一幅，而但虚其中，非虚其中，欲以屋后之山代之也。坐而观之，则窗非窗也，画也，山非屋后之山，即画上之山也。不觉狂笑失声，妻孥群至，又复笑予所笑，而无心画尺幅窗之制从此始矣！"。

在设计时，游人与景框间的距离，须保持在景框直径的两倍以上，而游人视点位置，最好处于框的中心，这样才能使整个画面映入游人 26°视域以内，而产生远景如画的错觉。

苏州园林，如拙政园和留园，框景的处理，非常成功；颐和园龙王庙有一对月洞门，收入的画面是西山玉泉的远景；无锡蠡园长廊的尽头，有一个月洞门收入的画面是明朗的太湖风光。除了各种形式的门窗可作景框以外，其余如亭、榭、敞廊的框架；门楼、桥梁的拱卷和框架；假山的山洞；乔木枝叶交互合抱而成的自然空框；以至人工整形的绿门，都是很好的景框。同时，在与框相对的园林局部，须设计或安排理想的对景。在自然风景区，如有天然的岩洞，亦应安排对景。在森林公园原有密林内，亦可选择对景最美的地点，疏伐部分树枝或小树，构成框景。

中国园林，常以围墙和穿廊来分割空间，在围墙上或穿廊侧墙上，开辟通至另一空间的月洞门，在与月洞门取得对景的白粉墙上，则布置峭壁山或安置山石，栽植花木，在门外远处看来，则和一幅画在宣纸上的山水画和花鸟画无异，可是当游人走入月洞门时，则又好像走进挂在墙上的图画里去一样，因而造成了“画中游”的错觉，在古典园林中，如果以月洞门或假山山洞作为框景时，则常常在门眉题上“画中游”或“别有天洞”的横额，来点明这种造景。

4. 漏景

漏景是由框景进一步发展而来的，两者的区别在于框景景色全观，漏景景色若隐若现。使人感到既含蓄又雅致，漏景常用的方法是设漏窗，通过漏窗觑视窗外景色，饶有情趣。除漏窗以外，还有花墙、漏隔扇以及疏林等，通过空隙见到如画的风景。漏窗的窗棂，有的为几何图案；有的则是葡萄、石榴、老梅、修竹等植物题材构成的。最初，人们由于生产和美化居住环境的需要，在屋前窗下，栽植了既有收益，又很美观的花木，当远景从果实累累的葡萄枝叶间，从火红的石榴花间隙里，从玲珑的老梅枝丫间，或是疏朗的竹影中透漏过来时，造成一种特殊动人的情景，这样在窗外用植物作为前景的漏景，是漏窗的一种起源。人们对于由窗前花木构成的漏景，留下了难忘的印象，因此，在窗前没有老梅的时候，便常常在窗子上，用人工塑造一株老梅漏窗的制作，在《一家言》中就有详细的论述。

园林中的漏景，除漏窗前栽植花木以外，更重要的是在建筑院落以外的更广阔的场所，以垂直郁闭度很低，透光性很大的林带，树群或树丛，把远景屏障起来，使远景从树木枝叶的缝隙里透露过来，例如，北京颐和园玉澜堂南端昆明湖边的一丛桧柏林，把西山、万寿山远景屏障起来，这丛桧柏林，错落多致，从疏朗的枝干间，透露过来的万寿山远景，显得格外吸引游人。

在森林公园进行风景疏伐时，要很好地安排漏景，一般园林进行种植设计时，也要很好地注意漏景的应用。

§3.3 园林视景空间艺术

3.3.1 开朗风景与闭锁风景

1. 开敞空间与开朗风景

凡是在视域以内地面上的一切景物，处在视平线的高度以下时，则眼前的空间便属于开敞空间，所成风景成为开朗风景。面对开朗风景，视线可以延伸到无穷遥远的地方，双眼的中视线平行向前，交点位于远极面，因而视神经不易疲劳。开朗风景的艺术感染是：壮阔豪放，心胸开朗，目光宏远。

李白诗：“登高壮观天地间，大江茫茫去不还”。便是由开朗风景所引起的情感。在开朗风景下，如果游人视点位置很低则与地面透视成角很小，所以远景模糊不清，看到的只是大片单调的天空，则风景的艺术评价不高。但如果不断地提高游人的视点位置，则游人与地面远景的透视成角加大，远景的鉴别率也就大大提高，所以视点位置愈高，开朗风景的艺术评价愈高。我国许多相对高度很高的山体，如黄山、庐山、华山、泰山等，在历史上很早就成为游人喜爱的名胜，与登高远眺开朗风景是密不可分的。

2. 闭合空间与闭锁风景

凡是在视域以内，游人视线不能延伸到地平线，且地平线以上，被许多高出视平线的近景屏障起来，看不到地平线，这种空间称为闭合空间，所成风景，称为闭锁风景。景物高出视平线部分，与视线所成的仰角越小，则闭锁性越小，仰角越大，则闭锁性也随着增大。另一种情况，高出视平线景物的闭锁性与视线所成的仰角有关以外，还与景物与游人的距离有关，高出视平线的距离愈近，闭锁愈强；距离愈远，则闭锁性愈小，因而景物的仰角虽大，如果距离很远，则可以减低其闭锁性，反之，则增强其闭锁性。

园林中，如果四面都是被高出视平线的景物（例如土山、树木、建筑等）环抱起来时，则称为闭锁空间，也称四合空间。

闭锁风景，近景感染力强，四面景物琳琅满目，观览不尽，这是闭锁风景的优点，但是游人久留则视线闭塞，容易疲劳。

3. 对立统一的规划原则

开朗风景，缺乏近景的感染，而远景又因和视线的成角小距离远，因此，色彩和形象不够鲜明，所以园林中如果只有开朗景色，虽然给人以辽阔宏远的情感，但久看必然觉得单调，因此希望园林中有一部分闭锁风景以供游览。但是闭锁的四合空间，如果四面环抱的土山、树丛或建筑，与视线所成的仰角超过15°，景物距离又很近时，则有井底之蛙的闭塞感，在这种情况下，又希望能有开朗的景观。

园林中的空间构图，既不能片面地强调开朗，也不能片面地强调闭锁，在同一园林中，既要有开朗的局部，也要有闭锁的局部，在开朗风景中需添设近景的感染，在闭锁风景中又要有透视远景，开朗风景与闭锁风景两者共存可以相得而益彰。如颐和园中，既有开朗的昆明湖又有闭锁的谐趣园与苏州河，昆明湖因谐趣园和苏州河的对比，而益显辽阔，谐趣园和苏州河因昆明湖的对比，而倍觉幽静。在北京北海公园中，既有开朗的北海又有闭锁的静心斋、濠濮涧，两者相互烘托，提高了园林的风景评价。

过分开朗的风景，则又要寻求闭锁性。例如辽阔的太湖风景在无锡一带因为湖中有远近诸山，使开朗景色中有近景的感染，所以觉得风景格外美好。杭州西湖风景，三面有山环抱，有了一定的闭锁性，但四周的山不高，仰角只有2°～3°，所以风景仍然过于开朗，但由于湖中又有苏白二堤、三潭印月、孤山、湖心亭等景点，增加了闭锁的近景，因此风景达到了开朗与闭锁的统一，艺术评价很高。

过分闭锁的风景则又要寻求开朗。中国的闭锁园林空间，大都皆以水池为中心，游人视线在水中可以延伸到很远，因此打破了过分闭锁的感觉。颐和园中的谐趣园，北海的静心斋，无锡惠山寄畅园、苏州留园、拙政园、狮子林等都是如此。

另外，在闭锁空间中运用透景和漏景，来打破过分的闭锁性。例如颐和园乐寿堂前的四合院，在南面走廊上开有漏景风窗，透入昆明湖开朗景色；苏州沧浪亭的园墙上开设的漏窗；杭州三潭印月，四面有林带环抱，构成了闭锁空间，但是四周的林带，不是紧密的结构，都是由高大的乔木组成，株距也很大，因而四面都可以透漏远景，就不会造成过分闭塞的感觉。

在园林设计时，开朗水边或大草坪上，应布置一些孤立树或树丛，来打破开朗风景的单调，在闭锁的林中空地，或密林中，则又须开辟透景、漏景线，来打破空间过分的闭塞。

4.闭锁空间的风景评价

关于闭锁空间的大小，和周围景物高度的比例，与风景的艺术评价关系密切。

杭州西湖，三面为群山环抱，其仰角为 2°～3°，感到美中不足的是，觉得在比例上山不够高；北京颐和园在昆明湖边看西山远景，其仰角为 4°，山高与湖宽的比例，就要比杭州西湖好一些；北京怀柔水库，由大坝向西望，三面为群山环抱，其仰角为 4°30′～5°，就山高与湖宽的比例来说，其风景评价就要比昆明湖好一些。这是大型园林闭锁空间与仰角关系的状况。

小型园林风景，如颐和园内的谐趣园，四周环抱的建筑物，由饮绿亭向四周观察，主要建筑物的仰角在 5°～13°的范围内变化，四周的树木仰角也不超过 18°，闭锁空间的横向距离为约 80 m，纵向距离为约 30 m，这种闭锁空间，觉得很美。苏州的拙政园内，远香堂前面的闭锁空间，四周建筑物的仰角在 5°～10°之间变化，树木的仰角也很少超过 18°，空间大小为南北约 50 m，东西约 100 m；苏州留园，以涵碧山房为主体的闭锁空间，其四周的建筑仰角为 7°～11°，南北与东西的长宽都为约 60 m，因此，拙政园和留园的闭锁风景，其艺术评价是很高的。苏州园林，又如狮子林，以修竹阁为中心，环视四周建筑物及假山，其闭锁仰角约为 19°，这种空间，就有过分闭塞之感。

大体上，闭锁空间的仰角从 6°起，风景评价逐步提高，到 13°为最好，超过 13°以后又渐渐下降，至 15°以后就感到过于闭塞。从四周景物高度与闭锁空间长与宽的比例来看，在空间的直径大于四周景物高度 10 倍的时候，(仰角约为 6°左右)，风景评价较低，当直径小于四周景物高度 10 倍时，从直径相当于四周景物高度的10倍起，至直径为四周景物高度的3倍止，其风景评价逐渐提高。若直径小于四周景物高度的3倍，则显得过分闭塞，风景评价又开始降低(直径为四周景物高度3倍时，其仰角为18°)。许多著名的城市广场，四周建筑的高度与广场直径之比，也都在1∶6～1∶3之间变化，主要原因，系由于仰角为13°的景物，正好映入游人26°垂直视域以内，游人可以不必仰起头部，而可以完整地鉴赏前景，如果仰角超过18°，则景物映入游人26°垂直视场以外，超过这个仰角游人必须仰起头部，才能观察到完整的前景，这样就容易引起视力的疲劳而感到空间的闭塞。

在设计林中空旷草地或水面四周种植树群、林带时，四周土山及林木的高度与空旷草地或空旷水面的直径之比，也要求在1∶3～1∶10之间变化。一般树木高度，约为20 m，因此在通常四周没有土山的情况下，空旷地或草坪其直径最好在60 m到200 m之间变化，最多不超过270 m，这样草坪或空旷地四周栽植的植物，视力完全可以识别。

园林空间，不是单纯的艺术空间，空间艺术布局要在与功能要求不相矛盾的前提下来创造性地发挥，千万不要单纯从空间布局的形式出发，脱离了园林多方面的功能要求，走上形式主义的道路。

3.3.2 园林动态序列艺术

1.连续风景序列布局

(1) 风景序列的连续方式与节奏

园林风景，由许多局部构图组成，在游人从一个局部游览到另一个局部的时候，自始至终都要经过所有局部，从开始到结束，必然会给游人一种整体的印象。这些局部，如果没有连贯性，相互之间没有联系的话，那么，整个园林，就不成为一个统一体，也就不成为一个完好的园林布局，因此各个局部，只做到自成一体的单独局部是不够的。当各个局部，经一定游览路线而连贯起来时，局部与局部之间，必须既有变化和对比，又有过渡和转化，使游人从开始到结束的游览过程中，也会感到一种主次分明的多样统一规律，这种规律体现在动态之中，是与游人的视点运动联系起来的。这种随着游人运动而变化的风景布局，称为风景序列布局

当游人沿着河岸，或是曲折的林荫路向前走去时，视点沿着曲折起伏的园路不断地变化着，两侧的景色，一面不断地一重又一重地层层展开，一面又不断地一重又一重地消逝，这时游人看到的画面，不可能用固定的视点凝固起来，而是连续出现的，两岸的层层山、跌叠水，萦迴曲折，好像音乐中的音群和乐句一样，不断地反复演奏，最后组成一个完美的乐章。这种视线与景物保持了一定的相对关系，但是又在前进中相对地沿着一定轨迹，变换着相对的位

置，这种运动着的连续的风景，称为风景序列。而这种有始有终，有开始、有高潮、有结束的多样统一的连续风景，称为连续风景序列。一组连贯起来的建筑组群，一条很长的花镜或带状花坛群，都是属于连续风景序列的布局。

序列布局，景物如何连续排列，是布局的中心问题。例如一条道路，两旁的行道树，从头到尾，都栽一种树木好呢？还是一株扬树，一株柳树间隔起来栽植好呢？还有每株树都不相同好呢？这就是连续序列的多样统一问题。如果道路两旁的树木每株都不一样，则杂乱无章，多样而不统一；如果一条道路，三里五里不断延伸下去，永远是一个树种，也会觉得单调，就会觉得统一而不多样。

因此，在风景序列布局中，景物如何连续，如何变换，景物连续演进的多样统一原则又是怎样？是这里的中心问题。连续风景演进的多样统一规律与时间艺术的音乐作曲中，"音响形象"的多样统一规律，有类似之外，音乐的多样统一规律，称为"节奏"，在园林的动态构图中也借用这个名词。园林连续风景布局的节奏，由下述各种具体手法组成。

① 断续：在园林连续布局中，最简单的风景连续方式是单纯的不间断的直线连续。例如不间断的直线道路，不间断的直线绿篱，不间断的直线围墙，这种自始自终没有间断，没有曲折，没有起伏的简单连续，是没有节奏的连续景物。没有节奏的连续景物是不可能达到多样统一的艺术要求。

塑造连续风景，产生节奏，使连续的景物有断有续，是必要的。宋朝画家李成说："密树稠林，断续防他刻板"。说明连续不断的林带是刻板的，所谓刻板就是不生动，缺乏节奏，反之，若是使林带有断有续，就可能产生节奏。

园林中的带状花坛、花境、绿篱、林带、建筑群，在与生产、环境保护、文化休息等功能要求不发生矛盾时，应该有断有续，使连续风景产生节奏变化。例如，道路花园中央的带状花坛，不采用连续不断的方式，而分割成许多个较短的带状花坛，使之富于节奏的变化。

② 起伏曲折：园林中的连续土山地形、连续的建筑群、连续的林带、园中的道路，常常用起伏和曲折的变化来产生构图的节奏，而园中的河流及湖岸，则用曲折来产生节奏。例如颐和园苏州河两岸的土山和林带，富于曲折和起伏，林带由油松构成的林冠线有起有伏，河流两岸的林缘线也有曲折变化，因而沿苏州河走去，感觉环境有动人的节奏；又如苏州的拙政园，自远香堂至香洲的立面可以看出建筑群的起伏和断续构成的节奏。

中国古典园林中的园路，要求峰回路转，不仅在平面上有曲折，而且在竖向上有起伏，因此成功地创造出丰富的节奏来。如北海静心斋的园路、苏州留园中部水池周围的游廊，都是很好的例子。

③ 反复：连续风景中出现的景物，既不能永远不变，又不能时刻不停地变

化，许多不同的景物，常常与其他景物交替着反复出现，这样就既有变化，又不致杂乱无章。“反复”又可以分为“简单反复”、“拟态反复”、“与交替反复”三种。

例如园林中的行道树、栏杆等等，均属于简单反复；连续的花坛，每一个花坛的外形完全相同，不断地连续反复，构成连续的花坛群。简单反复的节奏庄严有力，一般作为配景来处理。

在一个花境设计时，常常用一个花丛作为单元，不断反复出现，就成为连续花境，例如玉簪、萱草、紫花鸢尾三种多年生花卉组成一个花丛，把这个花丛不断地反复，就可以组成一个花境，这种反复为简单反复。

如果用二个花丛，第一个花丛为玉簪、萱草和紫花鸢尾，第二个花丛为玉簪、射干、黄花鸢尾，这二个花丛，差异很小，以射干代替萱草，以黄花鸢尾代替紫花鸢尾，在形态上差别较小，但又在色彩上有了变化，用这二个相似花丛轮流反复出现，也就组成了一个花境，这种反复，称为“拟态反复”。

如果二个花丛，第一个花丛仍为玉簪、萱草和紫花鸢尾，第二个花丛为宿根福禄考、景天和耧斗菜，与第一个花丛完全不同，用这样二个完全不同的花丛交替反复，也可组成花境，这种反复，称为交替反复。

在自然式的林带设计中，以油松，平基槭、海棠、山楂，组成第一组树丛，以油松、栓皮栎、苹果、山楂，组成第二组树丛，以油松、白皮松、侧柏组成第三组树丛，以海棠、山楂、毛樱桃组成第四组树丛，如选择第一组树丛不断反复组成林带为简单反复，第一组与第二组轮流反复，则为拟态反复，第三组与第四组交替反复时，则称为交替反复。

在行列式栽植时，如颐和园昆明湖边，一株柳树一株榆叶梅间隔栽植，则称为交替反复(图 3－6)。

④ 空间的开合：游人在园林中游览，有时前景为开朗风景，有时前景又为闭锁风景，空间一开一合，也可以产生一种节奏感。例如游人在颐和园苏州河中划船，不仅两岸的林冠有起伏，林缘线有曲折，河流本身又有弯曲，同时，河流的宽度也随着变化。由于河体时宽时狭，又由于两岸土山林带的屏障，因而使空间时而开朗，时而闭锁，因此产生了空间开合的节奏感。苏州河由开朗的昆明湖至半壁桥，空间为之一合，过了半壁桥，空间又稍开，然后到了绮望轩(已毁)，空间又为之一收，过了绮望轩，空间又为之一放，然后到了苏州桥空间又为之一收，如此一收一放，一开一合地前进，使连续风景产生多样统一的节奏。

(2) 风景序列的主调、基调与配调

连续风景演进时，仅有断续、起伏、曲折、反复、空间开合等节奏变化，对于整个布局来说，还是不能达到真正的统一，贯穿在整个连续布局中的主体是什么？其他景物如何来陪衬和烘托这个主体，又是连续风景的一个主要问题。

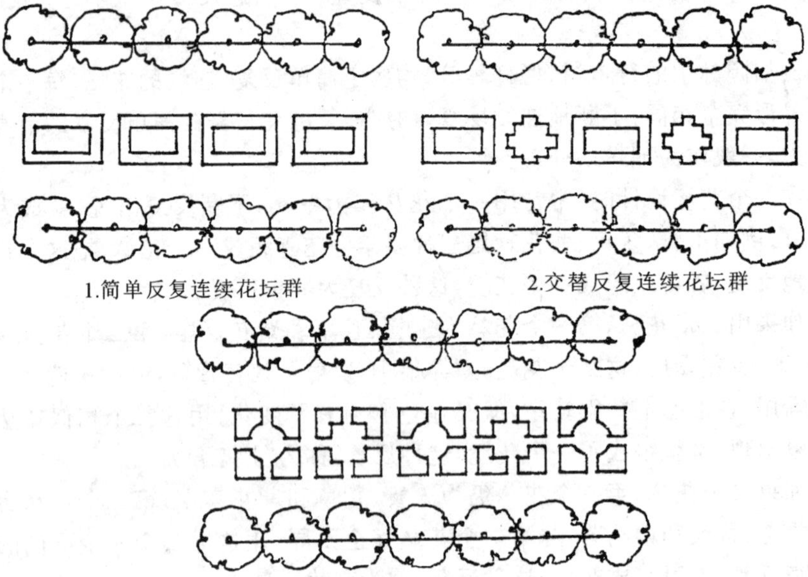

1.简单反复连续花坛群　　2.交替反复连续花坛群

3.拟态反复连续花坛群

图 3-6　反复连续花坛群

在静态布局中，有主景、背景，配景之分。其中主景必须突出，背景从烘托方面来陪衬主景，配景则从调和方面来强化主景，把一个静态布局反复演进以后，就构成连续序列布局，连续的主景构成了布局的主调，连续的背景，构成了布局的基调，连续的配景构成了布局的配调。

在连续布局中，主调必须自始至终贯穿整个布局，基调也必须自始至终贯穿整个布局，但是配调则可以有一定的变化。

在整体布局中，主调必须突出，基调和配调在布局中也不是可有可无的，不是偶然存在的，必须对主调起到烘云托月，相得益彰的作用。

以种植设计为例，颐和园的苏州河两岸的林带，以油松、海棠、平基槭、山楂、紫丁香等植物组成的树丛为基本单元，把这个基本单元不断地进行拟态反复连续（基本单元中，树种不但变化每种树木的数量，株行距排列组合的位置均有变化，这种反复也可称为拟态反复），两旁的林带，春天以粉红的海棠花为主调，以紫红色的丁香，平基槭嫩红的新叶与黄绿色的山楂为配调，以油松为基调；秋天则以红叶的平基槭为主调，油松为基调，其余为配调；冬天则以油松为主调，其余为配调；其中油松、平基槭，海棠三个树种，必须自始至终贯穿在整个苏州河两岸，（目前平基槭、油松，贯穿在苏州两岸，但春景缺少如海棠等主调）基调与配调，好像是音乐中的伴奏或和声，而主调则是音乐中的主题。

如果苏州河两岸春天的主调，一段为海棠，一段为碧桃，一段为梨，一段为丁香；作为基调的常绿树，一段为油松，一段为云杉，一段为桧柏；那样整个构图就显得杂乱而不统一。

在花镜设计和带状花坛设计中也是一样，作为花镜基调的背景绿篱，不能一段为黄杨，一段为侧柏，一段为小叶女贞，整个绿篱必须以一个树种贯穿到底，整个花镜如以鸢尾为主调，则鸢尾必须自始至终贯穿于整个花境中，作为配调的滨菊，石竹等，则可以变化。

种植设计中的主调，并不是固定的，由于季相的变化，主调也就随着变换，这就涉及到连续序列布局“转调”的问题。

任何一个连续布局，不可能无休止地永远以一个主调连续下去，因此，在构图演进到一定阶段可以分段的时候，原来的主调就可以逐渐收缩，转入另一个新的主调。转调的问题，一般可以分为两种情况，第一种是缓转调，第二种是急转调。缓转调采用逐渐过渡的形式，例如一个以油松为主体的树丛，不断用拟态反复演进的林带，到了转调时，在作为反复单元的树丛中，原主调油松的成分逐渐减少，新主调如白皮松的成分逐渐增加，然后油松比例更大地下降以至消失，全部为白皮松所代替，最后，油松在白皮松丛中再零星的出现几株就不再有了，这时白皮松完全代替了新的主调，这种转调，称为缓转调。缓转调在连续构图分段不很显著的场合下也可应用。

急转调时，必须很好地与构图的分段相结合，例如连续花境每隔十米有一绿篱分隔时，则每隔一段的主调可以变换，又如一段以牡丹为主调，另一段则以月季为主调，再一段又可以牡丹为主调。如圆明园中，每一个空间，都可以有不同的主题；在颐和园苏州河中，作为主调的树种和基调的树种，可以始终不变，但作为配调的树种，可以根据河流空间的一开一合来转调。第一个空间，可以有不同的配调，因为两个不同的空间，游人虽可以连续观赏，但两个空间在视线上不能全部透视，使两个对比强烈而不同的景区，不能在同一视域内同时看到，因此不能产生因过分的对立而不调和的现象。陆游诗：“山重水复疑无路，柳暗花明又一村”。就是这种急转的连续风景。

直线规则式园路，不能用缓转调的办法更换树种，必须用急转调，主要在道路转折或交叉处来转调和变换树种。

自然式的曲折园路，须应用缓转调的办法，在道路曲折或交叉处逐渐变换树种，不能突然更换树种。

(3) 连续序列布局的分段及其发生、发展和结束

园林静态构图，在空间上不是无边无际的，空间在三个单元以上的具有一定的规定性。在动态布局时，第四个单元在时间的处理上，不是无始无终的，也是有一定的规定性。一个序列布局必然有开始、有发展、有结束，一个连续

布局，在整个演进过程中，不应是平铺直叙，从头到尾都没有变化。

连续构图，除了在整个演进过程中，节奏上自始自终要有主调、配调和基调之分，同时，在连续构图的结构上，要有阶段之分。各个阶段在构图中，要体现出风景的开始、发展和结束的时间艺术的构图特征来。在戏剧中，把整个剧本分为几幕几场，每一幕每一场戏，是全部戏剧中的一个段落，每个段落，都自成为一个相对独立的局部，但是幕与幕，场与场，对整个剧本来说，相互之间，有联系、有呼应，有主次之分，根据剧情的发展，则又有序幕，转折，高潮，尾音之别。

园林连续构图，在风景展开的演进过程中，通常可分为三个主要段落，即："起景"，"高潮"和"结束"三个阶段。以颐和园的佛香阁建筑群为例，排云殿为主体的局部为整个连续构图的"起景"，以佛香阁为主体的局部为整个连续构图的"高潮"，以智慧海为主体的局部则是整个连续的"结景"。其中的"高潮"是整个连续布局的"主景"，是布局中主题思想集中表现的主要局部，其中的起景与结景，是陪衬和烘托高潮（主景）的配景，是布局的次要局部，这种连续序列布局，分为三个阶段，可以称为三段式的序列布局。

还有一种情况，把三段式布局的"高潮"与"结景"结合起来，风景演进到"高潮"就作为布局的结束，这种情况常常运用于纪念性园林的设计，而将其构图形式称为二段式的序列布局。

中国园林的"起景"和与高潮相结合的"结景"，在艺术处理上，可以引用清代画家王昱在《东庄画论》中，对山水画的"起"和"结"的论点来说明。他说："一起，如奔马绝尘的，须勒得住而又有住而不住之势；一'结'如众流归海，要收得尽而又有尽而不尽之意。"以颐和园为例，在进园以后，到达昆明湖边，万寿山、玉泉山，西山诸风景奔来眼底，真有"一'起'如奔马绝尘"的气势；到了全园的高潮佛香阁时，居高临下，湖山如画，昆明湖一望无际，则又达到了"一'结'众流归海"的境界。

连续序列布局发展的形式，不外乎三段式和二段式两种，其中二段式，系由三段式简化而成，复杂的连续序列布局，在细节上，还有许多穿插，但是就整个布局关键性的段落来看，仍然可以归纳为三段式和二段式两种。较复杂的的连续序列布局的发展形式，可以用下列形式来表示。

三段式：序景—起景—发展—转折—高潮—转折—收缩—结景—尾景。

二段式：序景—起景—发展—转折—高潮（结景）—尾景

连续序列布局的形式，可以有规则式和自然式之分。

规则式的连续序列，景物沿着明显的中轴线展开，轴线两侧的配景，左、右对称，前面所提佛香阁建筑群，就是规模宏大的规则式连续构图。

大型的规则园林，如法国巴黎的凡尔赛宫，其纵横放射的每一条轴线，都构成了完整的规则式连续序列布局，全国以主轴构成的连续构图为主景，付轴构成的连续布局为配景。

自然式的连续序列，景物沿着园林的自然式主干道、自然曲折的河流及水系展开，如颐和园后山苏州河便是。

2. 季相交替布局

园林植物，由于物候期的变化，植物随着季节的推移而时刻变换着外貌，植物题材是园林构图的主题，由于植物的季相变化，也就引起了园林风景面貌的季相变化，在风景构图中，对于这种景观的季节变化，并不是听任自然，不经安排的。把园林景观在一年四季中的变化，根据园林多种功能的综合要求与艺术节奏结合起来，做出多样统一的安排，就是园林季相构图。而季相的变化是一年一度，周而复始重复出现的，因而称为季相交替构图。

以西北、华北地区植物的物候变化来看，构成园林华丽季相的露地花木的花期演变如下。

2 月下旬、3 月上旬开花的有黄色的腊梅与迎春，3 月下旬、4 月上旬开花的有红色的贴梗海棠、粉色的碧桃和金黄的连翘等，4 月中旬开花的花木很多，主要有榆叶梅、紫荆、杏、毛樱桃、玉兰、海棠等，4 月下旬开花的有丁香、海棠、樱桃、梨、苹果、李、紫藤等，4 月下旬、5 月上旬开花的有牡丹、黄刺梅、文冠果、红花槐等，5 月中旬止 6 月上旬开花的有山楂、太平花、白玉堂、玫瑰、月季、刺槐等，6 月中旬开花的花木，就逐渐稀少，有珍珠梅(6 月中～7 月中)，紫薇(7 月中～9 月下旬)，木槿(7 月下～9 月下旬)，合欢(6 月中～7 月下旬)，凌霄(6 月～9 月下旬)。至 9 月下旬以后，就没有什么华丽的花木了。

从落叶树叶色的季相变化来看，西北、华北 3 月上旬止 4 月上旬最早发叶的乔木为垂柳、青杨、山桃等；发叶和形成树冠晚的，如 5 月上中旬才发叶的乔木有：合欢、洋槐、桑、枣、黄连木、板栗等；落叶最早，在 10 月下旬就开始落叶的乔木有：白腊、枣、臭椿、小叶杨、胡桃、柿、栗、合欢等；落叶最晚，迟至 11 月中下旬落叶的乔木有七叶树、毛白杨、皂荚 、柳树、朴树、苹果等；其中发叶早，落叶晚的有柳树、苹果、杨树等；发叶晚落叶早的乔木有：合欢、枣、柿、臭椿、白腊、君迁子、板栗、胡桃、桑等。

落叶树一年四季的叶色变化，也是很丰富的，春天，柳树的新绿是鹅黄色的，青杨的新叶是嫩绿色的，七叶树的新叶是嫩红色的，栓皮栎的新叶是土黄色的；至盛夏钻天杨、加拿大杨的叶色是墨绿色的，毛白杨、银白杨、桂香柳的叶色是粉绿色的，杨柳、合欢、刺槐的叶色是草绿色的；至秋季，从 10 月中、下旬起，银杏、白腊、钻天杨的叶色变为金黄色，平基槭，黄栌、野漆、柿子、山楂、大果榆、梨、黄连木、小蘖、地锦等叶色变为暗红或橙色，槲树、板栗、栓皮栎等叶色变为灰褐色。

在果实方面，从5月中下旬起红了樱桃，8月中旬起紫了葡萄，从8月下旬起，海棠果熟了，到了9月中、下旬，红艳的苹果和紫红的山楂挂满树梢，9月下旬10月上旬，橙色的柿子在树顶闪着耀眼的光芒。

所以在园林中的许多植物，从开花到结果，从展叶到落叶，像交响乐一样，时刻变化着，从色彩，光泽和体形，都像音乐一样流动着，从大型的风景区，到小型的花园的规划，从大型密林、疏林到小型花坛、花境的植物搭配，在季相构图上，都要做到不能偏荣偏枯，一年四季，要做到有序曲，有高潮，有结尾，每一个园林，每一种植物类型，在季相布局上，应该各有特色，应该各有不同的高潮。有的园林，可以春花为高潮，有的园林，可以秋实为高潮。

在具体的植物搭配上，春天红枫的嫩红新叶与嫩绿的黄杨搭配起来，白色的珍珠花与大红的贴梗海棠搭配起来，金黄的连翘与红色的榆叶梅搭配起来；5月间黄色的棣棠、黄刺梅与紫色的丁香搭配起来，可以得到季相华丽的对比。在一个树林或是一片混交密林，要把此起彼落的色彩交替安排好。为了使季相构图巧妙、精致，应对本地区的园林植物物候期有详细的了解。才能作到在园林季相构图中，既能"春季早临"，又能"挽留秋色"。

在城市绿地系统规划时，无论是公园绿地还是专用绿地及其他生态绿地，应该做到四季美观，重点照顾春秋两季。全市性公园，则在一般地区，仍然要照顾四季美观，以满足附近居民的需要，但全园在季相构图上，必须有与其他城市公园所不同的特色。例如杭州西湖风景区四周的风景点的规划，在季相布局上，就各有其特点，孤山以初春的梅花为主，典院风荷以夏季的荷花为主，花港观鱼以暮春的牡丹为主，苏堤春晓以早春的桃花为主，雷峰夕照以晚秋的红叶为主，满觉陇以中秋的桂花和板栗为主。

在森林公园和自然风景区各景点中，不必要求四季照顾反而要突出季节特色，更能吸引游人，例如杭州满觉陇，到了中秋，桂花飘香，板栗成熟，大量游人，蜂涌而来。

在大型公园中的出入口处，游人集中的公共建筑附近，构图中心等地区，要求四季美观，在安静休息区的大面积区域，可以和专类花园结合起来，规划许多具有季节性特色的专类景区，使园林的构图中心，随着季节的推移而变换。

夏季的季节性园林，可以荷花为主题，春季可以用生产香精的玫瑰为主题，建立玫瑰园，而以苹果、海棠、梨等为主题，春季可以观花，秋季可以观果，秋季红叶黄叶为主题的季节园林，可以乌柏、柿子、银杏、山楂等为主题观赏红叶、黄叶。因此，园林景观与高科技生产相结合构成的田园景色，是发展现代观光业的又一条途径。

除了规划以外，季相交替，在各种种植类型的安排上，也十分重要。同一个花坛，有一年四季的季相安排，同一个花镜，同一个花群，同一条林带，同一片疏林或密林，同一条园路的路旁栽植，同一个建筑四周的种植设计，都要安排一年四季的季相构图，不能一季开花，一季萧条，呈现偏荣偏枯的现象。同时各种种植类型的季相设计，必须根据植物生长的物候期和生态要求来设计。

3.3.3 园林色彩构图艺术

1. 色彩的概念和感觉

(1) 色彩的概念

色彩　日常用语中所指的“色彩”一词，系指所有可见波长的色光，在我们视网膜上所引起的一切色觉，不论其色相如何、色调如何、饱合度如何，统称为“色彩”。

(2) 色彩的感觉

色彩对人们的感觉是极为复杂的，这与园林色彩构图关系密切，需要对它有所了解，如果单独从色彩这一角度孤立地考虑问题，往往会得出互相矛盾的结论。如同样的红色有人看后很兴奋，觉得它有象征着热情、欢腾、强烈、勇敢、喧闹、浓艳的意味；而有人看后却害怕，感到恐怖、骚动与不安。因此，我们去探讨色觉时，一方面要从色彩本身容易引起人们思想感情的客观反映和一般规律出发，另一方面又必须和具有色彩表现的物体和艺术品的内容及思想主题相融合，从对人们的联想影响、艺术传统的影响、民族的喜好，不同民族的传统联系起来综合考虑，才能正确地理解和应用。

我们看到鲜红的石榴花和鲜红的血迹，感受绝不相同，这是与事物的内容联系起来有关；我们民族习惯以素服黑纱表示对死者的哀悼，以白和黑表示悲痛的气氛；而西方民族习惯，是以红和黑表示哀悼和悲痛；而日本民族习惯以绿色表示哀悼和悲痛，这就与民族风俗习惯有关。因此了解色觉的一般规律，有助于我们在设计时处理好园林的色彩构图。关于色彩的感觉和应用在第1章中已有介绍，这里不再赘述。

2. 空气透视与色消视的艺术效果

唐代文学家王勃的《滕王阁序》名句“落霞与孤鹜齐飞，秋水共长天一色”描述了鄱阳湖傍晚的景色，真实的反映出色彩的空气透视和色消视现象。

同样的红色，近看和远观，给人的色光感也是有变化的，这是因为人们通过很厚的空气层，透视远处的色彩时，产生了色彩的空气透视所致。

由于空气的分子散射，天气晴朗、清澈无尘的空气是蓝色的，透过空气层的阳光，有一大部分短波长的青、蓝、紫色光被散射到空气中去，一切远景都笼罩在一层透明的蓝色的空气层中，好像在远景前方挂了一副透明的蓝色的帷幕，所以远景便呈蓝色。在舞台设计时，为了表现布景的天空深度，常常在布景的前方挂上一层蓝色的透明轻纱，使观众神往于风景深远的幻觉。

在园林中通过一片水面来观看远方景物，尤其在早晚空气湿度大，水面有薄雾时，景物有退远的错觉，色彩对比也较柔和。

白天当人们顺着阳光正面或者是背光欣赏远景时，色彩物面反射到眼中的色光，因为要透过很厚的空气层，所以色光本身也容易受到空气中微粒的散射，而大大减低其亮度，同时空气层愈厚，蓝色愈深，所以景物愈远愈倾向于蓝色。我们看最远的远山与天空的蓝色不易分辨，结果是远景受光物面，除减弱其原色相饱和度外，尚倾向于蓝色。即远景受光部分为减退饱和的原色相加空气的色相之混合色，而背光的阴影部分，则全部反映空气的蓝灰色，远景背光处及阴影处的色光，全部为空气的散射所填，表现的蓝色较受光处更饱和，更明显。

清晨和黄昏的情况，因为空气的散射光短波长色光很弱，透过的阳光呈红色和橙色，同时受光的物面，反射的也以红光为主，所以远景看起来，受光处呈亮红紫，背光处呈蓝紫色。唐诗："坐爱枫林晚"就是描写秋天红色的枫林，在傍晚投射了阳光的红色，显得格外红润可爱的情景。北京的香山，红叶多分布在东坡，以早晨或午前，有阳光照射时，效果最佳。

色消视，景物愈远，受光物面所反射的色光，因为要透过厚厚的空气层，受到微粒的散射，所以亮度就减弱，色相的饱和度也大大减低，最后便为空气本身的色彩所淹没，这样景物的色相由于距离增加而消失的现象，称为色消视。故当景物愈远，色相的饱和度愈减低，色相的对比愈不鲜明，色彩的运动感也随之减弱，色彩显得容易调和；而景物愈近，则色相愈饱和，亮度愈强色相对比也愈强，色相的运动感也愈强烈。

暗色调的色彩愈远就愈增加其明度，最后变为与空气同色的明灰色调；明色调的色彩愈远就愈减低其明度，最后也变为与空气同色的明灰色调。

总的来说，远景在色调上是明朗的，没有重的暗色调，在色调的对比上是缓和起来了，色相的饱和度是减退了，远景的色相与色调最后与空气同色，但空气的色彩又随着日光投射的方向和角度而有所改变。

了解了色彩与空气透视的关系，可以有意识地利用它来丰富园林景色的变化和增加艺术美感，如唐钱起诗："竹怜新雨后，山爱夕阳时"就道出了雨后和傍晚时看那些景物能引人入胜。另外，如果在园林风景中，要强调空间的深远，布置园林景物，尤其是种植设计时，就可以考虑作为近景的植物宜选用明暗对比强烈、叶色属于明色调和色相饱和的种类；如近于灰蓝色调的云杉、白皮松、翠蓝柏、桂香柳等作为远景或远方背景，可以加强空间的深远感。

但为了强调远方主景或焦点，使主景有突出前方的感觉时，则可以用饱和补色对比的色相，去装饰远景，看起来距离就会拉近。

3. 园林色彩的组成因素

色彩是物质的属性之一，因此，组成园林构图的各种要素的色彩表现，就是园林色彩构图，归类起来，也可以分为三大类。

① 天然山石、水面及天空的色彩；

② 园林建筑物、构筑物、道路、广场、假山石等的色彩；

③ 园林植物和动物的色彩。

其中以园林植物的色彩最为丰富多变。

(1) 天然山石、水面及天空的色彩

天然山石及天空的色彩都是自然形成的，而不是园林工作者可以任意塑造的。在某些情况下，天然的山石和天空的色彩往往成为园林色彩构图的重要因素，因此我们必须对这些素材的色彩表现的特点和它在园林中的运用有所了解，才能有意识地加以应用，使它们在园林色彩构图中起到应有的作用。

天然山石、地面和天空的色彩，在园林色彩构图中，一般都是将其作为背景来处理的。以远看为主，常见的天然山石的色彩常以灰白、灰、灰黑、灰绿、紫、红、褐红、褐黄等为主，大部分属暗色调，少数属明色调，如汉白玉灰白色的花岗岩等，因此，我们在以山石为背景，布置园林的主景时，无论是建筑或植物等，都要注意与山石背景的色彩有对比和调和关系，在以暗色调山石为背景布置主景时，主景的主体物的色彩宜采用明色调，容易起到好的效果。如浙江一带山上建的庙宇，外墙都涂成橙黄色，与山林的暗灰绿色有比较明显的对比，看起来很美观；另以香山的碧云寺为例，碧云寺的红墙、灰瓦和白色的五塔寺与周围山林的灰黑、暗绿色有明显的对比，远远就映入游人的眼里，吸引人们前往观看；而香山里面有一绿色琉璃塔，虽然在明度上与四周的山林有变化，但因在色相上比较类似，就不及碧云寺那样容易被人发觉和引人注目。在园林里，除了特殊情况外，很少有单纯成片裸露的天然山石作为背景，而是与植物配合在一起。山石形态色彩好的要显露出来，一般的或差一点的尽可能披上绿装；远山的色彩，因空气透视关系，一般呈灰绿、灰蓝、紫色相，对比不明显，但比较调和。

天空的色彩大家很熟悉，晴天以蔚蓝色为主，多云的天气以灰白色为主，阴雨天以灰黑色为主。而一天之中，以早晨和傍晚天空的色彩最为丰富多彩，故晨曦和晚霞往往成为园林中借景的对象之一。天空的色彩大部分以明色调为主，所以在以天空为背景布置园林的主景时，宜采用暗色调为主，或者与蔚蓝色的天空有对比的白色、金黄色、橙色、灰白色等，不宜采用与天空色彩类似的淡蓝，淡绿等颜色。天空的蔚蓝色由于空气透视的关系，越接近地平线越浅，渗入白色和黄色的成分越多，在园林和广场上设置青铜像时，多以天空为背景，效果较好。北海的白塔和天安门广场上的人民英雄纪念碑，以天空为背景，因仰角大，所以晴天的效果特别好。叶色暗绿的树种如油松，椴树等，种植在山上以天空为背景，效果也不错，如颐和园后湖的油松等。

在实际应用时，还要考虑到地方的气候特点，如阴雨天多的地方，以天空为背景的景物就不宜采用灰白的花岗岩。

水面的色彩，除本身呈现的蓝色外，其发蓝程度与水质的清洁和水深有关，园林中这里以反映天空及水岸附近景物的色彩为主。水平如镜、水质洁净的水面，由于光和分子的散射，它所反映的天空和岸边景物的色彩，好像透过一层淡蓝色的玻璃而显得更加调和及清晰动人，在微风吹来，水波荡漾的时侯，景物的轮廓线虽然模糊，但色彩的表现却更富于变幻，同时能给人们以巨大的艺术感染力，比如看江中夜月比抬头看天空的月亮更耐人寻味。

园林中水面的色彩表现贵在水质的透明程度，水质的透明度大，能清澈见底，当然能到达最佳的观赏效果，不过这要在有泉源或有自来水源的小池沼和溪流中才比较容易做到，而大的自然水面一般不易达到。所以对水面也只要求有适当的透明度就可以，要做到这一点就要控制水藻类的生长和污水地排入。如果园林中的水面污浊不清，就会大大降低风景效果，如颐和园的水面水质比北海和陶然亭的要清，给人的感受也就更好。

在以水面为背景或前景布置主要景物时，应着重处理主景与四周环境和天空的色彩关系。

(2) 园林建筑、构筑物和道路、广场、假山石等的色彩

这些园林要素在园林构图中，所占的比重一般来说不是很大，但由于这些要素和人们的游憩活动关系极为密切，往往是游人在园中游览活动最为频繁的场所，因此，这些园林要素的色彩表现对园林色彩的构图起着重要的作用。此外，由于这些要素都是人工建造的，色彩可以由人工来设计，所以又是园林工作者可以匠意独运的广阔内容之一。在实际工作中，一方面要掌握构成这些要素的各种材料的色彩表现，才能用起来得心应手；另一方面也应因地制宜、就地取材。

园林建筑，构筑物(包括纪念性构筑物，雕塑等)的色彩是构成这些对象美观与否的因素之一，如果色彩选配得当，可以起到锦上添花的作用。反之，如不加推敲将会极大地损坏这些对象给人形成的美感。

一般来说，在设计时，可以注意以下几点。

① 与园林环境的关系既要取得协调又要取得对比。在水边宜取用米黄，灰白、淡绿等，以淡雅和顺为主；山边宜选用与山体土壤、裸岩表面相近的色彩；绿树丛中，宜用红，橙、黄等暖色调或在明度上有对比的近似色。

纪念性构筑物，如雕塑，则宜选用与四周环境及背景有明显对比的色彩效果较好，因为这些对象一般色面较小，对比虽然强烈，但也容易调和。

② 结合所在地区的气候条件来考虑色彩设计。炎热地带应少用暖调，而寒冷地带宜少用冷调。

③ 园林建筑和构筑物的设色应能表达功能效果，做到表里一致，形式与内容的统一，以表现其应有的风格。如游憩性的园林建筑、亭榭、廊、茶室等的设色，以能激发人们愉快、活泼、兴奋、动人、安静等的思想情绪比较适宜，对一个建筑和构筑物本身来说，则要照顾到因所处的部位不同，其设色也要有所变化。

④ 因地制宜、适应当地群众的爱好。我国南北各地人民群众对色彩的选择和爱好有共同的优良传统，但也存在着地方色彩的差异，所以在考虑园林建筑等的色彩时，要适合大众的需要。

道路、广场与假山石的色彩，一般多为灰，灰白，灰黑，青灰，黄褐，暗红等色，色调比较暗淡、沉静，这也与材料有关，在运用时，也要注意与四周环境相结合。一般来说，不宜把道路，广场处理得刺目、突出，如在自然式园林的山林部分，宜用青石或黄石（黄褐色）的路面，而在建筑附近，可用浅蓝色或淡绿色的地专铺地；通过草坪的路面，宜采用留缝的冰纹石板或灰白色的步石路面。

假山石的色彩宜以灰、灰白、黄褐等为主，能给人以沉静、古朴、稳重的感觉。如果因园林材料的限制选用其他色彩，可利用植物巧妙地配合，以弥补假山石在色彩方面的缺陷。

(3) 园林植物和动物的色彩

在园林色彩构图中，动物是少数，有的园林中没有动物，因此可以不去考虑色彩的问题。不过对展示了一定数量的动物的园林来说，就要注意到这些动物的色彩与四周环境的关系，应有明显的对比，才能起到点缀和丰富园林色彩构图的作用。

园林植物是园林色彩构图的骨干，也是最活跃的园林色彩因素，如果能运用得当，往往能达到美妙的境界，许多名胜古迹的园林，因为有了园林植物四季多变的色彩，而形成了难得可贵的天然图画。如北京的香山红叶，对提高香山风景评价起到了非常重要的作用。

4. 园林色彩构图的艺术手法

园林空间的色彩表现不是由某个单一因子构成的，它是由天然的、人为的、有生命的和无生命的许多因子结合在一起而形成的，其中以园林植物的色彩最为丰富。英国皇家园艺学会出版过一套色卡共 202 张，每张上有四种不同纯度的色块，共计 808 种不同深浅的颜色，基本上包括了园艺植物可能出现的全部色彩。但植物色彩随季节而变化，除绿色维持的时间较长和较稳定外，其他颜色表现的时间比较短，正因其短，才使人珍惜和留恋，使园林景色多变，时进而景新。在进行园林色彩构图设计时，必须将各类素材的色彩在时空上的变化作综合考虑才能达到完美的效果。这里所说的色彩处理，是指那些可以受人摆布的色彩因素而言，但同时还需要考虑那些不以人们意志为转移的客观色彩因素，使两者很好地配合。

(1) 单色处理或类似色处理

园林空间是由多种色彩构成的，不存在单色的园林空间。就一种色相而言，其变化就很大。以绿色为例，它的波长在 505～510 nm 范围之内，用孟氏系统分类，有三种间色(亦称类似色)如蓝绿、绿和黄绿，有 9 种明度和 5 种纯度等级的变化，总共至少有 135 种不同色泽的绿色，再加上光源色和环境色的影响，其变化就更加丰富了。绿色是园林的基色，也就有 135 种类似色，因而单色处理也就包含着类似色处理。杭州花港观鱼公园中的雪松大草坪所形成的色彩可作为类似色处理的佳例(不包括后来添加的紫叶李和林缘的花镜在内)，雪松大草坪具有朴实无华、稳重大方的豪迈气派，这种感情效应是由绿色通过雪松[Cedrus deodara Loud]树群的形象和由其围合而成的 16 400 m^2 草坪空间所形成的。

纯净的单色处理是指用同一光流量的色光或同一种色相的处理，如在花坛、花带或花镜内只种同一种色相的花卉，当盛花期到来，绿叶被花朵淹没，其效果比多色花坛或花地更引人注目。自然界中出现的成片柳兰花(Epilobium angustifolium L.)，田野里出现大面积的油菜花(Brassica chinesis L. var. oleifera Makino)，荷兰沿公路两旁绵延数公里的单色郁金香(Tulipa gesneriana L.)，这些具有相当大面积的单一颜色的花坛所呈现的景象十分壮观，令人赞叹。适合作单色处理的花卉宜生长低矮，开花繁茂，花期长而一致，草本花卉中的花菱草(Eschschltzia californica Cham.)、金盏花(Calendula officinelis L.)、香雪球(Alyssum maritimum Lam.)、霍香蓟(Ageratun conyzoides L.)、硫黄菊(Cosmos sulphureus Cav.)和虞美人(Papaver rhoeas L.)等以及木本花卉中先开花后放叶的植物。

(2) 对比色处理

两种色互为补色时就是对比色，一组对比色放在一起，由于对比作用而使彼此的色相都得到加强，产生感情效应更为强烈，但对比强烈的色彩并不能引起人们的美感。只有在对比有主次之分的情况下，才能谐调在同一个园林空间中。例如万绿丛中一点红，比起相等面积的绿和红来更能引起人的美感。对比色处理在植物配置中最典型的例子是桃红柳绿，建筑设计中如华丽的佛香阁建筑群在苍松翠柏陪衬下分外庄丽悦目，光华照人。

(3) 调和色处理

我们在自然界中经常看到绿野与青天，黄花与绿叶，会感到一种平静、温和与典雅的美。黄、绿、青三色之间含有某种共同色素，配合在一起极易调和，故又称调和色，在色彩学上也称类似色。这里暂把这两种名称区分开来，类似色是同一色相的不同明度和饱和度的各种颜色，以此区别于调和色。例如花卉中的半支莲（Portulaca grandiflora Hook.），在盛花时色彩异常艳丽，却又十分调和。半支莲有红、洋红、黄、金黄、金红以及白色等花色，其中除白色等中性色外，其余都是调和色。波斯菊（Cosmos bipinnatus Cav.）有紫红、浅紫色和白色等花色，栽在一起浓淡相宜，十分雅致。

在园林中类似色和调和色处理是大量的，因为容易取得协调，对比色的应用则是少量的，较多地是选用邻补色对比，这样容易取得和谐生动的景观效果。

（4）渐层

渐层是指某一个色相由深到浅，由明到暗或反之的变化，或由一种色相逐渐变为另一种色相，甚至转变为互补色，这些因微差引起的变化和由一个极端变为另一个极端都称为渐层。蓝色的天空和金黄色的霞光之间充满着渐层变化。同一色相在明度和饱和度上的渐层变化给人以柔和与宁静的感受；从一个色相逐渐转变为另一色相，甚至转变成补色相，这种渐层变化既调和又生动。在具体配色时，应把色相变化过程划分成若干个色阶，取其相间1－2个色阶的颜色配置在一起，不宜取相隔太近的，也不宜取太远的，太近了渐层变化不明显，太远又失去渐层的意义。渐层配色方法适用于布置花坛、建筑，也适用于园林空间色彩地转换。用不同色阶的绿色植物构成具有层次和深度的园景，这一点犹为重要。

（5）中性色的运用

青瓦粉墙是中国民用建筑特色的传统。园林中常以粉墙为纸，竹石为画，构成一幅幅风吹影动，花影移墙的立体画面，生动而富有韵味。白色的园林建筑小品或雕塑在绿色草坪的衬托下显得十分明净。园林景色宜明快，因而在暗色调的花卉中混入适量的白花，可使色调明快起来。把白花混入色相对比较强烈的花卉中可使对比强度缓和。夏季在暖色花卉中加进白色花卉，不仅能使色彩明快，而且可起减热作用；冬天在冷色花卉中加进白色，可起增暖作用。

灰色在现代园林中常见诸于建筑、路面、塑石、围墙和高低栏杆上，因为灰色是水泥本色。作为现代建筑材料的水泥在园林中应用已愈来愈广泛。自然界中的灰色可使人产生空虚、迷茫以及远离的感觉，如透过树林看到一堵灰墙，会使人产生错觉，疑是灰茫茫的天空。灰色天空可使园林环境的色彩变得柔和。

金黄多半应用于建筑室内外的装饰，如寺庙和宝塔的金顶、佛像的全身、建筑彩绘、嵌条、灯饰及家具等，在园林内常用于雕塑上，如苏联夏宫中的雕塑都是喷金的，在日内瓦湖上有一闪光的镂空球体就是金色的。银色用于灯饰及栏杆上。一些金属色彩，如不锈钢、紫铜等材料构成的抽象球体，都能给园林空间带来光环的色感。

（6）色块的镶嵌应用

自然界和园林中的色彩，不论是对比色还是调和色，大多是以大小不同的色块镶嵌起来的。如蓝色的天空、暗绿色的密林、黄绿色的草坪、闪光的水面、金黄色的花镜和红白相间的花坛等。利用植物不同的色彩镶嵌在草坪上、护坡上、花坛中都能起到良好的效果。除了采用色块镶嵌以外，还可以用花期相同、植株高度一致而花色不同的两种花卉混栽在一起，可产生模糊镶嵌的效果，从远处看去，色彩扑朔迷离，使人神往。

在园林建筑的墙壁上，色彩镶嵌的应用较多。马赛克壁画就是一种色彩镶嵌。用两三种颜色的石屑干粘在墙面上，也能产生模糊镶嵌的效果。

（7）多色处理

单色彩的园林空间是不存在的，而多色彩的空间却到处皆是。杭州花港观鱼公园中的牡丹园是园林植物多色处理的佳例。牡丹盛开时有红枫与之相辉映，有黑松、五针松、白皮松、构骨、龙柏、常春藤以及草皮等不同纯度的绿色作陪衬，谐调在统一的构图中。用红石板砌成石柱，配以白色的木架，爬以绿色的紫藤，缀着紫色的花朵，这也是多色处理。成片栽种色相不同的同种花卉，如半支莲、矮牵牛、石竹、美女樱、百日草、小丽菊以及月季花等也是多色处理。有些花卉的花朵本身就有几种色彩。选择花期一致、品种不同的花卉配置在一起，构成花境或模纹花坛，这也是多色处理。多色处理中有调和色也有对比色，调和色应用是大量的，对比色是少量的，这样可给人以生动活泼的感受。

5. 园林空间色彩构图

在了解园林景物色彩的特点和色彩的艺术处理后，便可考虑园林空间的色彩构图。园林空间变化极为丰富，在总体规划思想指导下，每一个空间构图都应有其特色，这个特色包括空间造型的景物布置和色彩表现，前者是后者的构图依据。没有丰富特色的空间景物结构，则色彩无以附丽，但如只考虑景物结构而无视色彩的景观效果，则景物结构之美终将毁于一旦。所以在进行色彩构图时务虚慎重，需要从以下两个方面加以考虑。

（1）适应游人的心理

在寒冷地区和寒冷季节，暖色调能使人感到温暖，在喜庆节日和文化活动场所也宜选用暖色调，暖色调使人感到热烈与兴奋。在炎热地区和炎热季节，人们喜欢冷色调，冷色调使人感到凉爽与宁静，因此在宁静的环境中宜采用冷色调，以加强环境的宁静气氛。人们在过于热烈的环境中渴望宁静，在过于宁静的环境中又希望得到某种程度的热烈与兴奋。所以在一个园林中既要有热烈欢乐的场所，也要有幽深安静的环境以满足各种游人的心态。这样不仅能使游人心理活动取得平衡，而且可使空间景物富于变化。用颜色来创造环境气氛是很重要的，而色彩表现则是由构景要素的天然色彩和人工色彩配合而成的。

（2）确定基调、主调、配调和重点色

色彩构图要确定基调、主调、配调和重点色。园林色彩的基调决定于自然，天空以蓝色为基调，地面以植被的绿色为基调，这是不以人们意志为转移的，重要的是选择主色调、配色调和重点色。

园林中的主色调是以所选植物开花时的色彩表现出来的，例如杭州植物园的主色调，在早春白玉兰盛开时为白色，在樱花盛开时又变为粉红色，当枫叶变色时又变为红色。所以园林中的主色调是随时令而改变的。

配色调对主色调起陪衬或烘托作用，因而色彩的配调要从两方面考虑，一是用类似色或调和色从正面强调主色调，对主色调起辅助作用；一是用对比色从反面强调主色调，使主色调由于对比而得到加强。产生主色调的树种，如果花色的明度和纯度都不足的话，则该树种应该种得多些，以多取胜，如樱花（Prunus mume Sieb. et Zucc）；如果花朵色相的明度和纯度都很强，则该树种的栽植数量可以适当减少，如垂丝海棠（Malus micromalus Mak.）。

重点色在园林空间色彩构图中所占比重应是最小的，但其色相的明度和纯度应是最高的，具有压倒一切的优势。如杭州植物园分类区主题建筑“植园春深”的立柱是大红色的，这种红色的明度和纯度都强过周围环境中的其他颜色，起到重点色的作用。

自然界的色彩充满着对比与调和的变化，如红花与绿叶；蔚蓝色的天空与金黄色的阳光以及物体上的阴与阳等等，这些色彩均属于对比效果。而绿树、绿草由于植物的种类和品种不同，呈现出各种不同的绿色，都是调和色。被阳光笼罩下的各种物体上不同的暖色以及阴影中各种物体上不同的冷色等，也都属于调和的效果。在调和之间和调和转向对比之间又常常呈现渐变的过程。如蔚蓝色的天空在阳光万道之间呈现出橙、橙黄和湛蓝、蓝、淡蓝、乃至灰、灰白等色的现象都是色彩渐变的效果。色彩是个复杂的问题，它直接作用于人的感官，产生感情反应。色彩处理得好，就能成为园林环境中最强烈的美感之一；如果处理不好，可能造成色彩公害，影响人们的心理健康。大自然中的色彩千变万化，是美的创作源泉，为了创造优美的造型环境，必须仔细观察自然界中丰富的色彩变化，掌握各种构景要素的色彩和人工色彩的调配规律，才能大胆而有创造性地进行园林色彩构图，把祖国的园林建设得更加绚丽灿烂、丰富多彩。

§3.4 中国传统园林的意境处理

3.4.1 意境

1. 什么是意境

朱光潜等认为:意境是文艺作品中所描绘的生活图景和表现的思想感情融合一致而形成的艺术境界。

李泽厚认为:意境包含两个方面即生活形象的客观反映方面和艺术家情感理想的主观创造方面……我们把前者称为境、后者称为意,意境是在两方面,的有机统一中反映出来的客观生活的本质真实。

宗白华认为:意境是一个有高度、深度、阔度的想像空间,这个想像空间是个多层次呈现的审美结构,至少可以分为三层,一层比一层更深的情同时渗入的更深的景,一层比一层更晶莹的景,景中全是情。

还有人认为:意境是一种艺术氛围,艺术情趣,艺术意脉等等。

意境的渊源,可追溯到庄子,《庄子天下篇》:"独与天地精神往来而不傲倪于万物"、《庄子·齐物论》:"天地与我并生,万称与我为一"等思想,给我物合一、情景交融的美学理论提供了哲学依据,庄子追求的与大自然合而为一的无差别境界,与以后诗人,艺术家所追求的我物合一、情景交融一脉相承。庄子在《齐物论》中有一个物我合一的著名范例:"昔者庄周梦为蝴蝶。栩栩然蝴蝶也,自喻适志欤?不知周也。俄然觉,则蘧蘧然周也。不知周之梦为蝴蝶欤?蝴蝶之梦为周欤?周与蝴蝶则必有分矣,此之谓物化。""物化"正是意境的基本方法和途径。怎样才能达到"物化"的境界?《庄子·天道篇》云:"水静则明烛须眉,平中准,大匠取法焉。水静犹明,而况精神?圣人之心静乎天地鉴也,万物之境也。"夫虚静恬淡寂寞无为者,天地之平而道德之至。的由此可知,造就可成为"天地之鉴,万物之境"的精神境界是"物化"的基本条件。谢灵运的山水诗是很有意境的,在这意境创造的后面,是"达人贵自我,高情属天云。"的精神境界。

唐代著名诗人王昌龄在《诗格》中指出:"诗有三境。一曰物境:欲为山水诗,则张泉石云峰之境,极丽绝秀者,神之于心,处身于境,视境于心,莹然掌中,然后用思,了然境象,故得形似。二曰情境:娱乐愁怨,皆张于意而处于身,然后驰思,深得其情。三曰意境:亦张之于意而思之于心,则得其真矣。"

如果说意境是我物合一,情境交融,那么,景与情,物与我中的景与物是客观的景与物,情与我则是作者或艺术家的认知与精神,这种认知与精神,王昌龄在《诗格》中称为"意":"凡属文之人,常须作意,凝心天海之外,用思元气之前，巧运言词，精练意魄。”“凡作诗之体，意是格，声是律。意高则格高……用意于古人之上，则天地之境，洞为可观。”唐代权德舆认为：“凡所赋诗，皆意与境会。疏导情性，含写飞动，得之于静，故所趣皆远。”

意境与境界不同，境界含有层次的意思，如我们说，达到某一境界；意境则是物与我、景与情融为一体的某种既非物质的客观的，也非主观的精神的混沌状态，这种如胶似漆，难解难分的混沌状态，可大可小，瞬时即逝，人处其中而忘我，物构其景而感人，物我合一而难分。

意境是在情景交融的基础上所形成的一种艺术境界、美的境界。它以意蕴、情趣取胜。在意境中写景是为了抒情，是化景物为情思，也是化情思为景物。意境不是机械地模仿自然，而是艺术家创造的一种新境，它能在有限中展示无限，即所谓“言有尽而意无穷”，把握意境的审美特征不仅要考察艺术家创造的作品，还应研究欣赏者的再创造。意境产生于艺术家的创造，完成于欣赏者的想像。刘禹锡所说的“境生于象外”这里提到的“境”，既指艺术家所创造的意境，也指欣赏者通过想像所把握的意境。意境能对欣赏者产生深刻持久的感染力。

意境是客观（生活、景物）与主观（思想、感情）相熔铸的产物。意境是情与景的结晶。意（情）和境（景）的关系也就是心与物的关系。王夫子曾说：“情景名为二，而实不可离。神于诗者，妙合无垠。巧者则有情中景，景中情。”又说：“景中生情，情中含景。故曰景者情之景，情者景之情也。”

在意境的形成中，境是基础，这里所说的境，不仅指直接唤起情感的某种具体的景色，而且指与这些景物相联系的整个生活。祝允明有句话说得较透彻：“身与事接而境生，境与身接而情生。”这里所说的“事”是指生活、事件；“境”指与生活相联系的景物，不同于前面刘禹锡所说象外之境。情感正是由特定生活条件下的景物所引起的。在意境中“景中情”，情是消溶在形象中。刘熙载曾说：“山之精神写不出，以烟霞写之；春之精神写不出，以草树写之。故诗无气象，则精神亦无所寓矣。”“境”虽然是形成意境的基础，但在意境中起主导作用的仍是情、意。

我们说情、意是主导，肯定情、意在意境形成中的作用，但并不是说情、意是意境产生的源泉，意境的形成要有生活基础，这是前提。见景生情，再缘情而取景，这是在构思过程中情景的交互作用，然后在作品完成时才能寓情于景，达到在艺术形象中的情景交融。

2. 意境的本质特征

(1) 情真景真的真实特征

王国维《人间词话》：“大家之作，其言情也必沁人心脾，其写景也必豁人耳目。……以其所见者真，所知者深也。”“喜怒哀乐，亦人心中之一境界。故能写真景物、真感情者，谓之有境界，否则谓之无境界。”

(2) 情景交融的形象特征

王夫子《姜斋诗话》：“情景虽有在心在物之分，而景生情，情生景，哀乐之触，荣悴之迎，互藏其宅。”

(3) 虚实相生的结构特征

宋代诗人梅尧臣说：“必能状难写之景，如在目前，含不尽之意，见于言外，然后为至矣。”黄宾虹认为：“全局有法，境分虚实。”意境是由景与情，物与我融合而成，实境是指逼真描写的景、形、境，是客观事物的再现，所以又称“真境”、“事境”、“物境”等，而虚境则是指由实境诱发和开拓的审美想像的空间，它一方面是原有画面在联想中的延伸和扩大，另一方面是伴随着这种具像的联想而产生的对情、神、意的体味和感悟，即所谓不尽之意，所以又称：“神境”、“情境”、“灵境”等。

虚境是实境的升华，它体现着实境创造的意向和目的，体现着整个意境的艺术品位和审美效果，制约着实境的创造性与描写，处于意境结构中的灵魂和统帅的地位，因此才有神境、灵境的别名。明代都穆《学诗诗》：“学诗浑似学参禅，语要惊人不在联。但写真情并实境，任他埋没与流传。”清人许印芳认为：“功侯深时，精义内含，淡语亦浓；宝光外益，朴语亦华。既臻斯境，韵外之致，可得而言，而其妙处皆自现前实境得来。”笪重光《画筌》：“真境逼而神境生。”

艺术家(画家)在创作过程中，面对景物是实境，脑中的构思是虚境，其作品是物(景)与人(情)融合的结果。我们在观赏艺术作品时，画是实境，我们的感受和联想是虚境，我们被吸引、被感动、“三月不知肉味”“余间绕梁，三日不绝”是物(景)与人(情)融合的结果。

(4) 韵味无穷的审美特征

明代陆时雍《诗境总论》：“有韵则生，无韵则死。有韵则雅，无韵则俗。有韵则响，无韵则沉。有韵则远，无韵则局。物色在于点染，意态在于转折，情事在于犹夷，风致在于绰约，语气在于吞吐，体势在于游行，此则韵之所由生矣。”所谓的韵味，就是由物色、意味、情感、事件、风格、语言、体势等诸种因素共同构成的美感效果。

如李白《忆秦娥》：“箫声咽，秦娥梦断秦楼月。秦楼月，年与柳色，灞陵伤别。乐游原上清秋节，咸阳古道音尘绝，音尘绝，西风残照、汉家陵阙。”王国维称：“太白纯以气象胜，‘西风残照，汉家陵阙’寡寡八字，遂关千古登临之口。”此词长吟远慕，气势博大，意境苍凉沉郁，情韵丰富，有历史与现实、神话与人世，目睹与暇想，清丽与哀婉，苍凉与悲壮等多种韵味，使人回味无穷。

3. 意境为什么能引起强烈的美感

(1) 意境具有生动的形象

“意境”引起人的美感，首先就是它的生动形象。意境中的形象集中了现实美中的精髓，也就是抓住了生活中那些能唤起某种情感的特征，意境中的景物都经过情感的过滤，芜杂的东西都被过滤掉了，所以说是情中景。

(2) 意境中饱含艺术家的情感

有人说“以情写景意境生，无情写景意境亡”，这是有道理的。在这里自然的特征和艺术家情感的特征是统一的，而且前者从属于后者。当自然景物被反映在艺术中，它就不再是单纯的自然景物，而是一种艺术语言，透过自然景物表现了艺术家的思想感情。刘熙载《艺概》：“志士之赋，无一语随人笑叹。”“赋欲不朽，全在意胜。”

(3) 意境中包含了精湛的艺术技巧

意境是一种创造。在意境中所使用的语言、色彩、线条都是很富有表现力的，既表现了情感，也描绘了景色的美。如毛泽东词句：“看万山红遍，层林尽染，漫江碧透，百舸争流，鹰击长空，鱼翔浅底，万类霜天竞自由，怅寥廓，问苍茫大地，谁主沉浮”又如郑板桥联：“删繁就简三秋树，标新立异二月花。”没有艺术技巧，则无法表达自己的思想、情感和感受到的各种各样的美。

(4) 意境中的含蓄能唤起欣赏者的想像

意境中的含蓄，使人感到：“言有尽而意无穷”、“意在言外，使人思而得之”。意境的这种特性是和它对生活形象的高度概括集中分不开的。

意境是主观与客观的统一，是客观景物经过艺术家思想感情的熔铸，凭借艺术家的技巧所创造出来的情景交融的艺术境界，诗的境界。

3.4.2 中国传统园林意境的处理

中国艺术和西方艺术，中国美学和西方美学，其重要的区别就是：是否强调审美意境的创造。意境作为中国古典艺术的特构，无论是对于诗词、绘画、音乐还是对园林乃至盆景的创作来说，都能赋予灵魂，灌注生气，化景物为情思，变心态为画面，从而使作品近而不浮，远而不尽，意象含蓄，情致深蕴，从而以其特殊的美的魅力，引人入胜，耐人寻思。

艺术作品的意境首先是一个审美系统，它是由若干相关相生、互渗互补的元素所构成的完整统一的、形有尽而意无穷的、深邃的艺术空间。园林的意境美更是如此，其构成的诸要素具有突出的相关性和内聚力。然而，园林美的意境却有赖于两大序列诸要素的有机相关性和结构完整性，有赖于符合园林意境的规律的意匠经营和整体章法。亚里士多德认为，“美与不美，艺术作品与现实事物，分别就在于美的东西和艺术作品里，原来零散的因素结合成为统一体”。艺术美是如此，作为中国艺术核心的意境美，更是如此。

在园林的艺术空间里，无论是地位最为突出的物质性建构三要素——建筑、山水、花木，还是其他物质性建构或精神性建构元素，当它们一旦服从于园林意境整体生成诸规律的控制调配，一旦纳入了意境统一体的审美系统，作为一个艺术的有机部分来处理时，就能和其他要素呼吸照应，互为联系，活现出一个独特的境界来。

中国古典园林虽然“宛如天开”，但它不仅是自然的镜子，也是心灵的镜子。中国园林是文人、画家、造园家和艺匠饱含着对自然山水的渴望和追求，发现了山水的形象特征和内涵，掌握了构成山水美的组合规律而创造出来的。他们把这种对自然山水美的认识，带到园林艺术的创作之中，把对自然山水及其美的感受予以外化。这种融汇了客体的景和主体的情的艺术意境，一直是中国园林刻意追求的。

意境总是以鲜明、生动、突出的形象性为主要特征的。中国古典园林通过综合运用各类艺术语言(空间组合、比例、尺度、色彩、质感、体型)造成鲜明的艺术形象，引起人们的共鸣和联想。如园林建筑本来就很富有性格特征，诸如殿的庄重，堂的豁达，亭的闲逸，榭的风雅，廊的徜徉，窗的憧憬，舫的从容，阁的潇洒，园林艺术又把它们与山水花木巧夺天工地结合起来，造成富有诗情画意的环境。例如苏州拙政园远香堂主景，远香堂室内没有一根阻挡视线的庭柱，堂四面开敞透亮，从里面向四周望去，一幅幅不同的画面就像经过画师剪裁，映入眼帘，堂南重峦叠翠，北面池中有两个相连的小岛，小岛上遍植林木花竹，水岸散种灌木藤萝，宛如天然山林水岛。岛上还有小亭；西侧，有一横跨水面的廊桥；西北处还有形似舟舫的旱船，通过整体组合，构成了一派具有浓郁江南水乡风味的天然图画。

给景物以艺术的比拟和象征，赋予景物以“观念形态”的意义，给它以意趣和情感，想像上的“人格化”，从而也使园林富有诗情画意。例如选石，强调山石的“透、瘦、皱、漏、清、丑、顽、拙”。这是因为这八种不同的石型蕴含着不同的审美情趣。“透”玲珑多孔，以通透比拟耳聪目明的意态；“瘦”，细削却显示棱角分明，不屈不阿的风骨；“皱”，起伏多变，呈现丰姿绰约的情韵；“漏”，则暗喻血脉畅通的活力。“清”表示阴柔之美；“丑”表示奇突；“顽”表示阳刚之美；“拙”则有浑朴的气质。形象展示性格，任凭你自己的想像去理解、去领悟，因而能调动起丰富的情感。园林中的花草树木往往寄寓着某种思想感情。如垂柳被喻为对故土的依依恋情；翠竹表示文雅多才，松柏则比喻君子的坚贞。凡此种种，或以物言情，或以物比兴，或因物喻志，追求的是“因物而比兴”的外延效果，即事物的象征意义，是人的情感感受。因此，可以这样说，在中国园林中，作为审美对象的山水花木等，完全成了审美主体抒发主观情绪意趣的手段。

中国古典园林还运用匾额对联等文字，赋予建筑物以一定的涵义，从而使景观有了意境。例如,苏州网师园的“月到风来亭”,临水一座亭子,题以“月到风来”,则把人与自然界的风、月、水之间的关系处理得十分亲切,亭周池边布列石矶,缩短了人与水的距离,蹲石矶可以掬水,可以玩月;亭子挑出水面,可以与秋风相邀与明月对酌,人与清风、明月相伴,彼此亲密无间,这样,就赋予这一处景观以人格灵性,构成自然与人生无限广阔的意境。

当然,中国古典园林的艺术意境不能不流露出封建士大夫的情趣、爱好及美学观念。但这种伴有审美体验的某种意念而构筑的空间的画面,很难确切指明它的内容,一般只可能给人以比较委婉、模糊的感受。从整体来说,中国园林艺术所表现的艺术意境,主要还是一种把自然环境与现实生活协调起来的美的境域。也正因为如此,它在今天仍具有感染力,仍能被人们所接受,所欣赏,并获得它应有的地位。

第4章 园林山水地形艺术

追求自然是中国园林最基本的一个特点,而自然之中最具普遍意义、最能寄托中国传统审美情思的当然是自然山水这一因素。

§4.1 园林地形艺术

4.1.1 地形改造的作用

园林地形是人化风景的艺术概括。不同的地形、地貌反映出不同的景观特征,它影响着园林的布局和园林的风格。有了良好的地形地貌,才有可能产生良好的景观效果。因而,地形地貌就成了园林造景的基础。

自然风景类型甚多,有山岳、丘陵、草原、沙漠、江、河、湖、海等景观,不一而足。但凡称得上自然风景的地形地貌必定是美的。在这样的地段上,只须稍加人工点缀和润色,便能成为风景名胜。这就是“相地合宜,构园得体”和“自成天然这趣,不烦人工之事”的道理。由此可见,选择园址的重要性。有了良好的自然条件可以因借,便能取得事半功倍的效果。但如果在自然条件贫乏的城市用地上造园,则须根据园林性质和规划要求,因地制宜、因情制宜地塑造地形,才能创造出风格新颖、多姿多彩的景观。其具体作用如下。

1. 为新建园林完成造园的骨架

合理地安排全园山、水的位置和相应的高程,更好地表现园林的主题和主景,将全园的功能划分和地形艺术的特点有机地结合、统一起来。

2. 有效地划分和组织园林空间

综合性的园林具有规模大、容量大,观赏、游览、活动设施多的特点,这就要求不同的功能空间之间需要一种分割与隔离,而利用地形来完成这一使命,具有自然、灵活又不露人工的痕迹。但要隔而不断、露而不透,开辟适当的透景线把主要的园林空间区域有效地组织起来,才能到达“划整为零”和“集零为整”的目的。

3. 为园林植物(或动物)营造良好的生长(生活)环境

对于一些生长环境要求比较高或当地的边缘植物(或动物)来说,地形所构成的小气候环境，能够使其得到良好的生长（生活）条件。

4. 为园林建筑提供良好的基质

园林建筑需要有一个良好的基质，这是毋庸置疑的。原有的土质如果不符合建筑的需要，在地形改造时，就要进行必要的替换，以使其完全满足需要。

另外，还能够组织地面水的排除和满足其他功能的需要。

塑造地形是一种高度的艺术创作，它虽师法自然，但不是简单地摹仿，而是要求比自然风景更精炼、更概括、更典雅、更集中，方能达到神形具备，传神入势的境界。只有掌握了自然山水美的客观规律，才能循自然之理，得自然之趣。如“山有气脉、水有源流，路有出入……”和“主峰最宜高耸，客山须是奔趋”、“山要回抱，水要萦回”、“水随山转，山因水而活”和“溪水因山成曲折，山蹊随地作低平”。这些都是造园家从真山真水中得到启示，对自然山水美的规律的概括。

4.1.2 地形的类型

1. 平地

草地、集散广场、交通广场、建筑用地及山体和水面之间的过渡地带等；功能为接纳和疏散游人；

2. 坡地

如土坡、低丘陵坡、斜坡等；功能以种植乔、灌、藤、花卉、地被、草坪等相结合的主要植物景观区域。

3. 高起的地形

如岭（连续不断的群山）、峰（高而尖的山头）、峦（高而缓者）；顶（高而平的山）；阜（起伏小、坡度缓的小山）；岗（山脊）；峭壁（山体直立，陡如群壁）；悬崖（山顶部分突出山脚之外）等。

4. 低矮的地形

如峡（两座高山相夹的中间部分，可以是水面，也可以是陆地）；峪（谷，两山之间的低处）；壑（较谷更深更宽的低地）；坞（四周高起，中间低，形成小面积洼地）。

5. 凹入的地形

如岫（不通的浅穴，位于山岩或水边）；洞（较岫更深，有上下曲折、可贯通的山腹）。

不同的地形，给人带来不同的感受，地形愈复杂，给人的感受愈丰富。例如坞，可形成比幽景更为封闭的奥景——“竹坞录幽、醉心即是”。

岫为云水藏身之所，水边的岫——水石相激，其声成景；山间的岫——云生之处，“移石动云根”、“云无心以出岫”（陶渊明）；古联：云在岫无争出意，石当流有不平鸣。

在地形设计时，不可因坞低、岫残而弃之不用，或者妄加改造，而应充分利用其特点，赋以它们不同的、超凡脱俗的情调。

4.1.3 地形处理的原则及艺术手法

1. 地形的处理

山水是中国园林的骨架，在园林建设中，首当其冲的工程就是地形的整理与改造，因为它牵涉的面比较广、工程量比较大、工期也比较长，所以是建园的主要工程项目之一。如何减少土方的施工量、节约投资、缩短工期这对整个建园工作具有重要的意义。

《园冶》中说："因地制宜"、"得景随形"、"自成天然之趣，不烦人工之事"。因此，利用和结合原有的自然地形地貌是符合中国园林的造园法则的。但我们在强调因地制宜的同时，也不能忽视必要的地形改造，这不仅是功能上的要求，也是艺术上的要求。为了保证园林环境设计意图的实施，对工程量不大的、又不影响和破坏景观的地形地貌进行适当地整理与改造是完全必要的。

地形处理应以利用为主，改造为辅；因地制宜，顺应自然；节约工程开支；符合自然规律与艺术要求。即：在充分利用原有地形地貌的基础上，适当地进行改造，达到用地功能、原地形特点和园林意境三者之间的有机统一。总之，力求使园林的地形、地貌合乎自然山水规律，达到"虽由人作，宛自天开"的境界。

2. 地形处理的艺术手法

堆山是中国园林的特点之一，是民族形式和民族风格形成的重要因素。中国造园艺术的历史发展进程，可以用人工造山的发展过程为代表。汉代的宫苑，水池中用土堆成三座山，即方丈、瀛洲和蓬莱，象征海上神山为特征；后汉梁翼园的"采土筑山，十里九坂，以象二崤"已不是象征的神山，而是绵延数十里的山、岗式的山，是对山的摹移；六朝时，则以帝王苑囿中的土石兼用而体量巨大的摹移山水为特征；唐代城市宅园兴起，惟该时尚无明确的造山实践活动，但已将具有形象特殊的怪石罗列于庭前，作为独立的观赏对象。自宋代开始，土石趋于结合。在私家园林中，某种特定的山的形象塑造不明显，而在帝王苑囿中，如"艮岳"的万寿山已土石兼用，成为摹移山水向写意山水过渡的标志，为明清的写意山水奠定了基础。

地形的处理是建立在对自然山水理解的基础之上，灵活地运用其普遍性和特殊性的两个方面，融入作者对历史文化的思考，来完成山水园林的建构骨架。其具体手法如下。

（1）主次分明

清代画家笪重光《画筌》说:“众山拱伏,主山始尊,群山盘互,祖山乃厚”,意在突出群山中的主山和主峰。在群山和群峰之间,都要高低错落,疏密有度。峰与峰之间要互相呼应、掩映和烘托,使宾主相得益彰。

(2) 组合有致

“山不在高,贵有层次”说明了层次的重要性。层次有三,一是前低后高的上下层次,山头作之字形,用来表示高远;二是两山对峙中的峡谷,犬牙交错,用来表示深远;三是平岗小阜,错落蜿蜒,用来表示平远(图 4-1)。

(3) 峰峦叠嶂

山势既有高低,山形就有起伏。一座山从山麓到山顶,绝不是直线上升的,而是波浪起伏,由低而高和由高而低,有山麓、山腰、山肩、山头、山坳、山脚、山阳以及山阴之分(图 4-2),这是一山本身的小起伏。山与山之间有宾有主、有支有脉是全局的大起伏。

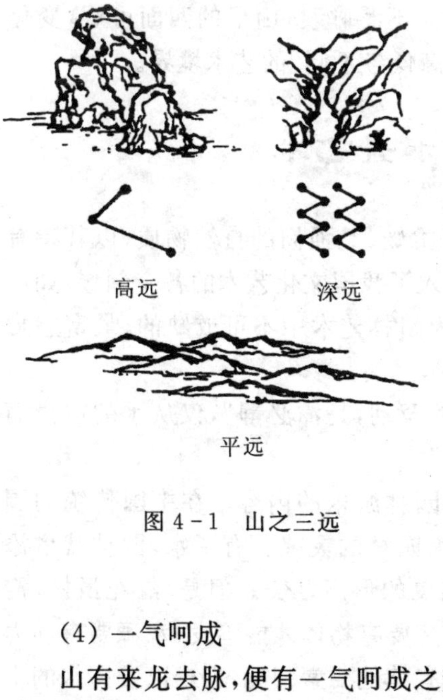

图 4-1　山之三远

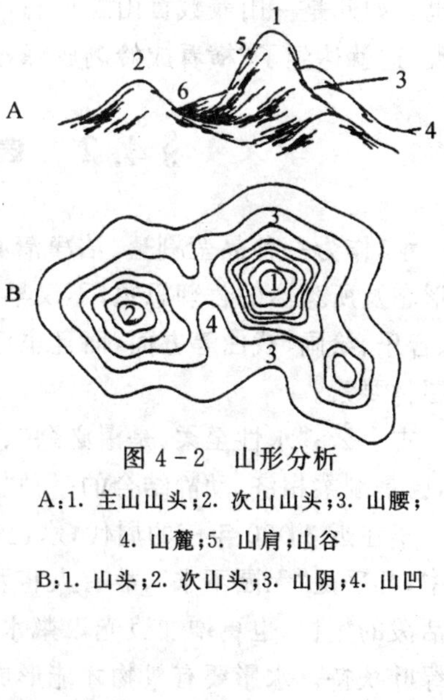

图 4-2　山形分析

A:1. 主山山头;2. 次山山头;3. 山腰;4. 山麓;5. 山肩;山谷

B:1. 山头;2. 次山头;3. 山阴;4. 山凹

(4) 一气呵成

山有来龙去脉,便有一气呵成之势,方能显示出山的神韵气势。虽然自然界中拔地而起的孤峰很多,但它的成因必与其周围众多的峰峦相一致。如果在城市园林中,只有一座孤峰,就不符合地貌形成的客观规律。除非用作园林入口的对景、障景,如上海龙华公园中的红岩与外滩公园入口处的池山和广州动物园的狮虎山等,具有特定的功能和目的。同地形的形成并无绝对联系。

(5) 曲折回抱

由于山体曲折回抱,形成开合收放、大小不同、景观迥异的空间境域,产生较好的小气候。尤其在具有水体的条件下，溪涧迂回其间，飞流直下，能取得山水之胜和世外桃源的艺术效果。

(6) 虚实相生

布置假山要疏密相间和虚实相生。疏密与虚实两词的含义既有相同之处，又有所区别。密是集中，疏是分散，实是有，虚是无，当景物布置密到不透时，便是实，疏到无时便成虚。在园林中不论群山还是孤峰都应有疏密虚实的布置。做到疏而不见空旷，密而不见拥斥，增不得也减不得，如同天成地就。山之虚实是指在群山环抱中必有盆地，山为实，盆地为虚；重山之间必有距离，则重山为实，距离为虚；山水结合的园林，则山为实，水为虚。庭园中的靠壁山，则有山之壁为实，无山之壁为虚。

综上所述，若所掇之山能做到上述六点，就能达到宋·郭熙在《林泉高致》中所述的"山近看如此，远数里看又如此，远数十里又如此，每远每异，所谓山形步步异也。山正面如此，侧面又如此，背面又如此，每看每异，所谓山形面面看也。如此是一山兼数百山之形态，可得而不悉呼"！山形的四面可观，变化多致，这就达到了"横看成岭侧成峰，远近高低各不同"的艺术境界。

§4.2 园林水景艺术

水，作为一种晶莹剔透、洁净清心，既柔媚、又强韧的自然物质，以其特有的形态及所蕴涵的哲理思想，不仅早已进入了我国文化艺术的各个领域，如诗词、音乐、绘画、戏曲等方面，而且也已成为园林艺术中不可或缺的、最富魅力的园林要素。

古人云："水性至柔，是瀑必劲"、"水性至动，是潭必静"，仅从水的本身而言，已是刚柔相济、动静结合的一种"奇物"。

早在近 3 000 年前的周代，水已成为园林游乐的内容。在中国传统的园林中，几乎是"无园不水"，故有人将水喻为园林的灵魂。有了水，园林就增添了活泼的生机，也更增加泼光粼粼水影摇曳的形声之美。但是，红花虽好，需有绿叶扶持。水影要有景物才能形成；水声要有物体才能鸣发；水舞要有动力才能跳跃，水涛要有驳岸才能起落……没有其他要素相配，也难以发挥水的本质美。

在园林诸要素中，以山、石与水的关系最为密切。中国传统园林的基本形式就是自然山水园。"一池三山"、"山水相依"、"背山面水"、"水随山转，山因水活"以及"溪水因山成曲折、山溪随地作低平"等都成为中国山水园的基本规律。大到颐和园的昆明湖，以万寿山相依，小到"一勺之园"，也必有岩石相衬托，所谓"清泉石上流"也是由于山水相依而成景的。

山，基本上是静态的，而水则有动态与静态之分，即使是静态的湖池，也常以游鱼、莲荷或结合光影、气象来动化它。而如流水瀑布、溪涧等则是动态的水，故常有“山本静而水流则动”的说法，以水“活化”山，动静结合构成园景

有山就可以登高远望，低头观水，产生垂直与水平的均衡美。有山就有影，水中之影加强和扩大了园林空间的景域，因而产生虚实之美。

不同的水体构筑物可以产生不同的水态；以水环绕建筑物可产生“流水周于舍下”的水乡情趣；亭榭浮于水面，慌若神阁仙境；建筑物小品、雕塑立于水中可作为引导、标志及点缀。

至于丰富多彩的植物，尤其是那些繁花似锦、异彩纷呈的花卉，更是水景园林不可或缺的因素，植物如果缺了水，不仅不能生长，更谈不上植物的美，故水与植物是相得益彰构成园景的伴侣。

不仅如此，园林中的水还具有调节小气候、灌溉和养育树木花草（尤其水生植物）、养鱼、泛舟游览、水上游乐、垂钓、游泳、蓄水以及特殊情况下的消防、防震等等实用功能。

我国的先贤们对于水有过极为深刻、极富哲理的诠释：认为水是无私的，即凡是人类、动植物、其他生物，如需要均可给予，最有“德”；凡是水所到之处，就有生命成长，很“仁爱”；水总是向下流，直与曲都循其理，有“义气”；水是“浅者流行，深者莫测”，很有“智慧”；它能赴百仞而不疑，有“勇”；水能“不清以人，鲜洁以出”；洗净污浊，与人为善；水“至量必平”，最“公正”。先贤们将水的本性拟人化的评价归结为：德、仁、义、智、勇、善、正的品德，而在园林中，它与山石、植物、建筑物等要素，组成丰富多样、绚丽多姿的美景，以其实惠功能、形象优美、寓意深刻而成为难能可贵的园林要素，体现出真善美的风姿。

4.2.1 水的形式与特性

1. 水的形式

(1) 自然界中水的形式

以江河、湖泊、瀑布、溪流、涌泉等形态出现。

(2) 园林设计中水的形式

以平静的——湖泊、池面，流动的——溪流、水坡、水道、水涧；跌宕的——瀑布、水帘、壁泉、水梯、水墙，喷涌的——各种类型的喷泉等等形态出现。

园林水景设计，既要师法自然，又要不断创新，设计中可以以一种形式为主，其他形式为辅。

2. 水的特性

① 水本身透明无色，但水流经水坡、水台阶或水墙时，构筑物饰面材料的颜色会随水层的厚度而变化。

② 宁静的水面具有一定的倒影能力，水面会浮现出环境的色彩。倒影能力与水深、水底和壁岸的颜色深浅有关，水底用深色材料会增加倒影的效果。

③ 急速流动喷涌的水因混入空气而出现白沫。

④ 当水面波动时，或因水面流淌受阻不均产生湍流时，水面会扭曲倒影或水底面图案形状。

3. 水面的尺度和比例

在园林设计中，除自然形成的或已具规模的水面外，一般应加控制。过大的水面，散漫，不紧凑，难以组织，而且浪费用地。过小的水面，局促难以形成气氛。

水面的大小是相对的，同样大小的水面在不同环境中所产生的效果可能完全不同。

在设计中，水面的尺度需要仔细地推敲所采用的水景设计形式、表现主题、周围的环境景观等。

小尺度的水面较亲切怡人，适合于宁静、不大的空间，如庭院、花园、城市小公共广场；尺度大的水面，适合于大面积自然风景区、城市公园和巨大的城市空间、大型广场。

4.2.2 水面的布局

园林水面的布局可分为集中或分散两种；从形态上可分为以下三种。

1. 规则式水体

规则式的水体包括对称式水体和不对称式水体两种类型，一般面积较小。集中而静的水面能使人感到宁静与温馨，一般中小型庭院多采用这种方法。其特点是整个园林以水池为中心，沿水池四周环列建筑，形成一种向心、内聚的格局。其用途大致有下列几种。

① 为取得水中倒影而设置的水池，称为镜池。池中不种植物，保持池水洁净与平静如镜。

② 专为欣赏水生植物而设置的水池，在池中种植睡莲的称为睡莲池，种植荷花的为荷花池，也有多种植物搭配栽植的。这种以植物为主题构成的水景，犹多诗情画意。

③ 有专为欣赏喷泉而设置的水池，这种水池与各种类型的喷泉结合包括雕塑在内，均称为喷水池，喷水池常配合灯光，构成绮丽的夜景。

④ 有的水池专用来养鱼，如杭州玉泉的“观鱼池”，以欣赏鱼乐为目的。

⑤ 专供儿童涉水嬉戏的涉水池，游赏者能欣赏到儿童稚嫩嬉笑的动态美。

⑥ 游泳池。

以上六种水池除游泳池和儿童涉水池外，都可进行组合设计。池边与池底可用水泥、石块、瓷砖等砌成。若将池底作成绿色，则有增加清晰度的功效；若作成蓝色，则可使池水略显深沉；还可用彩色瓷砖在池底铺成图案以供游人欣赏水底图案的虚灵美；或放入彩色鹅卵石以供欣赏卵石的天然色泽，晶莹可爱；凡此种种都能使池水增加魅力。如广州文化公园内的园中园，采用白色池底美人鱼浮雕，构图意境新颖，丰富了水池的装饰效果，渲染了院景的民间传说气氛。

2. 自然式水体

人工自然式水体的形式繁多，风格各异。可大致归纳为拟自然、流线型和图案式三种类型，把自然界各种水体，通过高度的提炼和概括，用不同的艺术形式表现出来。

(1) 拟自然式水体

不论其表现何种水态，都要达到"虽由人作，宛自天开"。如西安春晓园内的溪水景观，水溪以自然山石砌成，溪身曲折弯环，收放自如，与起伏的人化地形及高低错落、层次分明的两岸植物浑然一体；整条溪流随地势逐渐下降，水溪的开合、聚敞，节奏分明，与溪边弯曲的小路紧密融合。虽是一条人工建造的小溪，却有如天成。

(2) 流线型水体

形成此类水体的线条，都是无轨迹可循的曲线，自由流畅，易于各种环境融合。流线型线条本身具有运动感、时代感，与水结合更添诗情画意。

(3) 图案式水体

几何图案式布置的水体并非自然式水体的类型，但运用非几何图案作平面或立体的组合而成的水体形式仍属于自然式图案布置的水体类型，这类水体，具有一定的装饰效果。

3. 混合式水体

混合式水体是指规则式与自然式相结合的水体。混合式水体并不排斥方形、矩形、圆形或其他几何形体，同样，也不排斥自然式的各种形体，而是把二者巧妙地结合起来，成为有机的整体，具有比规则式的自由灵活，富于变化，又较自然式水体易于建筑环境结合等优点。

总之，各种类型的水体既可作为独立的单体，也可以组合在一起，创造出丰富多彩的园林水景。东西方不同的水景组成形式，产生风格迥异的园林空间。中国园林水体的组合属自由组合型。以自然式布局的水面为中心，辅以涧、溪、泉、瀑、潭等，使水体在空间序列中逐步展现，远近高低起伏有致，并再现水体的自然形态于意境之中。西方水景着重于几何图形的组合，以规则长方形的水体为主，串联水渠、喷泉以及各种瀑布，形成水体在单一空间中的层次变化，突出人工造型与自然环境对比衬托。现代水景融汇东西方水景布局的特点，水体成为沟通内外、上下、前后空间重要的媒介。取水的自然形象而着意雕刻加工，表达空间的动态和秩序，这类水景在现代有人称之为水雕塑。

园林中的水体应有聚有分，聚分得体。聚则水面辽阔，宽广明朗；分则萦回环抱，似断似续，与崖壑、花木、屋宇互相掩映，构成幽深景色。不过水体的聚分须依园林用地面积的大小酌情处理。在传统园林中，大抵小园聚多于分，大园有分有聚，主次分明。现代园林中，由于游人众多，因此在水体处理上应相反，小园林中所设的水体宜分散，化整为零，取溪、涧、瀑等线型水体布置在边上或一角，这样既可利用曲折之溪流和瀑布等造景，又不占众多用地，而大园林则可聚分结合，若水体面积虽大而仍不足以开展水上活动，则宁可小些，留出足够量的陆地，增加游人活动范围。水面的形状和布置方式应与空间组织结合起来考虑，要因地因情制宜，水体大小和风格应与园林风格一致，以取得与环境的协调。

在园林中，如果以水为主体，则应以聚为主，聚则水面辽阔，气魄大。如上海长风公园的水体在 10 hm^2 左右，约占全园面积的 23.72%，湖面宽达 300 m，可容纳 300 多条游船，亦可开展水上体育活动。它有长约 600 m 的河弯，为游船提供回荡和静憩的幽静水域。与大水体相接的溪涧、河流则意味着源头和去路，并可用来与大水体作对比，构成情趣迥异的幽深空间。在园林中，如果是以山为主，以水为辅，则往往用狭长如带的水体环绕山脚，深入幽谷，以衬山势之峥嵘和深邃。一般来讲，在大山面前宜有大水。如颐和园中的万寿山和昆明湖，北海公园中的白塔山和北海一样，气派之大非其他园林之山水可比，也不会由于大山当前而感紧迫，有较好的山水景观视距，山水互相衬托，相得益彰。

在园林中的各个景区，除用道路联接外，还可用形体多变的水体串连起来，成为不可分割的整体。如圆明园内 40 个景区都由水系串连而形成河湖系统。宽广的水体如西湖、东湖、玄武湖、昆明湖等都用堤和岛分隔成大小不同的水域，增加空间层次和景深，丰富景色和增加游赏情趣。湖中的岛屿最好与岸边的峰峦半岛有脉络的联系，岛屿可设在半岛端点和向外延伸部分或港湾的凹处，可通过礁石、汀步或堤与岸相连，达到既断又续的目的(图 4-3)。

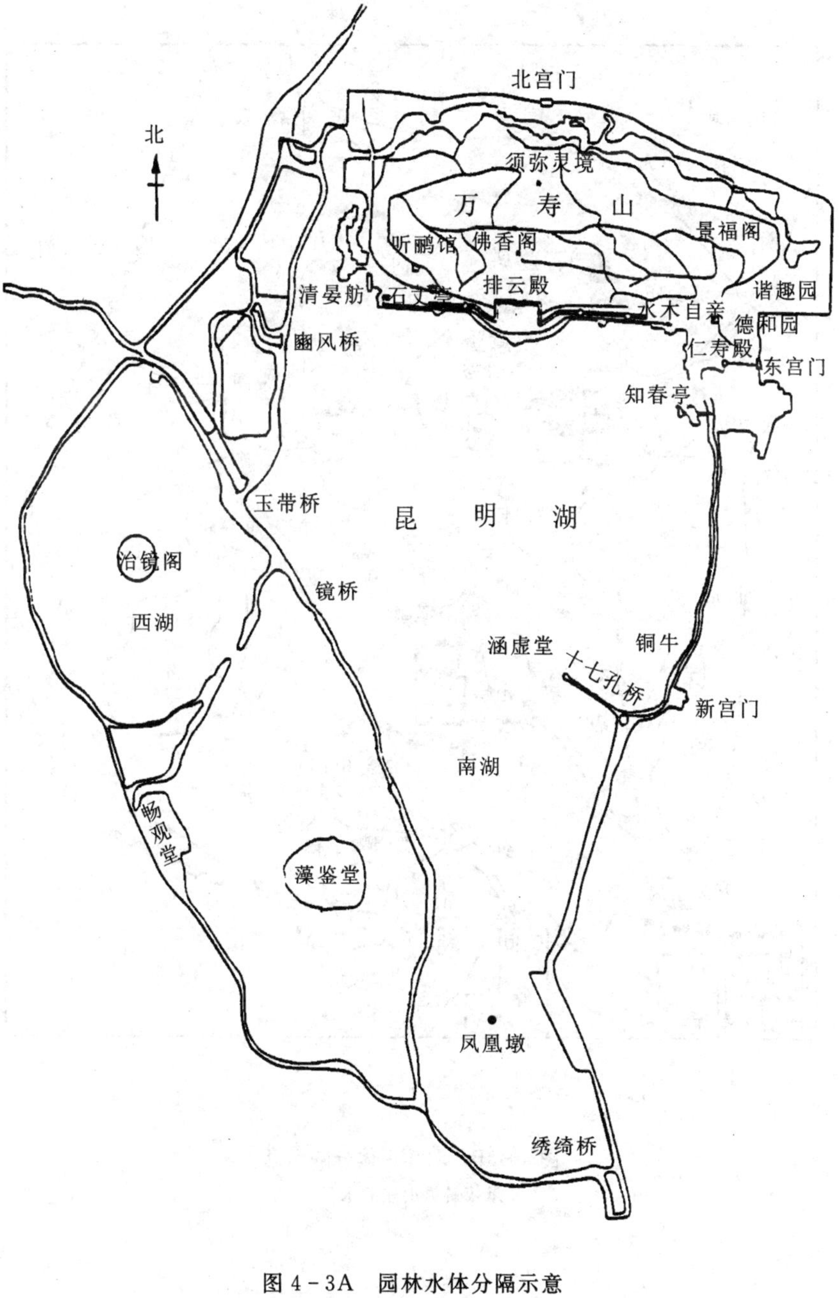

图 4-3A 园林水体分隔示意

颐和园的水系

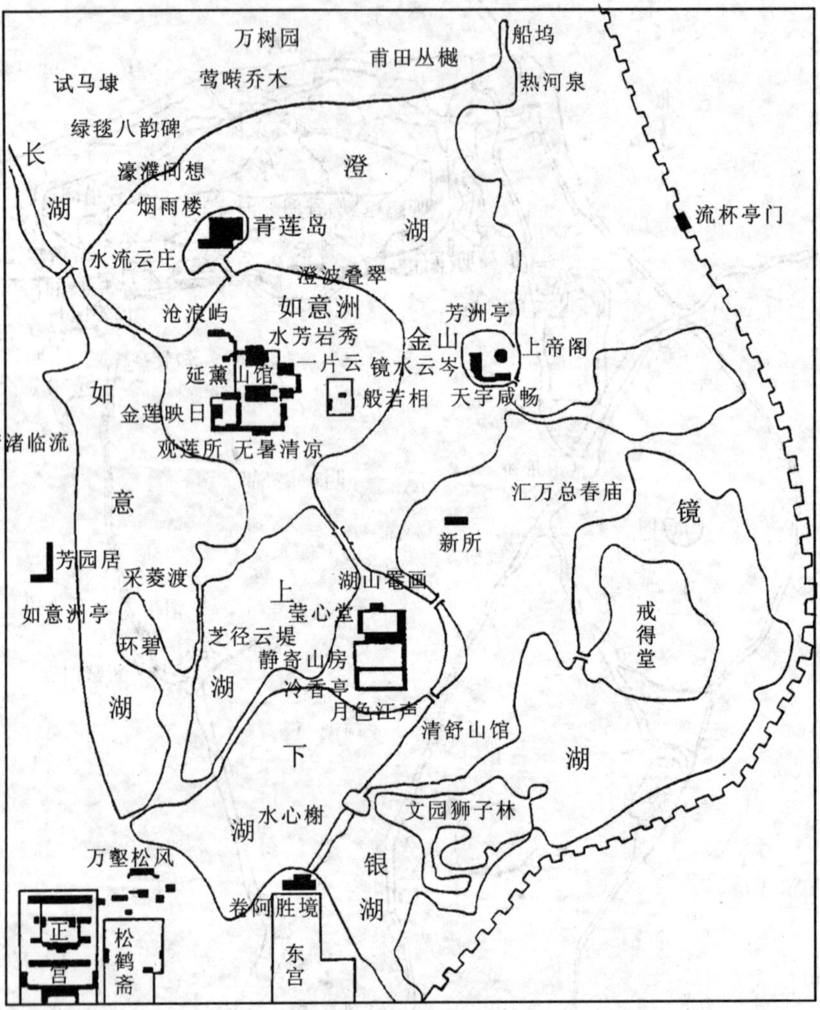

图 4-3B　园林水体分隔示意

承德避暑山庄的水系

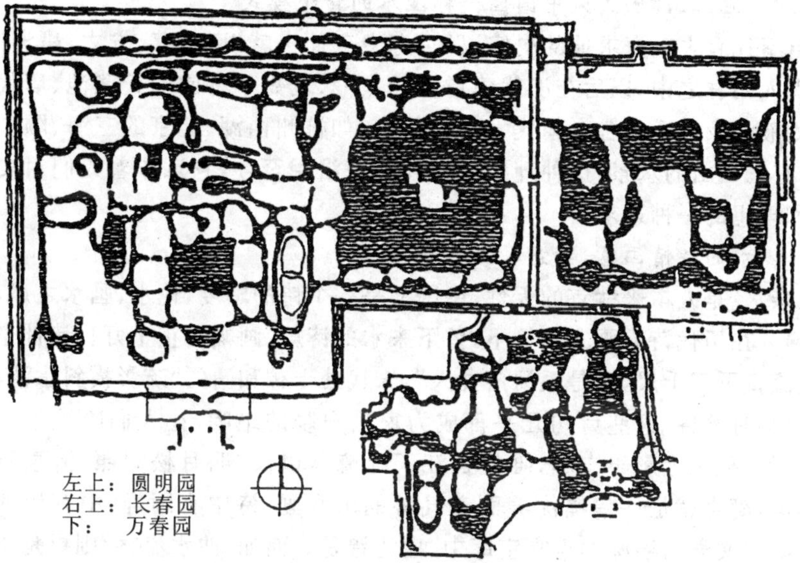

图 4-3C　园林水体分隔示意

圆明园的水系

4.2.3　中国传统园林理水艺术特点

近 3 000 年来，中国园林的传统理水特点可概括为以下几个方面。

1. 引水入园、挖地成池

古代的皇家园林水面很大，必然要引江河湖海之水入园构成一个完整的活水系统。如秦始皇引渭水为兰池；汉代的上林苑外围有“关中八水”提供水流；魏晋南北朝时代，石虎的华林苑，也是引漳水入天泉池，唐代的曲江池引浐河、黄渠之水入园；以至元、明、清的北京三海、颐和园昆明池，都是引西郊玉泉山的泉水入园，利用自然水源，以扩大水面。

而在一些面积小，又无自然水源的园林中则讲究“水意”，挖池堆山，就地取水，以少胜多，甚至取“一勺则江湖万里”的联想与幻觉来创造水景。

2. 山水相依，崇尚自然

中国传统园林的体系是崇尚自然的，而自然界的景致，一般是有山多有水，有水多有山，因而逐步形成了中国传统园林的基本形式——自然山水园。山水相依，构成园林，无山也要叠石堆山，无水则要挖池取水。水景的细部处理，如驳岸、水口、石矶以及水中、水边的植物配置和其他装饰，乃至利用自然天象（如日、月）等水景作为构思，都源于大自然。这种利用自然，摹拟自然，理水靠山，相映成景，又是创造园林水景的一个特色。

3."一池三山"已成为中国园十林理水的传统模式

自秦代有去东海求仙的史实以来,海中三仙山就以"蓬莱、方丈、赢洲"之名而引入园林之中,以后在汉代建章宫的太液、北魏华林园的天渊池、唐代大内的太液池及以后的各个朝代大型园林中,如杭州西湖、北京的三海、颐和园等,多有三仙山的水景,这种理水的模式一直沿用至今,它意味着人们对美好愿望和理想的一种追求。

4.以水的诗情画意,寓意人生哲理

"亲水"是人本来就有的天性,中国又是一个诗的国度,论水、画水之风,甚为普遍。在历代诗人画家的笔下,留下来水的诗篇、画幅何止千万!诗仙李白的"飞流直下三千尺,疑是银河落九天",宋代处士林和靖的"疏影横斜水清浅,暗香浮动月黄昏"这些诗句几乎都成为家喻户晓的绝唱,让人们吟颂了千余年!而如"孤帆远影碧空尽,唯见长江天际流",以及"明月松间照,清泉石上流"等等,简直就是一幅幅优美而有气势的山水画,诗中有画,画中有诗的水景,在中国文学与绘画的丰富宝库中,比比皆是。而如"曲水流觞"则更是中国文雅士所独有的一种极具诗情画意与浪漫情怀的游乐方式。

从水的形态、性格来寓意人生哲理,或加以人文化的诗文,也是多不胜数。如以水喻友情者,莫如李白的"桃花潭水深千尺,不及汪伦送我情"。以水劝喻人们要饮水思源者,莫如朱熹的"半亩方塘一鉴开,天光云影共徘徊,问渠哪得清如许,为有源头活水来"。而以之比喻君民关系的莫如荀子的"君者,舟也,庶人者,水也,水能载舟,亦能覆舟,君以此思危,则危将焉而不至矣"。寓意颇深。

因此水景设计、建造园林水景取其如是者如北京北海公园的濠濮间、承德避暑山庄的濠濮间想亭等,都是寓意于古代庄子与惠子观水中鱼游之乐的对话,而引伸出"别有会心,自得其乐"哲理而来的。

此外,中国园林水体,尤其是大水面的功能是多方面的,它不仅仅是水景的观赏,如观瀑、赏月、领略山光水色之美,也不仅仅是水中取乐,如泛舟、垂钓并兼有蓄水、灌溉、水产等等。所以,园林水面的设置,确是美观与实用、艺术与技术相结合的一种重要的园林内容。

§4.3 中国园林密切的山水关系

中国园林把自然风景看成是一个综合的生态环境。山水是自然景观的基础。山水之间是相互依存、相得益彰的关系。"水得地而流,地得水而柔","山本静,有树则灵,水流则动","水因山而活,山因水而润"都说明了山水的亲密关系。自然山水的轮廓和外貌也是互相联系和影响的。清代画家笪重光在

《画筌》中概括地总结了这方面的自然之理。他说："山脉之通按其水境，水道之达理其山形"。还有人认为"山为骨骼，水为血脉，建筑为眼睛，道路为经络，树木花草为毛发"，这里强调了自然风景的综合性和整体性。如果园林建设只是片面地追求挖湖堆山，而忽略了其他因素，其结果无疑是"穷山恶水"。为了获得真山真水的意境，在创造地形地貌的同时，应考虑到为园林植物、动物和人创造一个景色宜人的生态环境。为了创造良好的园林造景基础，山水在整体布局上应注意抓住总的结构与气势。清·李祖康《画家新印》中指出"山得势，虽崃纡高下，气脉仍是贯穿。林木得势，虽穿插向背不同，而各自条畅。山坡得势，虽交错而自不繁乱"。这是"以其理然也"和"神理凑合"的结果，方能到达气韵生动的景观效果。

第5章　园林种植艺术

§5.1　概　　述

植物是园林艺术构图的主要组成要素，植物季相变化的四季景观，植物本身的姿态美、色彩美、风韵美的观赏特性及其景观作用是园林造景有生命的题材，园林植物与地形、水体、建筑、山石、园路、广场、雕塑等有机配植，能产生很好的艺术效果。特别是园林植物有保护和改善生态环境的特殊功效，可构成优美、舒适、雅静的生活及游憩环境。

园林植物依其外部形态分为乔木、灌木、藤本植物、花卉、草地植物、水生植物等。

乔木具有体形高大、主干明显、分枝点高、寿命长等特点。根据其体形高矮有大乔木(20 m 以上)、中乔木(8～20 m)和小乔木(8 m 以下)之分。根据一年四季叶片脱落状况又可分为常绿乔木和落叶乔木两类：叶形宽大者，称为阔叶常绿乔木或阔叶落叶乔木；叶片纤细如针状者则称为针叶常绿乔木或针叶落叶乔木。乔木是园林中的骨干植物，对园林布局影响很大，在园林功能上，或艺术处理上都能起到主导作用。

灌木没有明显主干，呈丛生状态。一般体高 2 m 以上者称为大灌木，1～2 m 为中灌木，不足 1 m 者为小灌木。灌木也有常绿灌木与落叶灌木之分，主要作下木、绿篱或基础种植，开花灌木用途最广。

藤本不能自立，必须依附于其他物体上，亦称攀缘植物。如地锦、葡萄、紫藤和凌霄等。藤本有常绿藤本与落叶藤本之分。常作为花架凉棚、篱栅、岩石、墙壁等的攀附物，以增加立面艺术构图效果。

花卉是指姿态优美、花色艳丽、花香郁馥，具有观赏价值的草本和木本植物，通常多指草本植物而言，根据花卉生长期的长短及根部形态和对生态条件要求可分为：一年生花卉、二年生花卉、多年生花卉(宿根花卉)、球根花卉等。花卉是园林中作重点装饰的植物材料，多用于园林中的色彩构图，常用作强调园林出入口的装饰，广场的构图中心，装饰小品及公共建筑附近的陪衬和道路两旁、树林边缘的点缀，在烘托气氛，丰富景色方面有独特的效果。

草地植物是指园林中用以覆盖地面的低矮草本植物，形成草地或称草坪，是园林艺术构图的底色和基调，能增加园林构图的层次感，是供游人观赏及露天活动和休息的理想场地。

水生植物以水为生境，在园林水体中适当地点缀水生植物，可以大大地丰富水面的景色。

5.1.1 园林植物的观赏特性

园林植物由根、干、枝、叶、花和果实所组成，这些不同的器官或整体，常有其典型的形态，色彩与风韵之美。

1. 根

植物的根是生长在土壤之中，观赏价值不大，只有某些根系发达的树种，根部往往高高隆起，突出地面，盘根错节，形成奇特的露根之美，堪供观赏。例如榕树类盘根错节，郁郁葱葱，树上气生根倒挂犹如珠帘下垂，当落至地又可生长成粗大树干，能给人以新奇的感受。

2. 干

树干的观赏价值与其姿态，色彩、高度、质感和经济价值都密切相关。银杏、香樟、银桦、白杨等主干通直，气势轩昂、整齐壮观是很好的行道树。白皮松，青针白干，树形秀丽，为极优美的观赏树种。梧桐皮绿干直，紫薇细腻光滑，藤萝蜿蜒扭曲，大腹便便的佛肚竹，布满奇节的龙鳞竹，紫色干皮的紫竹，红色干皮的红瑞木和白色干皮的白桦等，都具有较高的观赏价值。

3. 枝

树枝的粗细、长短、数量和分枝角度的大小，直接影响着树冠的形状和树姿的优美。例如油松侧枝轮生，呈水平伸出，使树冠组成层状，老树更是姿态苍劲。垂柳小枝下垂，轻盈婀娜，摇曳生姿，植在水边，低垂于碧波之上，能衬托水面的优美。一些落叶乔木，冬季枝条象画一样的清晰，衬托在蔚蓝色的天空或晶莹的雪地上，别有一番景致。红色枝条的红瑞木和绿色枝条的棣棠，用它们作植篱或成丛配植在树群之中，在少花的冬季是很美观的。

4. 叶

叶的观赏价值主要在于叶形和叶色。奇特或特大的叶形，具有较高的观赏价值，如鹅掌楸、银杏、鸡爪槭、王莲、苏铁、棕榈、荷叶、芭蕉、龟背竹等。

大部分树叶的共同颜色是绿色，只不过是浓淡不同而已。常绿针叶树多呈蓝绿色，阔叶落叶树多呈黄绿色，但到了深秋很多落叶树的叶就会变成不同深度的橙红色、紫红色、棕黄色和柠檬黄色。前人有“霜叶红于二月花”的诗句就是对枫叶变红时景色的写照。此外，一些异色叶树的紫叶李、紫叶桃、紫叶小檗、金叶鸡爪槭和斑叶树的金边大叶黄杨、变叶木、银边黄杨、斑叶长春藤以及双色叶树的胡颓子、银白杨、青紫木等另有一番情趣。

5. 花

花的种类繁多，其姿容、色彩和芳香对人的精神都有很大影响，如玉兰一树千花，亭亭玉立，植于庭前，登楼俯视，令人意远。荷花高洁丽质，姿色嫣嫣，雅而不俗，香而不浓。梅花姿容、色彩、香味三者兼有之，“一树独先天下春”是对梅花坚贞勇敢不畏冰霜品格的赞誉。其他如牡丹盛春怒放，花大色艳，气息豪放；夏季榴红似火；金桂仲秋开花，浓香郁馥；隆冬山茶吐艳，腊梅飘香，这些都给人不同的感受。

6. 果

果的形状、大小、数量、色彩和香味对人们都有很强的感染。秋季硕果累累；色彩鲜艳，到处散发着果香味，为园林增添不少景色。如金桔、佛手、珊瑚豆的观赏效果更高。

7. 形

树形表现植物的线条轮廓，是构景的基本因素之一。山石、水体、建筑等，与不同形状的乔灌木相配，即可产生不同的艺术效果。乔木的树形一般可概括为：圆柱形（龙柏、钻天杨），尖塔形（雪松、云杉）、卵形（加杨、悬铃木）、球形（元宝枫、七叶树）、半球形（馒头柳）、伞形（合欢）、垂枝柳（垂柳、龙爪槐）、棕榈形（棕榈、蒲葵）、风致形（松、柏）等。灌木的树形一般可概括为；团簇形（黄杨、含笑），丛生形（珍珠梅、黄刺玖），拱枝形（连翘、迎春）和匍匐形（铺地柏、平枝旬子）等（图 5－1，图 5－2）。

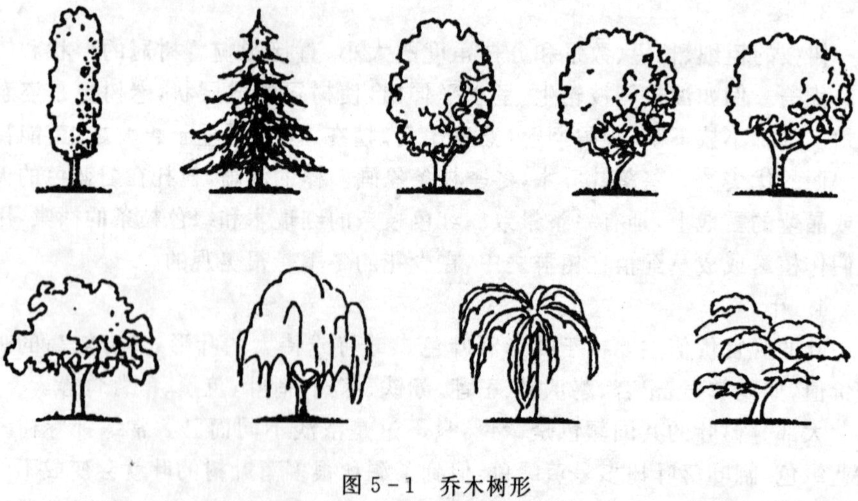

图 5－1 乔木树形

树形的观赏特性除与它的形状大小有关外，树叶的构造和颜色，分枝疏密和长短，也会影响树冠的艺术效果。例如外围枝短而密的小型分枝系统，会形成密实浑厚不透光的树形，外围枝条稀疏而长又大型的分枝系统，可以组成多孔、中空透光的树形，紧密生长在一起的小叶会形成细密的树形，自由而分散的大叶所构成的树形则具有粗犷而疏松的风格。因此在选配树种时都应加以考虑。

图 5－2　灌木树形

5.1.2　园林种植艺术的基本原则

园林种植艺术是园林艺术的重要组成部分，是按照园林植物的生态习性和园林艺术布局的要求，合理配置创造各种优美景观，表现有生命的物质材料自然美的素质，园林种植艺术，除了遵循园林艺术构图美的内在法则外，还应遵循如下原则。

1. 园林种植要充分满足园林的性质和功能要求，与园林总体布局相一致

园林种植要符合园林的性质，满足使用功能的要求。如街道绿地要遮荫、美观、方便交通，工厂绿地要保证生产安全、防护、观赏、休息，建筑周围主要应着眼美化，公园绿地则以各功能区的活动内容不同，而对种植有不同要求。园林布局的立意要求是进行种植设计首先要明确的问题。

园林的规划形式决定了园林植物的配置艺术，不同的配置艺术将产生不同的园林风格，规则式园林主要采用对称整齐栽植，把常绿乔灌木和花卉修剪成各种几何形状或构成地毯式模纹花坛，与园林的总体布局相一致，从而形成园林的特殊风格，在自然式园林中，则多运用植物的自然姿态进行自然式造景，我国古典园林的植物配置力求自然与绘画意趣，在形成我国园林风格中起到了特殊的作用。

2. 尽量满足园林植物的生态要求，因地制宜选择适当植物种类

园林种植要着重考虑因地制宜，适地适树，使园林树种的生态习性和栽植地点的立地条件基本上能够得到统一，保证园林植物的成活和健康生长。这样在选择树种时应以当地的乡土树种为主。也可以利用园林绿地中的小气候条件或某些局部种植少量的经引种驯化成功的树种。

在考虑满足园林植物的生态要求时，还应注意人为活动的影响，如对污染、架空电线和地下管线的影响。在这些情况下，树木的抗性、生长速度，树冠

的高低大小和根系的分布习性就成为选择树种的重要条件。

另外在选择、搭配植物种类时，要注意种间关系的影响，形成能够自我维护的群落结构。如用阳性树种可为阴性树种形成生长环境。

3. 继承和发扬中国园林艺术文化，反映民族风格和地方特色

中国园林以自然山水为风尚，在长期实践中，形成了一套园林种植艺术的传统手法和一定的栽配程式。

(1) 效法自然，小中见大，创造咫尺山林

中华民族一向爱好大自然，反映在园林中有“三、五成林”、“树无行次”的植物配置手法，或保留自然滋生的野生植物，或成片林植，形成“杂树参天”、“繁花覆地”。园路旁植树，也忌对称单调，常有“林中穿路”、“竹中求径”与“花中取道”的山路、竹径、花境的形式，对于观赏植物，多欣赏其自然的姿态，不假人工的修剪。

(2) 把植物材料的生态特性和形态特征作性格化的比拟与联想，创造意境

我国园林植物配置受山水风景诗词及绘画乃至哲学思想的影响，往往以比、兴的方式，借植物的形象和生态特征进行配置，而逐渐形成一定的程式。如“梅标洁、宜幽清、宜疏篱、宜峻岭”；“松柏骨苍，宜峭壁奇峰，藤萝掩映”；喻松、竹、梅为“岁寒三友”，梅、兰、竹、菊为“四君子”，喻荷花为“出淤泥而不染、濯清涟而不妖”的君子等，引起人们的情思与联想。

(3) 从人们的生活情趣和园林植物的观赏特性进行配置

中国古典园林常将园林植物的观赏特性和人们的生活情趣结合在一起，而有“槐荫当庭”(荫)、“移竹当窗”(雅)、“栽梅绕屋”(香)、“竹坞寻幽”(幽)、“结茅竹里”(逸)、“编篱种菊”(艺术组合)、“溪湾柳间栽桃”(色彩搭配)等配置程式。

(4) 根据园林环境特点，结合植物生态习性和风韵美配置植物

人们根据建筑和山水环境特点，结合植物生态习性和风韵美进行园林植物配置，如明计成《园冶》一书中提到的：“围墙隐约于萝间，架屋蜿蜒于木末，…插柳沿堤…”，“院广堪梧…芍药宜栏，蔷薇未架，不妨凭石，……窗虚蕉影玲珑，山严曲松根盘礴”等等。清代陈淏子在《花镜》一书中叙述更为详尽，如“园中地广，多植果木松篁，地隘只宜花草药苗。设若左有茂林，右必留旷野以疏之；前有芳塘，后须筑台榭以实之；外有曲径，内当垒奇石以邃之。花之喜阳者，引东旭而纳西晖；花之喜阴者，植北囿而领南薰”……“如牡丹、芍药之姿艳，宜玉砌雕台，佐以嶙峋怪石，修篁远映。梅花、蜡梅之标清，宜疏篱竹坞，曲栏暖阁，红白间植，古杆横施。……桃花夭冶，宜别墅山隈，小桥溪畔，横参翠柳，斜映明霞。杏花繁灼，宜屋角墙头，疏林广榭。梨之韵，李之洁，宜闲庭旷

圃，朝晖夕蔼；……榴之红，葵之灿，宜粉壁绿窗；……荷之肤妍，宜水阁南轩，使薰风送麝，晓露擎珠。菊之操介，宜茅舍清斋……，海棠韵娇，宜雕墙峻宇，障以碧纱，……木犀香胜，宜崇台广厦，……紫荆荣而久，宜竹篱花坞。芙蓉丽而闲，宜寒江秋沼。……梧竹致清，宜深院孤亭，……至若芦花舒雪，枫叶飘丹，宜重楼远眺”等等。

(5) 根据人们不同的观赏要求和结合传统的节日节气进行植物配置

在庭园中为与建筑物协调，多对称栽植，孤赏、近赏为主；而在大的园林中，则大片栽植某一种植物形成“林”或“园”。如梅林、杏林、牡丹园、丁香园、兰圃、万松岭、海棠坞等，远赏其群体美。另外，或者结合传统节日节气，作一些植物景观的特殊游赏，如中秋赏桂，重阳节赏菊，春节赏梅等。

4. 吸取西方园林植物造景的长处，发展我国的园林种植艺术

东西方园林各自具有特点，欧洲的建园布置标准要求体现整理自然、征服自然、改造自然的指导思想。园林种植是按人的理念出发，整形化、图案化。当然，西方园林的种植不可能脱离全园的总布局，在强烈追求中轴对称、成排成行、方圆规矩规划布局的系统中，也就产生了建筑式的树墙、绿篱，行列式的种植形式，树木修剪成各种造型，或动物形象，构成欧洲式传统的种植设计体系。中国园林的种植方法则另辟蹊径，强调和着重点是借花木表达思想感情。同时，以中国画画论为理论基础，追求自然山水构图，寻求自然风景。

由于东西文化艺术的沟通，必然带来相互影响。这种影响极为深刻，致使西方古典园林风格向风致园发展。而以植物造景为主的西方园林特点也逐渐向我国园林渗透，例如杭州蒋庄以及整个西湖风景区早已不是典型的中国古典园林风格了。这种渗透尤其反映在 20 世纪 50 年代出现的一些园林中，如杭州花港观鱼公园，在园林地形的改造上，汇集了国内外园林之长，具有英国式园林地形丘陵起伏的特点，池岸采用假山石与草坡结合，水边适当布置一些水生及沼生植物，岸上种一些攀援或匍匐的植物如紫藤、黄馨、匍匐月季、木香等。园内既有体现西方风格的雪松大草坪，又有日本风格的牡丹园，也有体现民族风格的观鱼池。游人在同一园中能欣赏到不同风格的情趣。又如杭州植物园分类区的构图中心，“植园春深”周围的植物配置，在池的一侧配置了一组高耸的水杉和池杉，它与水中倒影构成了一幅具有浓郁西洋画趣味的画面，而与之相对立的另一侧，在假山石旁配置了黑松、梅花、白玉兰等，纯粹是一幅国画，这两幅画面出现在同一个空间，却并没有使人产生任何不协调的感觉，相反，使得园林空间更加生动活泼，成为该园最吸引游人的中心。西方园林植物造景的长处融进了我国园林，使我国园林风格发挥得更加完美，更能适应现代园林综合功能的要求。

5. 处理好整体与局部、远期和近期的关系

遵循艺术构图中多样统一的原则，通过植物配置，即体现园林不同局部的各自特色，但相互间又要统一协调，因而需要选择好全园的基调树种和各景区、景点的主调树种和配调树种。基调树种应该有一个或两个分布于整个园林中，在数量上占全园的优势，全园不同的景区应该有不同的主调树种，造成不同景区的不同的风景特色，达到多样统一效果。

在园林植物的搭配方面，应充分考虑到远、近期的结合。一般寿命长的树种往往生长缓慢，而且苗木的规格都较小，不可能立即产生远景所需要的效果。必须同时考虑远期和近期的效果，因此要注意以下两点：第一基调和骨干树种要留有足够的间距，以便远期达到设计的艺术效果。第二近期内在栽植骨干树种的同时，搭配适量的速生填充树种，可很快形成景观。

总之，在进行园林植物种植时，力求附合：功能上的综合性，生态上的科学性，布置上的艺术性，经济上的合理性，风格上的地方性。

5.1.3 园林植物的配植方式

园林植物配植有规则式、自然式和混合式三种基本形式。考虑采用哪一种形式，必须根据用地的环境和它在总体布置中的作用和地位来决定。种植布置必须与总体布置相适应，例如，一般在公园入口，主要道路，整形广场及大型建筑附近多采用规则式种植，而在自然山水、草坪以及不对称的小型建筑物附近采用自然式种植，以便使园林植物种植与周围环境之间达到统一。

§5.2 园林种植类型

园林植物种类繁多，千姿百态，常见的种植类型有孤植、对植、列植、丛植、群植、树林、绿篱、草坪、花池、花坛、花境、花台等。不同的种植类型之间、种植类型与地形、水体、山石、建筑、园路、广场、园林小品等不同的艺术组合，能获得很好的种植艺术效果。

5.2.1 孤植

孤植是树木单株栽植或二、三株同一树种的树木紧密地栽植在一起而具有单株栽植效果的种植类型。孤植树有两种类型：一是单纯作为构图艺术上的孤植树，一是作为园林中庇荫和构图艺术结合的孤植树。常布置在大草地或林中草地的构图重心上，或布置在庭园、水边、透视开阔的高地、山岗上。孤植树是园林种植构图中的主景，因而四周要空旷，要留出一定的视距供人欣赏，一般最适距离为树木高度的四倍到十倍左右。

孤植树不论在什么地方，都不是孤立存在的，它总和周围各种景物配合，以形成一个统一的整体(图 5-3)。

孤植树主要表现植物的个体美，尤其以体形和姿态的美为最主要的因素。因此孤植树树种应该选择体形高大、枝叶茂密、树冠展开、姿态优美的树种，如银杏、槐、榕、樟、悬铃木、柠檬桉、朴、白桦、无患子、枫杨、柳、青冈栎、七叶树、麻栎等。还要注意选择观赏价值较高的树种，如雪松、云杉、桧柏、南洋杉、苏铁等，他们的轮廓端正而清晰；罗汉松、黄山松、柏木等具有优美的姿态；白皮松、白桦等具有光滑可赏的树干；枫香、元宝枫、鸡爪槭、乌桕等具有红叶的变化；凤凰木、樱花、紫薇、梅、广玉兰、柿、柑桔等具有缤纷的花色或可爱的果实。另外，要注意选择、长寿、病虫害少的树种。

此外选择孤植树种应为当地乡土树种中久经考验的大树，生长健壮、寿命长，能经受重大自然灾害，同时，树木不含毒素，没有脱落带污染性的花果。

在自然式园路或河岸溪流的转弯处，也常常布置姿态线条、色彩特别突出的孤植树，以吸引游人继续前进，所以又叫诱导树，在古典园林中的假山悬崖上，巨石旁边，登道口处也常常布置特别吸引游人的孤植树，但孤植树在此多做配景，而且姿态要盘曲苍古，才能与透露生奇的山石相协调。另外孤植树也是树丛、树群、草地的过渡树种，孤植树下不得配置灌木。

在园林构图上，作为观赏的孤植树，如果在开阔的大草地、草原和高原上，或是在山岗或小山上；或是在大水面的水滨所选树种必须特别巨大，才能与广阔的草地、平原、水面取得均衡。这些孤植树最好能以天空、水面为背景。大草地上的孤植树可以用草地作为背景，但树木的色彩最好与草色有差异。观赏的孤植树，应该在姿态、体形、色彩、芳香等方面突出。

作为丰富天际线及水滨的孤植树，必须选用体形巨大，轮廓丰富、色彩与兰色的天空和水面有对比的树种，如香樟、榕树、油松、白皮松、桧柏、雪松、枫香、鸡爪槭、木棉、银杏、白腊等。

在小型的林中草地，较小水面的水滨庭园中，孤植树的体型，必须小巧玲珑，可以应用在体形轮廓上特别优美，色彩艳丽或线条上特别优美的树种，如日本五针松、红叶李等，花木可以用玉兰、海棠、樱花、碧桃、紫薇、梅花等。

5.2.2 对植

对植一般是指用两株或两丛乔灌木按照一定的轴线关系作相互均衡配置的种植类型。主要用于强调公园、建筑、道路、广场的入口，突出入口的严整气氛。同时结合蔽荫、休息，在构图方面作配景或夹景。

对植可分为对称种植和非对称种植两种(图 5-3)。

图 5-3　孤植、对植、列植

对称种植常应用在规则式种植构图中，利用同一树种，同一规格的树木依主体景物的中轴线作对称布置，两树的连线与轴线垂直并被轴线等分。对称种植的位置既要不妨碍交通和其他活动，又要保证树木有足够的生长空间。一般乔木距建筑墙面至少有 5 米的距离，灌木则可视情况酌减。

位于整个园林绿地入口或大型公共建筑前面的对植树木，其体型大小应与主体相称，而且在形体和色彩方面与主体之间又要有所变化。白皮松、馒头柳、桧柏、云杉、银杏、龙柏、雪松、广玉兰、罗汉松、大叶黄杨等，以及类似的一些树种都是对植的好材料。

非对称种植多用于自然式园林进出口两侧以及桥头、石级登道、建筑物门口两旁。利用同一树种，但体型大小和姿态可以有所差异。与中轴线的垂直距离大者要近，小者要远，才能取得左右均衡，彼此之间要有呼应，才能求得动势集中。非对称种植也可以采用株数不相同，树种不相同的树种配置，如左侧是一株大树，右侧为同一树种的两株小树。或两边是相似而不相同的树种或两组树丛，双方既有分隔又有呼应。北方的油松、元宝枫、合欢，南方的马尾松、鸡爪槭、梅花等都是比较理想的树种。

两个树群的对植，可以构成夹景。

5.2.3 列植

列植是指用同一树种或不同树种沿一定方向（直线或曲线）等距栽植的种植类型。列植给人以整齐壮观的艺术感受，有深远感和节奏感，遮荫效果也好（图 5－3）。

在庄严宏伟的大型建筑、大型广场、庭园的前面或四周，宜用高大整齐的乔木进行列植；整齐池边堤岸以耐湿的垂柳、水杉、水松等树木列植，亦可间植木芙蓉，夹竹桃、碧桃、樱花、海棠等，以形成红花绿叶、倒影成行；规则式园林道路的两侧，纪念塔碑等具有怀念意味的庭园主路两侧可列植树木；另外列植还可以用于园林区界的四周。

列植可分为单行式、双行式和多行式。

5.2.4 丛植

丛植是指由数株到十数株乔木或灌木组合而成的种植类型。丛植的树木称树丛，树丛是种植构图上的主景。树丛的组合主要考虑群体美，也要考虑到在统一构图中表现出单株的个体美。所以选择作为组成树丛的单株植物的条件与孤植树相似，必须挑选在庇荫、树姿、色彩、开花或芳香等方面有特殊价值的植物。

树丛是园林绿地中重点布置的一种种植类型，植株个体之间既有统一的联系，又有各自的变化，分别以主、次、配的地位互相对比，互相衬托，组成既有通相又有殊相的植物群体（图 5－4）。在一定范围的用地中树丛总的数量不宜多，到处三、五成丛会显得零乱、繁琐。一般树丛宜布置在大草地上、树林边缘、林中空地、宽广水面的水滨，水中的主要岛屿、道路转弯处、道路交叉口以及山丘、山坡上等有合宜视距的开朗场地上。

图 5-4　丛植

1. 丛植配置的形式

(1) 二株配合，在构图上须符合多样统一的法则，二株树必须既有调和又有对比。使二者成为对立的统一体。因此两株配合首先必须有通相，即采用同一树种(或外形十分相似者)，才能产生调和使两者统一起来，但又必须有其殊相，即在姿态和大小上应有差异，才能产生对比，使丛生动活泼起来。正如明朝画家龚贤所说："二株一丛，必一俯一仰，一倚一直，一向左一向右……"，

“二株一丛，侧两面俱宜向外，然中间小枝联络，亦不得相背无情也”。

《芥子园画谱》中对 2 株树的画法作如下描述：“二株有两法，一大加小，如扶老，一小加一大，如携幼”；“老树须婆娑多情，幼树须窈窕有致，如人之聚立，互相顾盼”；二株的树丛，其栽植距离应该小于两树冠半径之和，方能成为一个整体。

(2) 三株配合；三株配合最好采用姿态大小有差异的同一种树，如果是两个不同的树种，最好同为常绿树，或同为落叶树，或同为乔木，或同为灌木，忌用三个不同树种。三株配植，树木的大小，姿态要有对比和差异，栽植时，三株忌同在一直线上或成等边三角形。三株的距离都不要相等，其中最大的和最小的要靠近一些成为一组，中间大小的远离一些成为一组。若采用两个不同树种，其中大的和中间的为一种，小的为另一种，这样就可以使两个小组既有变化又有统一。

《画谱》描述三株树，“……最忌根顶俱齐，状如束薪，必须左右互让，穿插自然”。

一般 3 株树的栽植点可以组成一个不等边三角形，可称之为“三角形”构图法。3 株树的搭配可以被认为是自然式栽植的基本方式。中国画家画 3 株树，多拟人化：“三株一丛，第一株为主树，第二第三株为客树”，或称之为“主、次、配”的构图关系。“三株一丛，则二株宜近，一株宜远，以示别之，近者曲而俯。远者宜直仰。三株一丛，二株枝相似，另一株枝宜变，二株直上，则一株宜横出，或下垂似柔非柔……。”

(3) 四株配合，四株配合仍然采取姿态、大小不同的同树种为好，分为两组，成 3:1 的组合，最大株和最小株都不能单独成为一组，其基本平面形式为不等边四边形或不等边三角形两种，忌四株成直线、正方形和成等边三角形，或一大三小，三大一小分组，或双双分组。

四株配合最多只能应用两种不同树种，可一种为三株另一种为一株，在整个构图中，忌一个树种偏于一侧。

(4) 五株配合，五株配合可以是一个树种或两个树种，分成 3∶2 或 4∶1 两组。五株同为一个树种，可以同为乔木，同为灌木，同为常绿，同为落叶树，每棵树的体形、姿态、动势、大小、栽植距离都要不同，在 3:2 组合中，主体必须在三株一组中，其中三株小组的组合原则与三株树丛相同，二株小组的组合原则与二株树丛配合相同，二小组必须各有动势，且两组的动势要取得均衡。3∶2组合在平面布置上，基本可以分为两种方式，一为梅花形，即四株分布为一个不等边四边形，还有一株在四边形中，另一种方式为不等边五边形，五株各占一角。在 4∶1 组合的单株树木，不能是最大和最小的，两小组之间距离不能太远，彼此之间要有所呼应和均衡。

当五株树丛由两个不同树种组合时，通常三株为一树种，另外两株为另一树种，在4∶1或3∶2组合中，都应该把两种树按主、次、配的构图关系进行配置。

六株以上配合，树木的配植，株数愈多愈复杂，但分析起来，实质为二株、三株、四株、五株几个基本形式的相互组合，故《芥子园画谱》中有“五株既熟，则千株万株可以类推，交搭巧妙，在此转关”之说。

2. 丛植应注意的问题

树丛必须遵照种植的一般原则，以当地的自然条件和总的设计意图为依据，用的树种少，但要选的准，充分掌握植株个体的生物学特性及个体之间的相互影响，树木在形象上的差异不宜过于悬殊，使树木能够组合成统一的整体，另一方面树种上又要避免千篇一律，使树木在性格和形态方面有对比，否则流于呆板，因此要在树木形体和谐中求其高低大小的变化，在色彩的协调中求丰富的变化，在有统一的质感和空透度中求质感和疏密的变化。

树丛中应有一个基本树种，在布局上能清楚看出树丛的主体部分，从属部分和搭配部分，后者要与主体部分取得联系和呼应，但又各具一定的独立性，这样在主次之间产生对立统一的艺术效果。

树丛的植株在位置上要达到均衡，树丛的立面宜有大小、高低、层次、疏密、色彩、亮度等方面的变化。对于丛植的花木要有合宜的背景衬托，如山桃、花色较淡，质地单薄，没有背景只是混沌的一片，如果以常绿树或粉墙等作背景则显得突出多了。树丛的栽植地标高，最好高出于四周的草地或道路，以利排水，同时在构图上也显得突出。

在中国古典园林中，把假山石、乔木、灌木、多年生花卉结合为一个树丛，或常以白粉墙为背景，很有诗情画意。

庇荫树丛的林下，用草覆盖土面，树下可以设置天然山石作为坐石，或安置坐椅。园路一般不得穿越树丛，以保证树丛的完整性。

树丛和孤植树一样，在树丛的四周，尤其是主要方向，要留出足够的观赏距离。

作为主景及透景框对景的树丛，要有画意，作为水景焦点的树丛，色彩宜鲜艳。

花卉的丛植为花丛，水生植物在水体中亦可丛植。

5.2.5 群植

群植是多数(20～30株)乔木或灌木的混合栽植。群植的树木为树群，树群主要表现树木的群体美，并不把每株树木的全部个体美表现出来，所以树群挑选树种不像树丛挑选的严格。树群在园林造景方面的作用与树丛类同，是构图上的主景之一，因此树群应该布置在有足够距离的开朗场地上，如靠近林缘的大草坪上，宽广的林中空地，水中的岛屿上，有宽广水面的水滨及小山坡上、土丘上。在树群的主要立面的前方至少在树群高度的 4 倍、树群宽度的 1.5 倍距离以上，要留出空地，以便游人欣赏。

树群可分为单纯树群和混交树群两类。

单纯树群：由一种树木组成，观赏效果相对稳定，可以应用阴性宿根花卉作为地被植物。

混交树群：可分为五层（乔木、亚乔木、大灌木、小灌木、地被植物）或三层（乔木、灌木、草本），树群内部的树木组合必须符合生态要求，充分发挥植物有机体之间的相互作用。在外貌上，要注意四季的季相美观。从观赏角度讲，高大的常绿乔木应居中央作为背景，花果艳丽的小乔木在其外缘，叶色及花色华丽的大小灌木在更外缘，避免互相遮掩，在任何方向的断面，不能像金字塔那样的机械排列、应该是林冠线有所起伏错落，林缘线要有丰富的曲折变化，树木栽植的距离要有疏有密，切忌成行、成排，外围配置的灌木，花卉都要成丛分布交叉错综有断有续。树群的栽植地标高要高于外围的草地、道路或广场，并向四面倾斜，以利排水。树群中也不允许有园路穿过。

树群林缘线的纵横轴切忌相等，要有差异，一般最好不超过 3∶1，若大于 4∶1 则为带状树群或林带。林带主要用于屏障视线，分隔园林空间，防尘、防风，作为背景及河流与道路两侧的配景。

花卉的群植称为花群，花卉的带状群植称为花带。水生植物在水体中亦可群植。

5.2.6 树林

树林是大量树木的总体，它是指植株数在数十株以上的大面积树木栽植，它不仅数量多、面积大而且具有一定密度和群落外貌，对周围环境有着明显的影响，包括园林中的防护林和风景林。在园林中，树林是一种最基本最大量的种植类型，在树种选择和个体搭配方面的艺术要求不是很高，着重反映树木的群体形象，可以供人们在里面活动。

园林中以造景为主的风景林按其使用功能和疏密度可分为疏林和密林两大类，一般都和草地结合一起，也可以和广场结合，与草地结合的树林主要是供人活动的，而且游人密度不宜过大，在少数情况下则限制人的活动，与广场结合的树林可供大量游人活动。

疏林一般是指郁闭度为 0.4～0.6 的树林，常与草地结合，称草地疏林，由于林内允许人们活动，多采用单纯的乔木种植，在功能上方便游人进行各种活动，在景观上突出表现单纯简洁和壮阔的风景效果。草地疏林是园林中应用最多的一种形式，也是风景区中吸引游人的地方，不论是鸟语花香的春天，浓荫蔽日的夏天，或是晴空万里的秋天，游人总是喜欢在林间草地上进行休息、游戏、看书、摄影、野餐和赏景等活动，即使在白雪皑皑的严冬，草地疏林内仍然别具风味。所以疏林应选用树冠高大，呈伞状展开又具有独特观赏价值和庇荫效果的树种，树木的叶面较小树荫疏朗生长健壮，花和叶的色彩要丰富，树干美观，树枝线条要曲折多致，常绿树与落叶树搭配要合适。树木种植要三、五成群、疏密相间，有断有续、错落有致，务使构图生动活泼。林下的禾本科草类应含水量少，组织坚韧耐踩踏。

密林：凡是郁闭度在 0.7～1.0 的单纯或混交树林，都称密林，密林的林地区，不允许游人入内，游人只能在林地内的园路与广场上活动，道路占林区的 5%～10%。密林可分为单纯林和混交林两类。

单纯密林是由一个树种组成的，它没有垂直郁闭景观和丰富的季相变化，为了弥补这一缺点，单纯密林的种植，株行距要有自然疏密的变化，可采用异令树木，利用起伏变化的地形，造成林冠线的变化，树林外缘处还可以配置同一树种的树群、树丛和孤植树，增强林缘线的曲折变化。单纯林下，应该配置花色艳丽的阴性或半阴性多年生草本花卉及低矮开花繁茂的耐荫灌木。单纯配置一种草花或花灌木，给人以壮阔简洁的艺术感染，具有雄伟豪迈的气魄。为了提高林下景观的艺术效果，单纯密林的水平郁闭度不能太高，最好在 0.7～0.8 之间，以利林下地被植物正常生长和增强林下能见度。

混交密林，是一个郁闭的具有多层结构的植物群落，即大乔木，小乔木、大灌木、小灌木、高草和低草各自根据其生态要求和彼此相互依存的条件，形成不同的层次，所以季相变化比较丰富。在混交密林与开阔草地相邻的边缘，或与辽阔水面邻接的边缘，或密林内部环抱而成的林中空旷草地的林缘，在游人至少可以在密林高度的 3 倍以上的距离去欣赏的场合下，垂直成层的景观应十分突出，不宜全部采用多层郁闭的景观，要有一部分不郁闭的双层结构，使游人的视线可透入林中，欣赏幽深的自然美。为了使游人深入林地，密林内部可以有自然园路通过，但沿路两旁垂直郁闭度不可太大，为了引人入胜，常在道路两侧，配置开花华丽的自然式灌木林带或自然式花带，使主干道成为优美的林荫花径。密林种植，大面积的可采用片状混交，小面积的多采用点状混交，同时要注意常绿与落叶、乔木与灌木的配合比例，全部林地的郁闭度，应该有疏有密，在混交中应该分出主调、基调和配调来。

关于树林，《芥子园画谱》写到："杂树总法"，"……，多多益善，有配合，有趋避，有逆插取势，有顺顾生姿。"《画谱》关于"杂树"画法的论述，无疑提供给我们一个多树种或单一树种的树林的种植方法，核心的意思，不宜"成排成行"，而要求有"配合"，即大小"配合"，和树种的搭配；种植过程要讲求"趋避"，要有“逆插取势”，即形式要有变化，虚实穿插，高低“生姿”、大小“顺顾。”这样，园林中树林的种植，就可以达到总体立面景观上天际线丰富，前后错落，大小穿插，或树种上配合；平面上疏密相间，疏中有密，密中求疏。

花卉的大面积栽植称为花地或形成专类花园。

5.2.7 绿篱

绿篱是用乔木或灌木密植而成形的篱垣（图 5-5），绿篱根据其高度可分为矮篱（50 cm 以下），中篱（60～120 cm）、高篱（120～160 cm）和树墙（160 cm 以上）；按其形式分为规则式绿篱、和自然式绿篱；依其观赏特性和功能分为常绿篱、落叶篱、彩叶篱、花篱、观果篱、刺篱、蔓篱、编篱等。

绿篱具有篱垣的一切作用，可以范围场地，园林中的观赏草地及规则式观赏种植区常用绿篱加以围护，不让游人入内和任意穿行。这种植物组成的防范性周界，造价经济，富于生意，艺术效果又好。

绿篱可用来分隔空间和组织空间，规则式园林常常应用较高的绿篱来屏障视线，或分隔不同功能的园林空间，在自然式园林中的局部规则式园林空间，可以用绿篱包围起来，使两种不同风格的园林布局的强烈对比得到缓和，对于面积有限而需要安排多种活动的用地，都可以用绿篱隔离，屏障视线，隔绝噪音，减少相互的干扰。

绿篱常作为花坛、花境、雕塑、喷泉及装饰小品的背景。如在西方古典园林中，常用欧洲紫杉及月桂树等常绿树，修剪成为各种形式的绿篱作为喷泉和雕塑的背景，其高度要与喷泉及雕塑的高度相称，色彩以选用暗绿色树种为宜。

用绿篱可以组织夹景、强调主题、起到屏俗收佳的作用，可以作为建筑物和构筑物的基础种植。

用绿篱可作为规则式园林的区划线和构成各种图案纹样。

规则式整形绿篱一般选用生长缓慢、分枝点低、结构紧密、不需要大量修剪或耐修剪的常绿灌木和乔木，如黄杨类、侧柏、桧柏、女贞类、桃叶珊瑚、欧洲紫杉、海桐、小腊等。自然式不整形绿篱可选用体积大、枝叶浓密、分枝点低、开花繁丽的灌木为好，如木槿、构骨、枸桔、黄刺玫、珍珠梅、溲疏、花椒、栀子、扶桑、小檗、太平花、玫瑰等。

整形绿篱可以修剪成波状、块状等多种形体，具有绿色的雕塑作用，能收到较好的艺术效果（图 5-5）。

图 5-5　绿篱

5.2.8　草坪

草坪是选用多年生宿根性禾本科或沙草科的草本植物，单纯或混合草种均匀成片密植的种植类型，也称草地。草坪的最大艺术价值是给园林提供一个有生命的底色，能把各种景物统一协调起来，减少郁闭感，增加明朗度，天空、山石、水体、乔木、灌木、花卉、建筑、道路、装饰小品在其映衬下，更添光彩，使园林的空间艺术得到完善和加强，草坪能给欢乐的游人提供足够的空间和一定的视距欣赏景物及洁静舒适的游憩场所，芳草如茵、赏心悦目、惹人喜爱。

1. 草坪的类型

(1) 按规划形式不同划分

① 自然式草坪：在地形地貌上，是自然起伏的，草坪上及周围布置的植物是自然式的，草坪周围的景物布局，草坪上的道路布局，草坪上的周界及水体均为自然式时，就是自然式草坪。自然式草坪最适宜于布置在风景区和森林公园的空旷或半空旷地上，在游人密度大的地区，一般采用修剪草坪，游人密度小的地区，采用不加修剪的高草坪或自然嵌花草坪。

② 规则式草坪：在外形上具有整齐的几何轮廓，一般多用于规则式的园林中，作花坛、道路的边饰物，或布置在雕像、纪念碑、建筑物的周围起衬托作用。

(2) 按使用功能不同划分

① 游息草坪：供游人散步、休息、活动等。

② 观赏草坪：专供观赏使用，不允许游人入内踩踏。

③ 体育草坪：供体育活动使用的草坪。

另外，还有飞机场草坪、护坡草坪等。

(3) 按草坪与树木的不同组合划分

① 空旷草坪：即草地上不栽植任何乔灌木或点缀很少的孤植树和小树丛。给游人以朴实粗旷的感染力。这类草地的面积大，具有开旷的景观，可供各种群众集会、游园演出或体育活动，或做为欣赏园林景物的开朗前景。

② 稀树草坪：当草地上稀疏的分布一些单株乔木，株行距很大，这些树木的覆盖面积为草地总面积的20%～30%时，称为稀树草坪。

③ 疏林草坪：草地上种植有乔木，其株距在8～10 m以上，其覆盖面积为40%～60%时的草地为疏林草坪。

④ 林下草坪：在郁闭度大于70%的密林地或树群内部林下。

2. 草坪设计

草坪设计主要解决草种的选择，草坪的坡度及排水、草坪的空间划分和植物配置等问题。游息草坪的草种应该选择抗性和忍耐性强的草种，即抗低温霜冻、抗旱、耐踩踏、耐滚压、耐修剪、耐盐碱等。可多选用狗牙根、结缕草、剪股颖、草地早熟禾等草种为宜。

为了保证人们游息活动的方便与安全以及草坪的排水，规则式草坪坡度可设计5%；自然式草坪坡度不要超过15%，一般游息草坪其坡度最好在5%～10%以内起伏变化，为了避免水土流失，草坪的最大坡度不能超过土壤的自然安息角(30°左右)。

草坪与树木的不同组合，可形成不同的空间划分，可获得不同的园林艺术效果和满足不同的功能要求。

在进行空间组合和植物配置时，依据植物群落的原理，选择适宜于各种不同生态要求的植物种类。形成效益较好的多层结构，创造出具有高度艺术感染力的植物景观。如华南植物园假俭草草坪上配置大王椰子和杜鹃。北京植物园野牛草草坪配置白皮松和月季，上海狗牙根草坪上配置紫叶李和黄杨球等。在国外，也十分重视植物景观，如美国在草地早熟禾、羊茅草等混合草坪上配置八仙花、金丝桃等属的乔灌木，获得较理想的效果。

5.2.9 花池

由草坪、花卉等组成的具有一定图案画面的地块称为花池。因内部组成不同又可分为草坪花池、花卉花池、综合花池等。

1. 草坪花池

一块修剪整齐而均匀的草地，边缘稍加整理或布置成行的瓶饰、雕像、装饰花栏等称为草坪花池。它适合布置在楼房、建筑平台前沿形成开阔的前景，具有布置简单、色彩素雅的特点。

2. 花卉花池

在花池中既种草又种花，并可利用它们组成各种花纹或动物造型称为花卉花池。池中的毛毡植物要常修剪，保持 4～8 cm 的高度，形成一个密实的覆盖层。适合布置在街心花园、小游园和道路两侧。

3. 综合花池

花池中既有毛毡图案，又在中央部分种植单色调低矮的一二年生花卉称为综合花池。如把花色鲜艳的紫罗兰或福禄考等种在花池毛毡图案中央，鲜花盛开时就可以充分显示其特色。也可在中央适当点缀花木或花丛，都很有趣。

5.2.10 花坛

花坛是在一定几何形状的种植床内，种植不同色彩的观赏植物，配植成各种图案的种植类型。花坛具有较高的装饰性和观赏价值。因种植方式和对植物的观赏要求不同，可分为花丛花坛、模纹花坛、草坪花坛；根据设计的形式不同，可分为独立花坛、带状花坛、花坛群和活动组合花坛（图 5－6）。

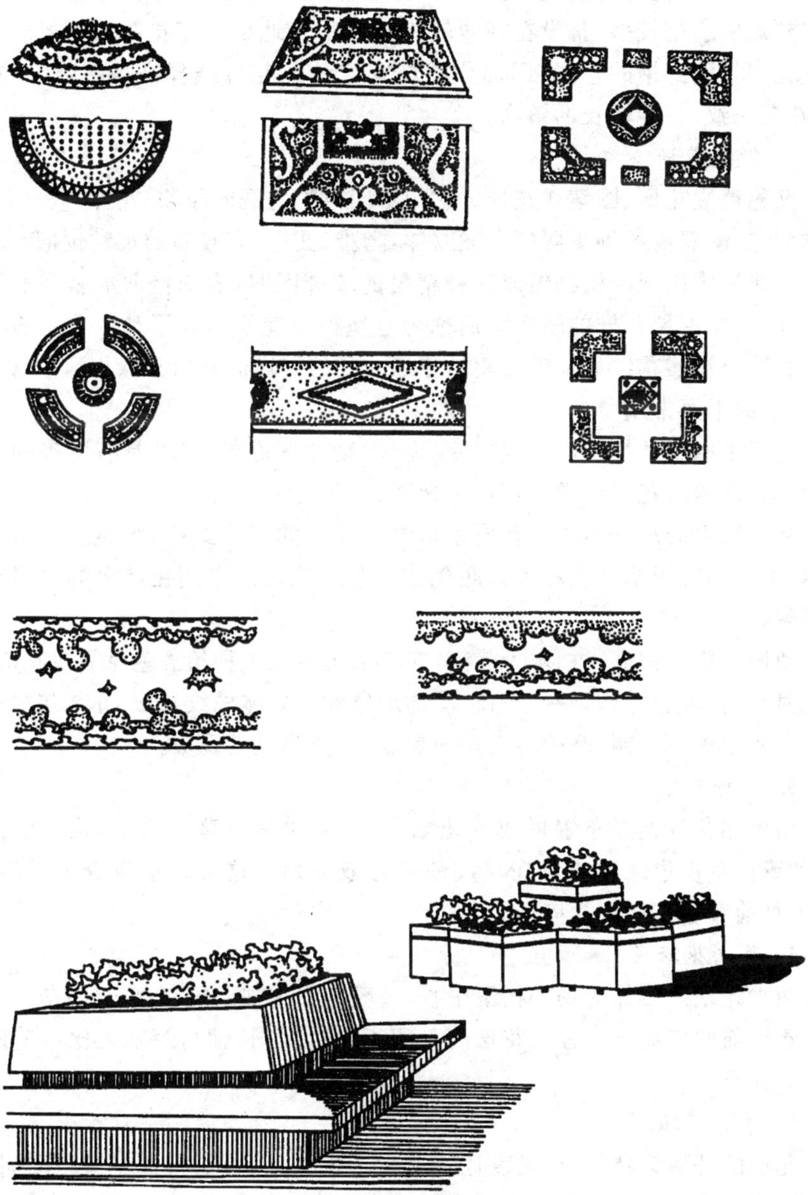

图 5-6　花坛、花境、花台

1. 花丛花坛

又称盛花花坛、集栽花坛。长短轴之比为 1∶1～3∶1，常用开花繁茂、色彩华丽、花期一致的 1～2 年生的球根花卉为主体。花坛花色要求明快、搭配协调，主要表现花卉群体色彩美。在城市公园中，大型建筑前广场上人流较多的热烈场所应用较多，常设在视线较集中的重点地块。盛花花坛主要欣赏草花盛花期华丽鲜艳的色彩，因而作盛花花坛的草花应选择高矮一致，开花整齐，花期一致，花期较长的植物。

2. 模纹花坛

又称镶嵌花坛、图案式花坛。它用不同色彩的观叶植物、花叶并美的观赏植物为主，配置成各种美丽的图案纹样，幽雅、文静，有较高的观赏价值。

在花坛中用观叶植物组成各种精美的装饰图案，表面修剪成整齐的平面或曲面，形成毛毯一样的图案画面称为毛毡模纹花坛。在平整的花坛表面修剪具有凹凸浮雕花纹称为浮雕模纹花坛。凸的纹样通常由常绿小灌木修剪而成，凹陷的平面常用草本观叶植物。

花坛中的观叶植物修剪成文字、肖像、动物等形象，使其具有明确的主题思想称为标题式花坛。常用在城市街道、广场的缓坡之处。

将花坛中的观叶植物修剪成模拟绸带编成的结子式样，图案线条粗细相等，线条之间常用草坪或彩砂为底色称为彩结花坛。常用在严肃的大门或道路两侧。

使用一定的钢筋、竹、木为骨架，在其上覆盖泥土种植五色苋等观叶植物，创造时钟、日晷、日历、饰瓶、花蓝、动物形象称为立体模纹花坛，亦称装饰小品花坛。常布置在公园、庭园游人视线焦点上，作为主景观赏。

3. 草坪花坛

用草和花卉配置布置形成的花坛，一般来说是以草皮为主，花卉仅作点缀，如镶在草皮边缘或布置在草皮的中心或一角。这种花坛投资少，管理方便，为目前布置花坛广为应用。

4. 独立花坛

独立花坛大多作为局部构图中心，一般布置在轴线的交点、道路交叉口或大型建筑前的广场上。独立花坛的面积不宜过大，长轴与短轴之比一般以小于 2.5 为宜。

5. 带状花坛

花坛的外形为狭长形，长度比宽度大三倍以上，可以布置在道路两侧、广场周围或作大草坪的镶边。把带状花坛分成若干段落，作有节奏的简单重复。

以树墙、围墙、建筑为背景的长形带状花坛又称境栽花坛。

6. 花坛群

由许多花坛组成一个不可分割的构图整体称为花坛群。在花坛群的中心部位可以设置水池、喷泉、纪念碑、雕像等。常用在大型建筑前的广场上或大型规则式的园林中央。

由独立花坛、带状花坛成行排列组成一个有节奏的不可分割的构图整体称为连续花坛群。有平面和斜面造型。常布置在干道台阶中央。长形广场中轴线上，或以水池、喷泉、雕像来强调连续景观的起点、高潮、结尾。

由数个花坛群组合成为一个不可分割的构图整体称为花坛组群。常在其构图中心设置喷泉、雕像、水池、彩灯、立体花坛花台等。常布置在大型规则式园林中或大型建筑广场上。

由许多花坛群和连续花坛群成行排列，组成一个沿直线方向演进的、有节奏的不可分割的构图整体称为连续花坛组群。

7. *活动组合花坛*

也称盆花花坛，是由盆花组合在一起的花坛，该花坛不需要专门的植床，组合容易，不受地点限制，比较灵活方便。可以布置在园林出入口内外广场上、厅内、路旁、草坪上等，现在应用比较多，需要先将观叶或观花植物、栽植在花盆等容器内，再用盆花组合成不同形式的花坛。花卉的栽植容器应经久耐用，造型美观、移动轻便。

花坛设计包括花坛的外形轮廓、花坛高度、植床缘石处理、色彩纹样设计及植物的选择。

作为主景处理的花坛其外形必然是对称的，其本身的轴线应该与构图整体的轴线相一致。花坛或花坛群的平面轮廓应该与广场的外形相一致，但可以有细微的变化，使构图显得生动活泼一些。

作为配景处理的花坛，总是以花坛群的形式出现，通常配置在主景主轴两侧。其花坛个体本身最好不对称，以突出主景轴线。当花坛直接作为雕塑、喷泉、纪念性构筑物的基座的装饰时，花坛只能处于从属地位。应该应用图案简单的花丛式花坛作配景，其花纹和色彩应恰如其分，避免喧宾夺主。

作为个体花坛，面积不宜过大，否则影响视觉效果，过大则鉴赏不清而且产生变形。所以模纹式花坛直径或短轴长度最好在 8～10 m 以内，图案十分粗放简单的独立花坛或图案十分简单的花丛式花坛直径或短轴 15～20 m。为了减少模纹式花坛或标题式花坛的图案纹样变形，常将花坛设立在斜面上。或将花坛作成中央隆起的球面，图案的线条也不能太细，五色苋通常为 5 cm，最细不少于 2～3 cm，矮黄杨和其他常绿灌木作的图案线条要 10 cm 以上。花坛的装饰和纹样应该和园林或周围建筑物的风格取得一致。

花坛或花坛群的面积与广场面积之比，一般在 1/3～1/15。华丽的花坛面积可以比简洁花坛的面积小一些，在行人集散量很大或交通量很大的广场上，花坛面积可以更小一些。

花坛主要是以平面观赏为主，所以植床不能太高。周围用缘石围起，使花坛有一个明显的轮廓，同时也可以防止车辆驶入和泥土流失污染道路或广场。

缘石高度通常为10～15cm，最高不超过30cm，宽度为10～30cm，缘石对花坛有一定的装饰作用，但对花坛的功能来说只是从属地位，所以其形式应朴素简洁，色彩应与广场铺装材料相互协调为宜。

5.2.11 花境

花境是介于规则式和自然式构图之间的一种长形花带（图5-6）。其平面轮廓与带状花坛相似，种植床的两边是平行的直线或曲线。花境内植物配置是自然式的，主要表现观赏植物本身所特有的自然美以及观赏植物自然组合的群落美。花境两边的边缘线是平行的，并且最少在一边用常绿木本或草本矮生植物（麦冬、葱兰、沿阶草、瓜子黄杨等）镶边。花境内以种植多年生宿根花卉和开花灌木为主，常常三五年不加更换。管理比较方便。

花境是连续风景构图，可以布置花境的场合很多，应用广泛。如在建筑物或围墙的墙基作基础栽植，在道路沿线的两侧或中央布置观赏花境；在绿篱、挡土墙或花架和绿廊的建筑台基前都可布置花境，以提高园林风景效果。

花境依据园林构图分为单面观赏花境和双面观赏花境两种。单面观赏花境植物配置由低到高形成一个面向道路或广场的斜面；花境远离游人一边的背后，有建筑物或绿篱作为背景，使游人不能从另一边去欣赏它。双面观赏花境植物配置中间最高向两边逐渐降低，这种花境多设置在道路、广场和草地的中央，花境的两边游人都可以靠近去欣赏。

花境的种植床一般也应稍高出地面，在有缘石的情况下与花坛相同，没有缘石镶边的，植床外缘与草地或路面相平，中间或内侧应稍高形成5%～10%的坡度，以利排水。

5.2.12 花台

在40～100 cm高的空心台座中填土，在其中栽上观赏植物称为花台或称花钵（图5-6）。它是以欣赏植物的体形、花色、芳香以及花台造型等综合美为主的。花台的形式各种各样，有几何体，也有自然体。一般在上面种植小巧玲珑、造型别致的松、竹、梅花、牡丹、山茶、杜鹃、腊梅、红枫等观赏植物。

花台在中国式庭园或古典园林中应用颇多，如同花坛一样可作主景或配景，现代公园、花园、工厂、机关、学校、医院等庭院中也常见，在大型广场、道路交叉口，建筑物入口的台阶两旁及花架走廊之侧也多有应用。目前在形式上也有所发展，如组合花坛的出现，式样新颖，别具风格（图5-7）。

花台还与假山、坐凳、墙基相结合作为大门旁、窗前、墙基、角隅的装饰，但在花台下面必须设有盲沟以利排水。

还有用木、竹、瓷、塑料制造的、专供花灌木或草本花卉栽植使用的称为花箱的活动花台。可以制成各种形状，机动灵活地布置在室内、窗前、阳台、屋顶、大门口及道旁、广场中央等处。

图 5－7　花台、花箱

§5.3 植物造景艺术

植物是有生命的园林素材，能赋于园林以活力，利用植物的形态、色彩、风韵等作为园林造景的主题；利用植物的季相变化构成奇丽的景观，从而使园林艺术具有生命的特征，它不像绘画与雕塑艺术那样，抓住瞬间形象凝固不变，而是随着岁月流逝，不断变化着自身的形体以及因植物间相互消长而不断变化着园林空间的艺术形象，因而没有植物就没有园林，没有植物造景艺术，就没有园林艺术。

中国园林善于应用植物题材，表达造园意境，或以花木作为造景主题，创造风景点，或建设主题花园。古典园林中，以植物为主景观赏的实例很多，如圆明园中：杏花春馆、柳浪闻莺、曲院风荷、碧桐书屋、汇芳书院、菱荷香、万花阵等风景点。承德避暑山庄中：万壑松风、松鹤清樾、青枫绿屿、梨花伴月、曲水荷香、金莲映日等景点。苏州古典园林中的拙政园，有枇杷园（金果园）、远香堂、玉兰堂、海棠春坞、听雨轩、柳荫路曲、梧竹幽居等以枇杷、荷花、玉兰、海棠、柳树、竹子、梧桐等植物为素材，创造植物景观。

中国现代园林也沿袭古典园林中传统手法，创造植物主题景点。北京紫竹院公园的新景点：竹院春早、绿茵细浪、曲院秋深、艺苑、新篁初绽、饮紫榭、风荷夏晚、紫竹院等。上海长风公园的植物景观参观点：荷花池、百花亭、百花洲、木香亭、睡莲池、青枫绿屿、松竹梅园等。

在长期的实践中，我国园林植物造景艺术，在传统配置理论的基础上有了新的发展，主要融进了欧美植物配置的基本理论和手法，使我国植物造景艺术理论逐渐充实和提高。

19 世纪后期，西方提出了“生态系统”的理论，指出这个系统是人们赖以生存的一切，要以生态学为依据，取得人与自然的协调，园林界提出“园林应以植物造景为主”和“融游赏于生态环境之中”的口号，亦即应用生态学观点研究植物造景艺术的理论，生态学观点使我国园林植物造景艺术发展到一个新的阶段。

5.3.1 园林植物的景观作用

构成园林景观空间环境中，起主要作用的是园林植物。首先是园林植物具有净化空气、降低噪声、减少水土流失、改善环境、气候和防风、庇荫的功能作用，可为园林创造良好的空间环境质量；同时在园林空间艺术表现中还具有明显的景观特色，也是表现园林艺术特色的重要组成材料。

1. 园林植物具有自然美的素质

“自然事物的美即自然美”。是“按照自然的规律产生、变化和发展，而不依存于人或社会关系的自然表现”。园林植物是有生命的活物质，在自然界已形成了固有的生态习性。在景观表现上有很强的自然规律性和“静中有动”的时空变化特点。“静”是指园林植物的固定生长位置和相对稳定的静态形象所构成的相对稳定的物境景观。或“孤枝独秀”表现园林植物优美的线条、姿态、色彩、风韵的个体美。或“一望成林”、“万紫千红”表现树林、树群、花坛、花地、花群等种植类型的群体美。所谓“动”包括两方面：一是当植物受到风、雨外力时，它的枝叶、花香也随之摇摆和飘散。这种自然动态与自然气候给人以统一的同步感受。如唐代诗人贺知章在《咏柳》一诗中所写：“碧玉妆成一树高，万条垂下绿丝绦。不知细叶谁裁出，二月春风似剪刀。”形象地描绘出春风拂柳如剪刀裁出条条绿丝的自然景象。又如高骈的诗句：“水晶帘动微风起，满架蔷薇一院香”，是自然界的微风与植物散发的芳香融于同一空间的自然美的感受。二是植物在固定位置上随着时间的延续而生长、变化、由发叶到落叶、从开花到结果、由小到大的生命活动。如苏轼在《冬景》一诗所描述的“荷尽已无擎雨盖，菊残犹有傲霜枝。一年好景君须记，最是橙黄橘绿时”。这种随自然规律而“动”的景色变换使园林植物具有自然美的素质。

2. 园林植物有明显的时空序列节奏

园林植物是有生命的物质，不仅有幼小—成龄—衰老阶段的生命周期，还有春夏秋冬一年四季生长周期的时序变化。观赏植物的配置造景，其艺术水平就在于掌握各种植物的姿态、色彩、叶形、花果期及其时序变化，才能做到植物配景的层次感、色彩感和时序感。春花、夏绿、秋色、冬姿，这是指一般园林景象的总体变化规律。植物与时间和空间的关系，应用到园林艺术中，就构成四时演变的时序景观和步移景异的空间变化。

清代陈扶摇在所著《花镜》中写道：春时，“梅呈人艳，柳破金芽，海棠红媚，兰瑞芳谇，梨梢月浸，桃浪风斜，树头蜂抱花须，香径捷迷林下。一庭新色，遍地繁华”。夏日，“榴花烘天，葵心倾日，荷盖摇风，杨花舞雪，乔木郁蓊，群葩敛实。篁清三径之凉，槐荫两阶之灿。紫燕点波，锦鳞跃浪”。秋令，“金风播爽，云中桂子，月下梧桐，篱边丛菊，沼上芙蓉，霞升枫柏，雪泛荻芦。晚花尚留冻捷，短砌犹噪寒蝉”。冬至，“于众芳摇落之时，而我圃不谢之花，尚有枇杷累玉，蜡瓣舒香，茶苞含五色之葩 ，月季逞四时之丽。檐前碧草，窗外松筠。”把一年四季庭园花木景色，描写得如诗如画。

3. 园林植物有较强的空间美学作用

(1) 植物的基本色彩是绿色，植物可以作为园林空间的统一者，使园林形成一个绿色环境，在多样变化中求得统一，绿色是青春与幸福的象征，使人感到轻松与舒适。

(2) 植物可以软化生硬线条,协调空间,植物的形体和质地比建筑物和构筑物几何体自然柔和多变,通过植物种植,会使这一部分空间和谐而有生气,用植物体形重复建筑物的体形,可使周围环境更为协调。如尖屋顶建筑、配尖塔形的松柏植物;平屋顶配以人工修剪平顶灌木或绿篱,显然相得益彰,更为协调。

(3) 园林植物可以强调和突出空间,或用植物的形态或色彩作为空间视线的焦点,形成一个美的空间中心,引起人们的注意,吸引游人欣赏;或用植物衬托某位置上非生物性景物,突出空间主景;或用植物遮蔽两侧的视线形成框景或夹景,或用植物材料可塑性,形成规则或自然不同风格的园林空间。

(4) 园林植物可以分隔空间,用植物根据需要把园林分隔为大小不同的空间,形成隔景和障景,还可增加空间的层次和深度。

(5) 用植物改造地形,地以树为衣,地形起伏的园林,可以用乔灌木加强其高耸的感觉,也可以缓和起伏的地势,如高处种大乔木,低处种灌、草,山势加高,低处种乔木,高处种灌、草,地势即觉平缓。

4. 园林植物具有人化性格美

园林植物景观不仅给人以环境舒适、赏心悦目的物境感受,还可使不同审美经验的人产生不同审美心理的思想内涵,王国维曰:“境非独谓景物也,喜怒哀乐亦人心中之一境界。”这个境界即是王昌龄所云“三境”中的“情境”与“意境”。意境是中国文学与绘画艺术的重要美学特征,也贯穿于园林艺术表现中。中国文学和绘画艺术采用比拟(兴)、联想的手法将园林植物的生态特性赋予人格化。借以表达人的思想、品格、意志,作为情感的寄托。或寄情于景或因景而生情。例如:以松柏的苍劲挺拨、蟠虬古拙的形态,抗旱耐寒、常绿延年的生物特性比拟人的坚贞不屈、永葆青春的意志和体魄。数千年的审美意识成为中国的传统思想。松柏已成为正义、神圣、永垂不朽的象征。另外,以竹象征虚心有节,清高雅洁的风尚;以梅象征不畏严寒,纯洁坚贞的品质;以兰象征居静而芳,高风脱俗的情操;以菊象征不畏风霜,活泼多姿的风采;以荷花象征廉洁朴素、出污泥不染的品德……。

5. 园林植物是体现园林特色与地方特色的材料

利用园林植物突出园林个性,表现地方园林特色早为前人所运用。诸如:以蔷薇、牡丹、梅花、杜鹃等观赏植物为内容的专类园。在大型园林中选用观赏价值较高、季相景观突出的植物,如樱花、月季、荷花、槭树等作为不同园林不同时节的景观特色。由于不同地区的地理、气候条件各异,园内应有本地区的代表性观赏植物。地区性的乡土树种是体现园林地方特点的最好材料。如我国华南地区的木棉、凤凰木、蒲葵、芭蕉、羊蹄甲、榕树等热带植物与东北地区的云杉、冷杉、杜松、水曲柳、桦树等寒带植物，不论是生态习性还是季相景观表现，都有很大差异，各有自己的景观特色。这种因自然条件形成的地方性特征，也是园林植物自然美素质的表现。

园林植物在园林空间艺术表现中不是无足轻重的陪衬，而是构成园林空间环境与景观的根本保证，在园林艺术构图中是主调、基调、配调全具备的重要角色。

5.3.2 园林植物的空间环境特征

传统的、程式化的园林植物艺术配置，表现于中国古典庭院，对我国园林植物造景艺术起到了承前启后的作用。

今天，人们更多地认识到了植物的作用，人们对于植物所构成的空间环境和自然景观的感受量在大大增强。

1. 园林植物空间环境具有较显明的功利性特征

人们在自己所生存的环境中栽植树木花草，目的非常明确，一是美化、二是改造环境，利用植物的生态学功能，为人们的生产、生活及其他社会活动服务。这就是园林植物的功利性特征，也是植物之所以引起人们审美活动的前提和基础。

植物为我们提供了优美的环境，这正是构成园林美的最主要方面，特别是现代化城市飞速发展的今天，由于环境变化，人们强烈地表现出对于绿色世界的追求和向往，在植物环境中人们感到亲切、自在，而不像建筑那样有约束力，这就使人对于植物产生了天然的感情。应该说植物对环境的改造作用(诸如净化空气、调节气温、遮荫、防风等)和植物环境给人的美感效应是并行的。

2. 园林植物空间环境具有强烈的运动感

植物环境是活的生灵，每时每刻都在发展变化，植物空间随时间变化的程度是其他任何人为环境所不能比拟的，植物材料本身规定了其空间环境特征具有强烈的运动感，其灵活性、延续性和复杂性，与人为的硬质环境有着明显的差别。由于植物材料的特性造成了植物空间的发展变化，其空间效果也有较强的表现力。

3. 园林植物空间环境具有丰富的色彩感

植物环境的特点还表现在丰富的色彩感这一点上，植物色彩的宽广幅度，远远大于人工色，自然界的许多色彩是人工配色无法获得的。同时，人类在长期的生活环境中和绿色结下了不解之缘，绿色的基调成了生命力的象征。而色彩的明暗对比和不同色相的有机配合，又必然引起人们不同的审美感受。基于这一点，我们应该提倡各种流派对园林的渗透，以丰富园林色彩的表现形式。

4. 园林植物空间是一个整体的群落环境

园林植物环境的特征还表现在具有合理群落结构的整体性，人们对于植物美的感受，已由个别形体走向整体环境，走向群落景观，常见的有草地植物群落、针叶林植物群落、阔叶林植物群落、混交林植物群落、花卉群落等。植物空间环境依空间的围闭、开敞等效果不同大体上可分为、草坪空间、林下空间及介于两者之间的疏林草地空间。

5. 园林植物空间具有显明的时代感

历史在发展，社会在前进，传统、程式化的园林植物造景艺术具有古典的时代感。今天，人们的生活要求，审美情趣都有了根本的变化，现代园林要求有与之相符的新的形式和内容，新园林要求环境优美、开朗明快、活泼可亲的面貌，一切都应该是人民的、民族的、地方的特点和现代生活的需要。园林植物空间环境也体现了这一时代的脉膊。

5.3.3 园林植物造景艺术

明代文震亨在《长物志》花木篇中写道："第繁花杂木，宜以亩计。乃若庭除槛畔，必以虬枝古干，异种奇名，枝叶扶疏，位置疏密。或水边石际，横偃斜披；或一望成林，或孤枝独秀。草木不可繁杂，随处植之，取其四时不断，皆入图画。又如桃李不可植庭除，似宜远望；红梅、绛桃，俱借以点缀林中，不宜多植。梅生山中，有苔藓者，移置药栏，最古。杏花差不耐久，开时多植风雨，仅可作片时玩。蜡梅冬月最不可少。"这是我国古代植物配植的造景艺术。

不同的植物种植类型，或不同植物种植类型的有机组合，与园林环境融为一体，能产生很好的造景艺术效果。

1. 用植物作为造园主题，创造主景

在园林种植中，常用孤植树、树丛、树群、花丛、树林、花群、花坛、花境、花台等作为园林构图中心，如留园的"古木交柯"、北海画舫斋的"千年古柯"都是以孤植作为主景（图 5－8）。园林里一些局部空间，如草地中央、水际、岛上等视线集中的位置，可利用有突出观赏
效果的孤植树或树丛作为局部构图的主景。

2. 用植物作为对景、障景和隔景

在园林中常用丛植、群植、树林、树墙等作为对景、障景和隔景，常用于园林入口或主要道路的分道、弯道尽端的处理。杭州花港观鱼公园主要入口内正对主路有一组雪松组成的树丛，它一方面是入园后的一个对景，同时也起障景作用，游人不致一入园就一览无余地看到园内的景色，使游人很自然地顺两边的分道入园游览。作为这种处理的树种要选用生长势强、枝叶繁茂、体型美观的树，树丛的高度必须超过游人视线高度。上海长风公园的主要入口运用

垂柳和龙柏组成的树丛作障景和分隔空间，其特点是前面有比较开朗的草地，而且树丛偏于西北一面，形成入口内部空间的主景，又不会使人感到空间过于闭塞。由于树丛的位置偏于一侧，游人便会很自然地向东转入环路游览。树丛前的草地一方面为入口内广场人流的集散提供了补充面积的条件，另一方面由树丛和草地组成适度开朗的空间有助于渲染新型公园开朗、明快的气氛（图 5－9）。

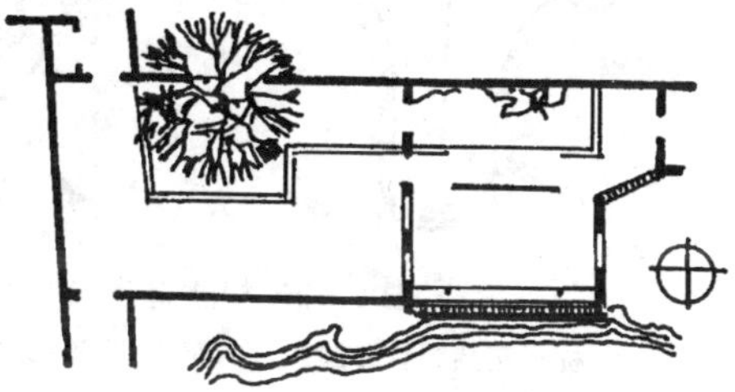

苏州留园的“古木交柯”

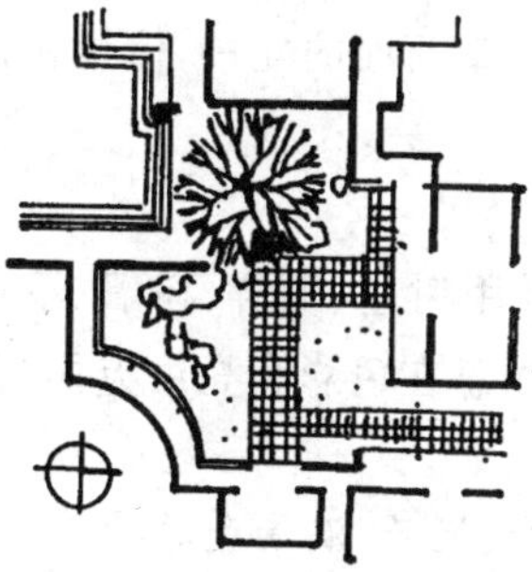

北海画舫斋的“千年古柯”

红枫为植物的主景

植物与建筑互为背景

图 5－8　植物造景——主景、背景

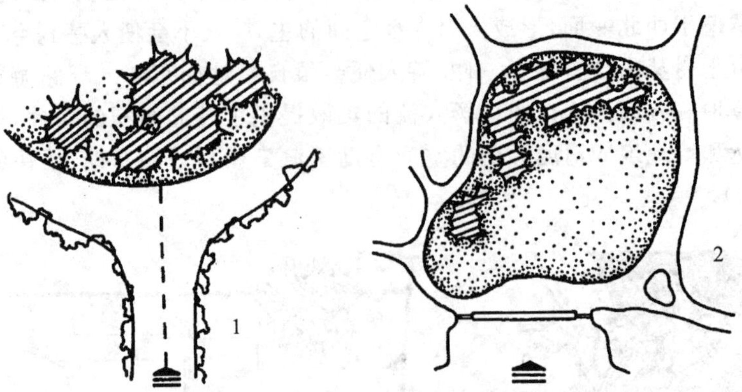

图 5-9　植物造景——对景、障景、隔景

1. 杭州花港观鱼公园入口的对景、障景；2. 上海长风公园入口的障景、隔景

3. 用植物作为山石、建筑、广场、道路、水体等景物的配景

如孤植树可种植在山石登道口旁、建筑旁、作为其配景。对植用于建筑、园林、道路、广场等入口处作为配景。列植、丛植、群植、绿篱、花坛群、花境、花丛等都可作为配景处理。如人民大会堂周围布置有油松、元宝枫、玉兰、丁香、珍珠梅、早花锦带和各色花草组成的树丛，它是大会堂两面的配景，体量相称，朴素大方。

4. 植物可以作为其他景物的背景

为了突出雕塑、纪念碑、建筑等景物的轮廓，常用树丛、树群、树墙、草坪、花地等作为背景和陪衬。运用植物作为背景时应注意在色彩和亮度方面与主体景物要有对比。

5. 利用植物能增加园林空间的层次，形成夹景、框景、漏景和添景

对于比较狭长而空旷的空间，为了增加景深和空间层次，可以利用树丛、花丛、花群等作适当的分隔。也可用树丛、树群对植形成夹景，还可通过植物枝条隙间形成漏景。北京颐和园东岸游船码头附近以桧柏树丛作为框景远眺万寿山的景色为一般摄影爱好者反复研究的镜头。

6. 利用植物能创造园林空间的变化

植物造景在空间的变化，一是通过人们的视点、视线、视境而产生“步移景异”的空间景观变化。园林中运用植物组合来划分空间，形成不同的景区和景点，往往是根据空间的大小、树木的种类、姿态，株数的多少及配植的方式来组织空间景观。树木配植造景在我国传统园林艺术上是十分讲究的。犹如作诗文要有韵律，必使曲折有法，前后呼应，与环境相协调。《花境》在“种植位置法”中写道：“草木之宜寒宜暖，宜高宜下者，天地虽能生之，不能使之各得其

所，赖种植时位置之有方耳”；二是由于园林植物随物候期变化而变化着其外貌。形成了园林植物的时序景色和园林空间的变化。

苏州古典园林的植物配置，十分重视季节性景色，如拙政园的“海棠春坞”、狮子林的“向梅阁”，都是着意春花烂漫的春景；留园的“荷花厅”、拙政园的“荷风四面亭”，都是侧重渲染荷莲满池的夏景；留园的“闻木樨香轩”及西部土山的枫林，是以秋色秋景为主；拙政园的十八蔓陀萝馆，馆南小院有名种山茶十八株，以及累玉树梢的枇杷园，清香四溢的蜡梅花台，都是以欣赏冬景为主。

西湖风景园林的著名十景，也突出了时序景色。如“苏提春晓”、“柳浪闻莺”，桃花泛红，柳丝拂水，黄莺转鸣其间，春色宜人。“曲院风荷”，夏日荷盖风摇，花香四起。“平湖秋月”，使人联想到“万顷湖面长似镜，四时月好最宜秋”的诗句。“断桥残雪”，每当冬雪之时，夹岸玉树琼林，雪景极妙。

7. 园林植物能形成点、线、面的形态特征，创造具有现代美感的园林

(1) 点构成种植

在形态构成中，点作为造型要素之一则可大可小，如园林种植中的孤植树、花丛、花台、树丛、树群等，这与它们所处的环境空间大小有关，面积没有绝对的数值限制。运用点的聚积性及其焦点特性，用孤植、丛植、花丛、花台、花坛等可创造园林主景；运用点的排列组合，可形成节奏和秩序美，如植物的对植与列植；散点构成种植，散而有序，若断若续、活泼多变、连续呼应成一个整体，如丛植；点构成种植亦可作陪景，以点缀园林美。

(2) 线构成种植

如列植、林带、绿篱、树墙、花带、带状花坛、花境等种植类型。主要包括园界树、园路树、湖岸树等植物，形成直线、折线、曲线和自然、断续错落的线状景观。规则式园林多成行成列栽植，而自然式布置往往考虑与道路、湖岸的有机结合，不等距、列队、疏密有致，线构成种植还要考虑林冠线的起伏变化和林缘线的平面曲折变化。

(3) 面构成种植

如树林、草坪与花地。密林与草坪成为园林植物景观中虚实对比度最强的构图，可构成不同景观特色的植物空间环境，开敞的草坪中又有树群、树丛，做到“虚”中有“实”。而树丛、树群中又有空隙，从而“实”中又有“虚”。而密林中，一般也有一定的林中空地，从而产生疏密、明暗之间景观变化。这种密林草坪一般利用略有起伏的地形。花港观鱼公园的蒋庄庭院的草坪，面积 200 m^2，草坪中一树丛，并以雪松林作为草坪的竖向景观和水平草坪底色的组合，形成雪松草坪。

8. 运用园林植物造景，创造园林意境

园林植物的人化性格美，能够产生生动优美的园林意境。如杨州个园、园

内修篁万杆，因竹子叶形似“个”，故取名为个园。个园主人一方面是源于自己内心的爱竹之情，另一方面也是受了文人雅士爱竹之风的影响。竹枝干有节，谐音“气节”，隐喻士人的坚贞不屈；竹干空心，又是虚心、谦逊美德的表示。

5.3.4 植物与园林建筑的艺术配置

1. 园林植物对建筑的造景作用

园林建筑是构成园林的景观的重要因素之一，而园林植物与建筑的配植，会产生很大的影响。配植得体，可收相互因借、扬长避短之效，体现了自然美与人工美的结合，使景点变得更为完美。

园林植物可以作为建筑的配景或背景，如草坪、树丛、树群、树林、花丛、花群等种植类型，以衬托建筑，充分表现建筑物立面上优美的线条；用植物的美丽色彩及柔和多变的线条遮挡或缓和一些建筑的生硬线条，如基础种植和建筑角隅的种植；利用建筑的门、窗、墙柱形成的景框框以植物、山石，画意甚浓，又可利用树干、树枝作为景框，使建筑入画，以彰显建筑，并能增加画面层次；通过植物配置，使环境空间协调统一；对植能强调突出建筑物的出入口，列植能突出建筑物周围的严整气氛。攀缘植物配植可以美化建筑物的立面景观，并能夏季降低室内温度。

2. 园林植物配植应与建筑风格相统一

北京皇家古典园林，选择了侧柏、桧柏、油松、白皮松等树体高大、四季常青、苍劲延年的树种作为基调，以显示帝业的兴旺不衰、万古长青，是很相宜的。这些华北的乡土树种，耐旱耐寒、生长健壮、叶色浓绿、树姿雄伟，堪与皇家建筑相协调。北海公园琼华岛上的山路、画廊，曲折迂回，满山松柏反映其“叠翠”的意境，并将山顶的白塔烘托得更加鲜明，游览时犹如进入仙境。

私家园林，建筑色彩淡雅，黑灰的瓦顶、白粉墙、粟色的梁柱、栏杆。整个园林面积虽不大，但建筑比重很大，在园林建筑布局及植物配植上，刻意突出诗情画意的意境，用“咫尺山林”再现大自然景色，力求小中见大。各种自然组合的建筑空间及小庭院，常成为植物造景的重点场所。在植物选择上着重观赏价值高、具有韵味的小乔木与花灌木，屡见以植物为题命名建筑或景点。如“海棠春坞”的小庭院中，一丛翠竹，数块湖石，以沿阶草镶边，既使角隅充满画意，也体现了“宁可食无肉，不可居无竹”的意趣。其实院内的西府海棠和垂丝海棠才是主题，以此欣赏海棠报春的景色。“嘉实亭”四周遍植枇杷，亭柱上的对联为“春秋多佳日、山水有清音”，充满诗情，使嘉实亭即使在隆冬季节，依然生机盎然。

纪念性园林中的建筑常具有庄严、稳固的特点，故而植物配植宜庄重、肃穆，用松柏以显示革命先烈高风亮节的品格和永垂不朽的精神，也表达人民对先烈的怀念和敬仰。一般用规则、对称式配植。

岭南园林其建筑轻巧、淡雅、通透、深受人们喜爱。在建筑旁常配以竹类、棕榈类、芭蕉、苏铁等乡土树种，与水、石可组成一派南国风光。对于冬季较长的东北和北风呼啸的华北、西北地区就应结合本地气候特点和植被类型创造具有地方风格的园林建筑，这样和乡土树种配植起来就很能突出地方风格了。

3. 植物与庭院、门、窗、墙、角隅的配植

面积稍大的庭院可游，但小面积的庭院以及天井则多不能身游，而只可神游。多数可游的庭院是通过道路及水池来分隔空间，根据路及池边的曲度来配植植物，有的作主景，有的作障景，抑扬反复，增大空间感。在只可神游的有限面积内要通过植物、水面、山石组成变化无穷的空间。

门是游客游览必经之处，门和墙连在一起可起到分隔空间的作用。充分利用门的造型，以门为框，通过植物配植，与路、石等进行精细地艺术构图。不但可以入画，而且可以延伸视线。扩大空间感。

窗也可充分利用作为框景，安坐室内，透视窗框外的植物配植，俨然一幅生动的画面，由于窗框的尺度是固定不变的，植物却不断生长，增大体量，因此要选择生长缓慢，变化不大的植物，诸如芭蕉、棕竹、南天竺、考顺竹、苏铁类、佛肚竹等。近旁还可配些尺度不变的剑石、湖石，增添其稳定感，这样有动有静，构成相对持久的画面。

墙的功能主要为了分隔空间，但也可利用其南面小气候好的特点，种植一些不太耐寒的植物，如用垂直绿化把墙面遮挡起来，则自然气氛倍增。白色的墙面常起到画纸的作用，通过植物配植，以植物自然的姿态与色彩作画。故在白墙前宜配植红枫、山茶、杜鹃、构骨、南天竺等。则红色的叶、花、果跃然墙上，色彩鲜明。

墙基绿化常叫基础栽植，选择低矮的灌木及花卉来配植，常用平枝栒旬子、鹿角桧、八仙花、菲白竹、月季、迎春、茑尾、水仙、马蔺以及草坪植物。有时和墙面绿化配合一体，墙面除种攀援植物外，也可吊挂花篮。

建筑的角隅线条生硬，通过配植物进行软化、缓和最为有效，也可在角隅处做些小品，几块山石在角隅处堆出一个栽植池，石隙种上沿阶草，池中植上杜鹃、南天竺等优美的花灌木，组成一景，使游人欣赏之余而忽略了角隅硬直的线条。

另外，植物距建筑的栽植距离不宜太近，一则影响建筑基础稳固，二则影响植物生长，同时种植要注意建筑室内的采光与通风。

5.3.5 植物与园路的艺术配置

园路两旁植物配置能形成动态的植物空间环境，产生“步移景换”的空间

景观效果(图 5－10)。

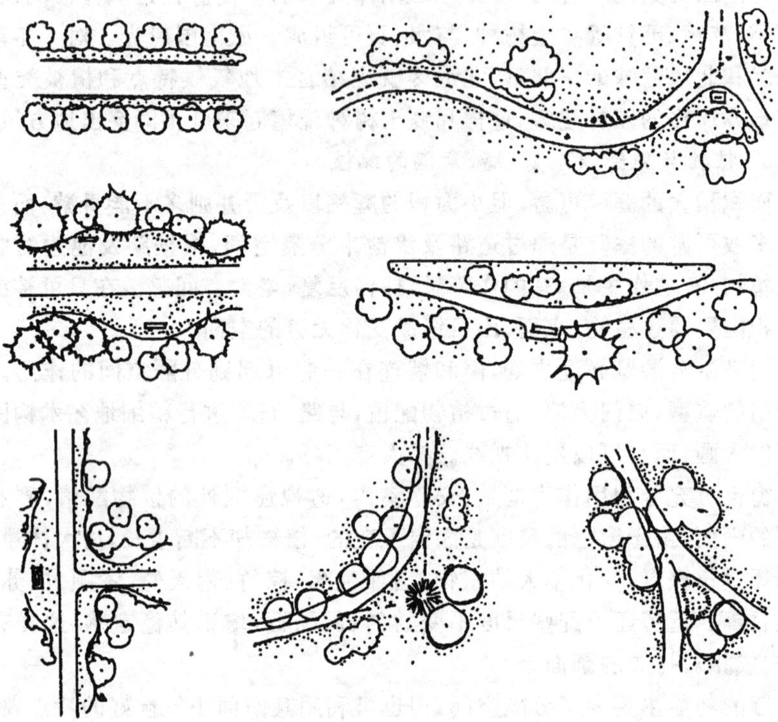

图 5－10　植物与园路的艺术配置

规则式园林的主干园路、园林出入口，采用列植、对植等规则式种植，路旁树木成行成列，亦可人工修剪成不同的几何形体，道路交叉口的轴线交点上，可配置独立花坛构成主景花坛；在道路的丁字口处，配置花丛、花坛作为对景；或在道路两侧配置花带，花境或带状花坛，在道路的中央可配置双面观赏花境或带状花坛和带状花坛群，以构成花镜路。或在园路两侧配置规则式的草坪，以构成较为开阔的植物空间环境。为了打破全园种植上的单调，注意路旁植物的选择，也可在道路两侧规则的布局形式中，采用自然的花丛、花群、花地、树丛、树群等种植类型，但要以园路中心轴线两侧对称，以在规则构图中求得活泼与变化。

自然式园路两侧的植物配置应做到树无行次，不等距列队、疏密有致；在弯曲道路的外侧游人视线焦点处，可采用花丛、花群、树丛、树群、孤植树或假山石与植物的组合，作为重点处理进行植物造景；在园路的交叉口、分叉口游人视线的端点处，可用植物作为对景；自然式园路旁花灌木应适当密植，并配置有背景植物；园路可穿越草坪、树林、竹林、花地等不同的种植类型，常有“林中穿路"、"竹中求径"、花中取道"。

5.3.6　植物与山石地形的艺术配置

我国自然式山水园林的植物配景很重视因地制宜，布局合理。山丘地的配植。以松、柏类常绿针叶树为主体，以银杏、枫香、黄连木、槭树类、竹类等色叶树为衬托，并杂以杜鹃、栀子、绣线菊、溲疏、紫珠等花灌木，可丰富山林景观的层次和色彩。

"山藉树而为衣，树籍山而为骨，树不可繁，要见山之秀丽，山不可乱，须显树之光辉"。此间"树不可繁"意即树群不可过密成片，要有疏密变化，方显山野之趣。若与草地结合，则成为疏密相间，三五成丛，自由错落的"疏林草地"，如承德避暑山庄西北山区松云峡、西峪两条峪壑中的御道两侧古松并列，蜿蜒向纵深漫去，构成一个大面积的绿色统一体。这个漫山峪壑环湖依松构成的统一体，参差错落、起伏变化，呈现出古朴、典雅、深野、清碧、浩壮的气韵美，形成了避暑山庄特有的园林风格。

又如杨州个园的四季假山，被誉为"国内唯一孤例"。其植物配置颇具艺术特色。个园的四季假山"春山宜游，夏山宜看，秋山宜登，冬山宜居"，植物配置以竹为主，花木配置兼顾四季景观效果，以烘托四季假山，做到"园之中，珍卉丛生，随候异色"，每季都有其代表植物。

春景以竹石开篇，竹枝青翠，枝叶扶疏之间几枝石笋破土而出，带来了春的气息，特别是春天发笋之际，真假竹笋更是相映成趣，使画面充满了动感，呈现了一派春意盎然的景象。竹石小景又以花墙漏窗为背景，宛然一幅竹石图。

夏景以假山水池作展开，湖石假山叠出"夏云多奇峰"，体现了南方之秀，山腰蟠根垂萝，草木掩映，池内睡莲点点，丰富了水面层次，"映日荷花别样红"，点明了"夏"的主题意境。也呈现了一派江南风光，夏山植物以竹、广玉兰、紫薇和山上古柏为主，同时配植石榴、紫藤等。

秋景为全园的高潮部分，黄石假山仿黄山真山造型，表现北方之雄。秋山植物以竹和秋色树种为主，半山腰以古柏、黑松以添北方雄浑之气，且黑松造形优美，貌似黄山松，黄山二绝——奇松、怪石在这里展现。

冬景为全园的尾声，用宣石(雪石)堆成一组雪狮图。几枝斑竹便映入眼帘，冬天的凄惨悲凉之感油然而生。冬景又以岁寒二友"竹、梅"为主要配植材料，"月映竹成千个字，霜高梅孕一身花"是冬景极好的写照。

总之，山上一般采用自然种植，要注意树种的选择，立面景观、色彩构图，植物群落结构及形成的山林野趣气氛。

我国园林中的假山石常运用一些攀缘植物作点缀，以增加自然山石苍润的生气，如紫藤和湖石结合，从石洞中贯穿缠绕，至峰顶蔓垂而下，成伞状，开花季节紫花累累，显得格外生动；挺立的石笋缠绕以苍劲的攀缘植物或开花植物，可以打破其形体的单调；有些外形不好的山石可以用木香、络石之类有攀附性的植物润饰其外观。运用攀缘植物和山石搭配时，在选用树种和确定复盖度时都要结合山石的观赏价值和特点来考虑，不要因植物根茎的生长使假山石结构受到损害。

5.3.7 植物与水体的艺术配置

规则的池边、堤岸可以采用列植，自然式水体岸边，植物配置应稀疏，要有远有近，断续错落，疏密有致，树种可选择水杉、池杉、水松、垂柳以及碧桃、樱花、芙蓉、棣棠、迎春等，池岸边的种植应注意水中的倒影和岸边的环境。

水体中适当的点缀种植水生植物，可以大大地丰富水面的景色。

从构图方面讲，水生植物栽植的位置和面积都要合理安排。水生植物的位置除了考虑生态条件外，还要结合水上活动和倒影来考虑，不要因种水生植物阻碍了水上活动，影响了倒影的艺术效果和用水面扩大空间美化空间的作用。水生植物在水面上暴露的面积与水下部分栽植的面积具有一定的比例关系，这种比例关系因种类而异，例如荷花在水面上的比例约为1∶5，在较小的水面里，水生植物可占1/3左右，大面积的水面，水生植物占的比例还可小些，为了便于观赏，一般可布置在岸边、岸角。水生植物的种类选择和搭配要因地制宜，在很小的水面里可栽植小型的水生植物，在渐缓的坡岸可以自岸上到水中可种植各种生态不同的水生植物，在搭配时要充分利用体形、姿态、叶形、叶色花色的变化，并与岸边环境取得谐调，如根据水的深浅把睡莲、水生鸢尾、水葱、千屈菜、银芦等加以搭配，可以取得多样统一，主次分明的效果。

为了控制水深，控制水生植物生长和防止鱼类对水生植物的破坏，常需要在水下安置一些设施，其中最常用的是水生植物种植池和防护铁丝网（图5-11）。

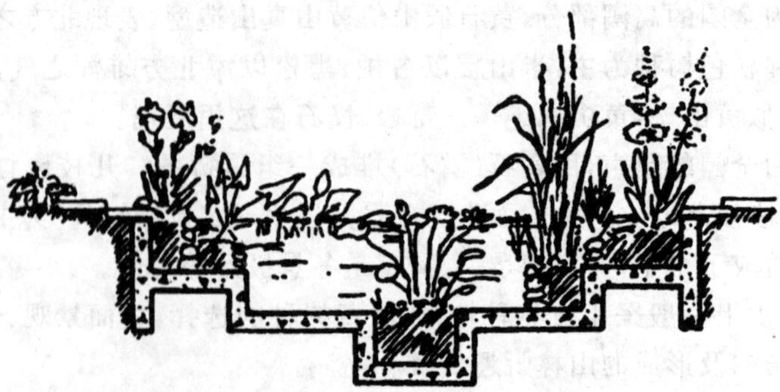

图5-11 水生植物种植池

水生植物的配置也有弧植、丛植、群植等多种形式。

水体中的岛屿常常成为游人视线的焦点，采用丛植、群植、树林等类型造景，并结合草坪、花地、疏林等构成不同的植物空间环境、水中岛屿上作为主景的树丛、树群，其色彩构图应丰富华丽。

另外在园林中常运用草、花、攀缘植物，树木、水生植物以及花箱、花钵、盆景、盆栽等对园林空间局部、建筑小品、雕塑、纪念碑、假山石、树池、墙壁、建筑角隅、窗台、天井、庭院、水面、池岸、草坪、林缘、出入口……等进行点缀，起到装饰美化作用，以增加园林艺术的感染力，这里不再一一赘述。

第6章　园林建筑、园路与广场

§6.1　园林建筑、园路与广场布局

6.1.1　园林建筑

园林中，既有使用功能，又可供观赏的景观建筑称之谓园林建筑，要求园林建筑达到可居、可游、可观。

1. 园林建筑的作用

(1) 使用功能

园林建筑尽管名目繁多，分析起来也都是直接或间接为人们休息游览活动服务的。因此满足人们休息、游览、文化、娱乐、宣传……等活动要求，就是各类园林建筑最主要的功能。例如，文化休息公园需要设置文教宣传、文娱体育方面的建筑；动植物园需要设置适合动植物生长习性便于群众参观的动植物展览建筑；儿童公园需要设置适合儿童活动特点满足不同年龄儿童活动要求的建筑；体育公园则需要设置满足各项体育活动要求的建筑和设施等等。

此外，对园林内的管理服务建筑亦应认真考虑，不可忽视。

为了满足游人的多种活动需要，园林建筑不仅需要具有单一的功能，而且还希望具有多种功能，以便提高它们的利用率。如对于古典园林建筑，虽然它们本身就是很好的展品，供人们游览观赏就是它们最好的功能，但还是应该尽可能安排和它们相关联的、内容上健康、气氛上协调的一些活动内容，诸如：文物、工艺品展览或事迹展览等等。

(2) 景观作用

园林建筑的景观作用表现在用园林建筑可以组织园林空间，组成游览路线和组织风景画面。园林建筑可以作为园林构图中心，如颐和园万寿山的佛香阁，以金碧辉煌的高大体量凌架于所有建筑风光之上，雄姿昂然，统率全园。

在以自然风景为主的外部空间中，园林建筑以它本身的功能关系、主次关系和渐近关系，配合园内的风景布局，形成游览路线的起承转合。同时沿着这条游览路线，在人们视线所能达到的地方，园林建筑往往以它所处的有利位置

和它具有的独特造型，为人们展现出一幅幅或动或静的自然风景画面。在这些风景画面中，建筑只是起着点缀装饰的作用。运用园林建筑、园墙、廊，可以形成不同的园林空间，如留园的古木交柯庭院、拙政园的海棠春坞庭院。利用建筑物可以构成障景，运用建筑的门、窗、廊、柱以及建筑墙垣上的景框和漏窗形成各种巧妙的框景、漏景，使空间通透，使内外空间结合，接收远近风景。如杨州瘦西湖吹台这座亭子，和苏州拙政园中的梧竹幽居一样，是四面都为月洞门的亭子。吹台的月洞门恰好将瘦西湖中的五亭桥、白塔等收入月洞门内，形成园镜一般的框景。北京颐和园画中游二层，四方柱子和挂落构成近似宽影幕的横长画面，东收佛香阁，西取玉泉山与玉泉塔，南含昆明湖西堤，北容汉白玉牌坊与山石蹬道，构成山景、湖景、建筑、山石等四幅景象迥然的风景画面。

利用高层园林建筑，如楼、台、阁等可登高远眺，能扩大园林空间。如登上杭州西泠印社的四照阁，“尽收城廓归檐下，全储湖山在目中。”凭栏眺望西湖景色，效果极佳。在以建筑为主的内部空间中，往往是根据功能和艺术的需要用建筑、游廊、墙垣、隔断、栏杆等进行各种空间组合而形成的。沿着这条内部活动路线所展现出的一幅幅画面，主要是以建筑空间为主，以及摹拟的山池树石的风景画面。有时也可以透过空廊、景窗观赏外部景物。在这种情况下，园林建筑则既是风景的观赏点，又是被人们观赏的景点。

2. 园林建筑的类型

(1) 园林建筑的基本形式

中国园林建筑布局的原则之一是化大为小，融于自然。这是由于木构架的结构体系决定了建筑物在一般情况下体积较小，形状比较简单。因此，大小形状不同的建筑物可以有不同的功能，并取以特定的名称，如亭、廊、榭、舫、厅堂、楼阁、轩……以及建筑小品等。

① 亭：亭是园林中最多见的供眺览、休息、遮阳、避雨的点景建筑。因此它适宜布置在水际、山巅、桥头、路旁。《园冶》中有“亭安有式，基立无凭”之说，意即亭之安置，各有定式，选地立基，却并无准则。因而从位置有山亭、半山亭、沿水亭、靠山亭，与廊结合的廊亭；位于路中的路亭；与桥结合的桥亭；还有专门为碑而设的碑亭。亭的形式更是多样，从平面上分有圆形、长方形、三角形、四角形、六角形、八角形、扇面形等（图 6－1）。从屋顶形式分有单檐、重檐、三重檐、钻尖顶、平顶、歇山顶、单坡顶（如扇面亭）以及折板顶等（图6－2）。

亭的造型及体量应与园林性质和它所处的环境位置相适应，宜大则大，宜小则小。但一般亭以小巧为宜，体型小，使人感到亲切。正因为其小，才显得环境之大，能起点睛作用。

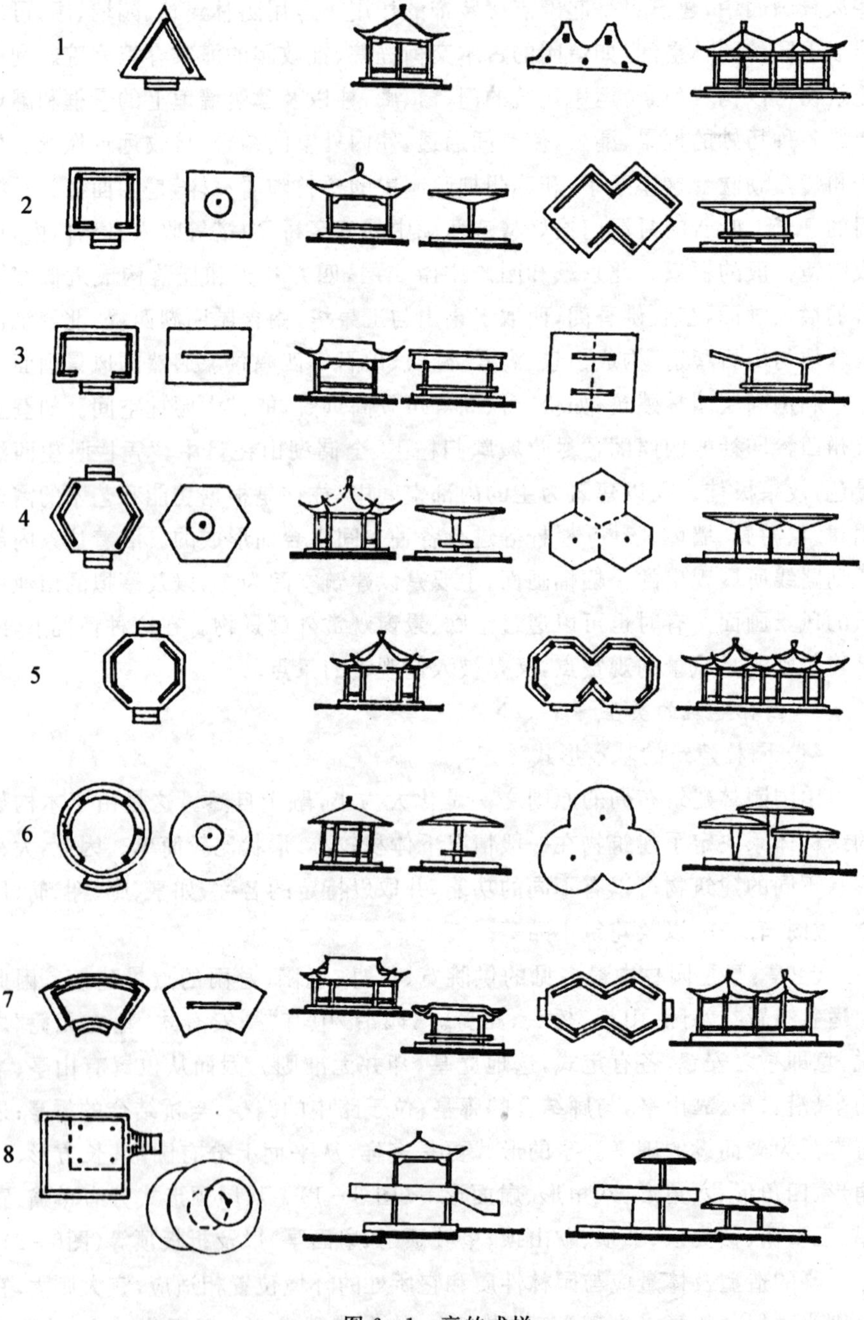

图 6-1　亭的式样

1. 三角亭；2. 方亭；3. 长方亭；4. 六角亭；5. 八角亭；6. 圆亭；7. 扇形亭；8. 多层亭

图 6-2A 亭的形式

图 6－2B　亭的形式

② 廊:《园冶》中提到“廊者,庑出一步也,宜曲宜长则胜。古之曲廊,俱曲尺之曲。今予所构曲廊,之字曲者,随形而弯,依势而曲。或蟠山腰,或穷水

际，通花渡壑，蜿蜒无尽”。北京颐和园的长廊，中外闻名。廊在园林中广泛应用，其作用除遮荫防雨，供休息外，它还有分隔空间和导游的功能。在景观作用上，通过长廊及其柱子，可作透景、隔景、框景之用，使空间景观富于变化，起到廊引人随，移步换景的作用。

廊依位置分，有爬山廊、桥廊、堤廊等；依结构分，有双面空廊、单面空廊、复廊以及双层廊；以平面分，有直廊、曲廊和回廊等（图 6－3）。

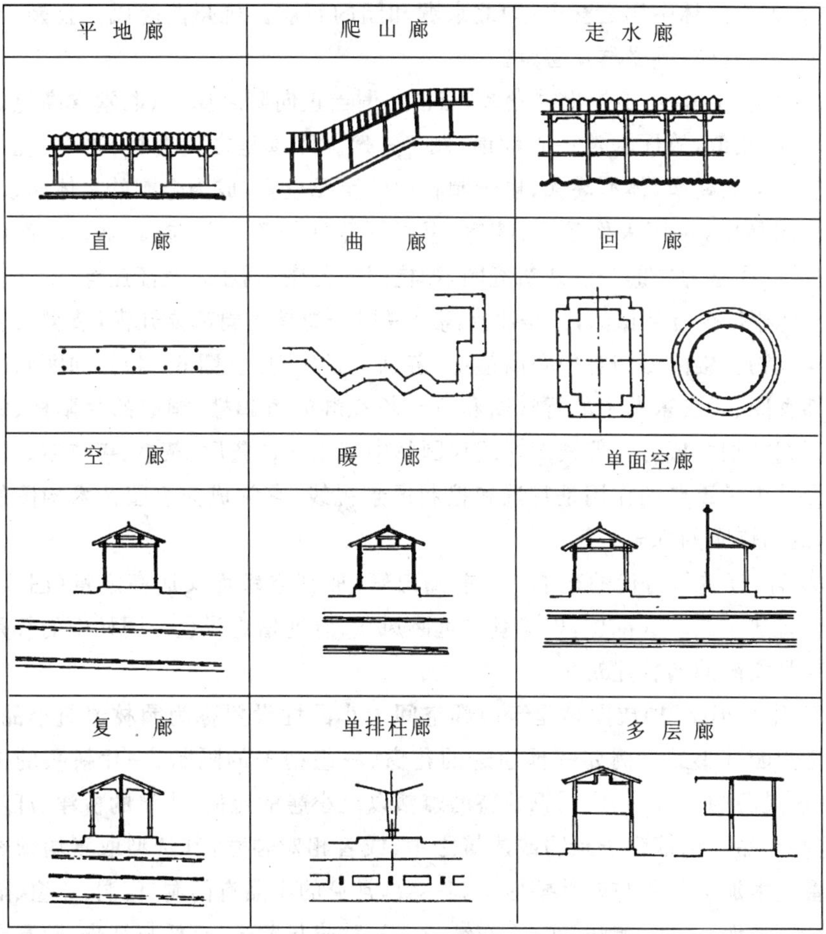

图 6－3　廊的基本类型

廊的布置应随环境地势和功能需要而定，使之曲折有度，上下相宜，一般最忌平直单调。现代廊的功能作用，已扩大到展出书画或展览动物的廊，如金鱼廊，不过这种廊须有一定宽度，以便参观停留。

③ 榭：《园冶》中谓“榭”者，借也，借景而成者也（图 6－4）。或水边、或池

畔，制亦随态。意即榭是凭借风景而构成的。或在水边，或在花旁，构造灵活多变。榭在现代园林中应用极为广泛，以水榭居多，临水建筑，用平台深入水面，以提供身临水面之上的开阔视野，如西湖的平湖秋月，是中秋观景的佳处，较大的水榭，可结合茶室或兼作水上音乐厅或舞厅等。

④ 舫：也称旱船，下部船体系用石制，故又名石舫，上部船舱为木结构，由于像船，但不能动，故亦名不系舟（图 6－4）。人居其中，确有置身于舟楫之感，这在古代园林中用之甚多，如北京颐和园的石舫。杭州曲院风荷公园，也建造了一只石舫，颇受群众喜爱。

⑤ 厅堂：《园冶》中指出："堂者，当也。谓当正向阳之屋，以取堂堂高显之义"。厅亦相似，故厅堂常一并称谓（图 6－4）。厅堂是古代会客、治事、礼祭的建筑。坐北朝南，体型高大，居于园林中的重要位置，成为全园的主体建筑。在现代园林中，常用来作餐厅、茶室、书画展览厅等等。并与廊、亭、楼、阁结合，构成以厅堂为主的一组建筑庭园，如杭州的蒋庄、刘庄以及汪庄等。

⑥ 楼阁：楼与堂相似，只是比堂高出一层。阁是四周都要开窗，造型较轻巧的建筑物。楼阁是园林中登高望远、游息赏景的建筑（图 6－4）。如颐和园中的佛香阁、武汉东湖中的行吟阁和位于长江畔的黄鹤楼、洞庭的岳阳楼、杨州瘦西湖的烟雨楼等。但楼阁在现代园林中都用来作餐厅、茶室、接待室。楼阁在园林中最重要的作用是赏景和控制风景视线，它常成为全园艺术构图的中心，成为该园的标志。

⑦ 轩：轩类似古代的车子，"车前高曰轩"取其空敞而又居高之意（图 6－4）。轩宜建于高旷的部位，以能登临远眺风景，有助增进景色。园林中的轩是指较高敞安静的园林建筑。

⑧ 建筑小品：构成园林建筑内部空间的小品性设置称为园林建筑小品。广义称为园林小品。例如一樘通透的花窗、一组精美的隔断、一片新颖的铺地、一盏灵巧的园灯、一座构思独特的雕塑以至小憩的座椅、小溪的桥津、汀步等，这些小品不论依附于景物或建筑之中，或者相对独立，其选型取意均须经过一番艺术加工并能与园林整体协调一致，常见的小品有门洞、窗洞、花窗、隔断、景墙、铺地、花架、雕塑、花台、花钵、栏杆、踏步与蹬道、小桥与汀步、园凳园椅、园灯等。

现在常用的园林建筑，一般由以上的基本单元组合而成。但现代园林建筑功能复杂，采用新结构新材料，再加上施工技术的进步，从内容到形式，真所谓变化无穷，已非昔日可比。

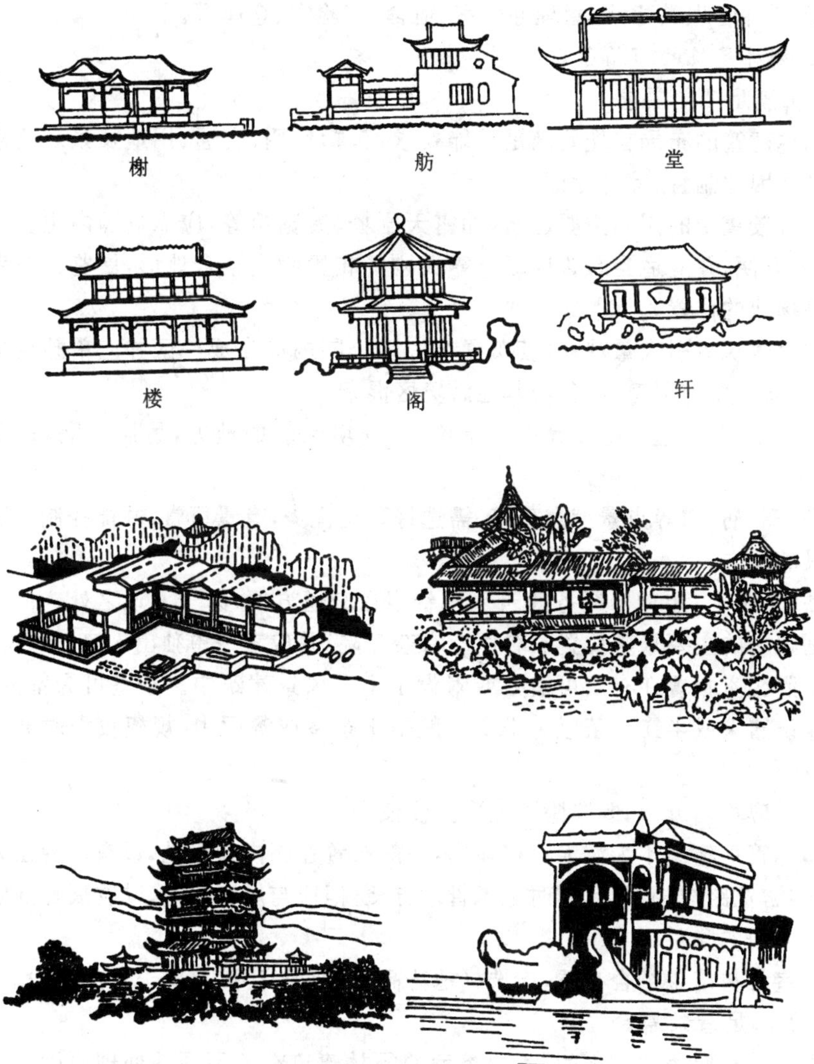

图 6-4　榭、舫、厅堂、楼阁、轩

(2)按建筑使用功能分类

园林建筑都需要具有一定的使用功能，同时还应该具有不同程度的游览要求，按其分类如下：

① 点景游息类建筑：亭、廊、榭、舫、楼、阁、轩、花架、塔等。

② 文教宣传类建筑：展览馆、纪念馆、陈列室、兽舍、温室、宣传廊等。

③ 文艺体育类建筑：游艺室、俱乐部、音乐厅、体育馆等。

④ 服务类建筑:餐厅、茶室、小卖部、接待室、摄影部、厕所等。

⑤ 园林管理类建筑:管理办公室、宿舍、实验室、仓库等。

3. 园林建筑的布局原则

(1) 满足功能要求

园林建筑的布局首先要满足功能要求,包括使用、交通、用地及景观要求等。必须因地制宜、综合考虑。

人流较集中的园林主要建筑,如露天剧场、展览馆等,应靠近园内主要道路,出入方便,并应适当布置广场。露天剧场布置时应结合地形,展览馆应考虑展览场地的位置。

体育建筑吸引大量观众,若布置在大型公园内应自成一区并应单独设置出入口,通向城市干道,以免与其他游览区混杂。

阅览室、陈列室,宜布置在风景优美、环境幽静的地方,另居一隅,以路相通。

亭、廊、舫、榭等点景游息建筑,需选择环境优美,有景可赏,并能控制和装点风景的地方。

餐厅、茶室、照相等服务建筑一般希望在交通方便、易于发现之处。但又不占据园中的主要景观位置。餐厅应有杂务院,并应考虑单独出入口,以方便运输。照相室布置在有景可借处或附设于主要风景建筑中。茶室可为室内,亦可兼设露天或半露天茶座。小卖一般附于茶室或餐厅中,规模较大时亦可单独设置。

厕所应均匀分布,既要隐蔽又要方便使用。

园林管理建筑不为游人直接使用,一般布置在园内僻静处,设有单独出入口,不与游览路线相混杂,同时考虑管理方便,但应与展览温室、动物展览建筑等要有方便的联系。

温室常与苗圃结合布置,应选择地势高燥、通风良好、水源充足的地段。

(2) 满足造景需要

在造景与使用功能之间,不同类型的园林建筑有着不同的处理原则。对于有明显的游览观赏要求的,如亭、廊、舫、榭等建筑,它们的功能应从属于游览观赏。对于有明显的使用功能要求,如园务管理、厕所等建筑,游览观赏应从属于功能。而对于既有使用功能要求,又要有游赏要求的,如餐厅、茶室、展览室等,则要在满足功能要求的前提下,尽可能创造优美的游览观赏环境。如餐厅、展览馆的设计,采取庭园式布置手法,在满足用餐、展览功能的基础上,来加长、丰富建筑内部的活动路线,加强庭园和建筑外部的游览观赏性,以满足造景的需要。

在造景与基址利用之间,要巧于构思,利用基址的什么特点造景、有否大树、山岩、泉水、古碑、文物等可以利用，都要反复推敲，以满足人们不同的观赏要求。高架在山顶，可供凌空眺望，有豪放平远之感；布置在水边，有“近水楼台”，漂浮水面的趣味；隐藏在山间，有峰回路转，豁然开朗的意境。布置在曲折起伏的山路上可形成忽隐忽现的景观；布置在道路转折处，可形成对景，吸引和引导游人游览。即使在同一基址上建同样园林建筑，不同的构思方案，对基址特点利用不同，造景效果也不大相同。

(3) 与自然环境协调

把园林建筑与山水、植物等自然因素很好协调起来，是取得园林景观整体美学效果的关键之一，是园林建筑布局的主要原则。常采用使室内外相互渗透，与自然环境有机结合的处理手法。

园林建筑的室内外互相渗透、与自然环境有机结合，不但可使空间富于变化，活泼自然，而且可就地取材，减少土石方，节约投资。

例如，采用四面厅、敞厅、敞阁、敞轩、水厅、空廊、半廊、亭以及底层作支柱层等通透开敞的园林建筑形式，并适当地运用漏花窗、什锦窗、大玻璃窗、落地长窗、通花隔断、花罩、博古架、回纹撑角、挂落等园林装修形式，使建筑空间与自然空间取得有机联系。

将室外水面引入室内，在室内设自然式水池，模拟山泉、山池、还可在水中立柱、将楼廊支越于水面。

将园林植物自室外延伸到室内，保留有价值的树木，并在建筑内部，组成景致。

将自然材料(包括模拟的)用于室内，可起到联想和点缀作用。如虎皮石墙、石柱、山石散置、花树栽植、山石和盆景等。

在以上做法中还应注意对地形地貌的利用。如利用原有基址上的岩石，把山岩穿插在建筑底层，使建筑内外石景相连，浑然一体。

园林建筑与自然环境的协调还表现在“山水为主、建筑是从”，“化大为小、融与自然”等处理手法以及突出表现在建筑自身的形象轮廓、线条、色彩与自然风貌的统一上。

现代园林中大体量的建筑力求与环境的巧妙配合，力求建筑掩隐于绿色植物之中，如古人云：“以人为之美入天然，故能奇；以清幽之趣药浓丽，故能雅”(朱启钤《重刊园冶序》)。

6.1.2 园路

园路是园林构图中的重要组成部分，是联系各景区、景点的纽带，是构成园林景色的重要因素。

园路具有组织交通、引导游览的作用。园路担负着与城市道路的联系，集散人流、车流，满足不同游人的需要。组织不同内容的游览，对园林景观的展开和观赏程序起着组织作用。园路还需满足园林建筑、养护管理、安全防火和职工生活对交通运输的需要。

园路具有组织空间、构成景色的作用。园路能分隔园林空间，它的线型和铺装与园林植物、山石、水体、亭、廊、花架等构成各种富于变化的美景，起到展示景观和点缀风景的作用，园路布局合适与否，直接影响到园林的布局，因此把道路的功能作用和艺术性结合起来精心构图，因景设路、因路得景，做到步移景异。

1. 园路的类型

园路按规划形式分为规则式园路和自然式园路，按路面材料不同分为整体路面、块料路面、碎料路面、简易路面、嵌草路面、草路面、汀步路面等，按其性质和功能分为主要园路（主路）、次要园路（次路）和游息小路（小路）。

(1) 主要园路

是园林道路系统的骨干。从园林入口通向全园各景区中心，各主要广场、主要建筑、主要景点及管理区。它是园林内大量游人所要行进的路线，必要时可通行少量管理用车，道路两旁应充分绿化。宽度为 4～6 m，一般不超过 6 m，以便形成两边树木交冠的庇荫效果。

(2) 次要园路

是主要园路的辅助道路。分散在各区范围内，连接各景区内的景点，通向各主要建筑。路面宽度常为 2～4 m，要求能通行小型服务用车辆。

(3) 游息小路

主要供散步休息、引导游人更深入地到达园林各个角落，如山上、水边、疏林中，多曲折自由布置。考虑二人行走，一般宽 1.2～2 m。

游息小路是引导游人深入景点，是寻胜探幽的道路。一般设在山岳、峡谷、水涯、小岛、丛林、水边、花间和草地上。

2. 园路的构图法则

(1) 园路的风格决定于园林的规划形式

若为规则式的园林，园路大多为直线和有轨迹可循的曲线路；若为自然式园林，则园路大多为无轨迹可循的自由线和宽窄不定的变形路。园路路面铺装也影响到园路的风格。我国古典园林中园路，常采用青砖、黑瓦以及卵石等材料嵌镶成各种精美图案和纹样，具有朴实典雅的风采，素有花街之美称，具有民族特色，有较高的艺术性。

(2) 园路的交通功能应从属于游览要求

园路不同于一般纯交通性的道路，应以满足游人的游览观赏为主导。一般道路要求“莫便于捷”求其平、直为主；而园林中的道路讲究“莫妙于迂”，以曲折迂回为主，以满足人们游览观赏的要求，使游人“绝处犹开，低方忽上”或“峰回路转，别开新境”，视线的左右、上下不断出现动人的画面，形成园林景观的不断变化，才能步移景异。

(3) 园路布局必须主次分明，方向明确

园林道路系统必须主次明确，方向性强，才不致使游人感到辨别困难，甚至迷失方向。园林的主要道路不仅要在宽度和路面铺装上有别于次要园路，而且要在风景的组织上给人们留下深刻的印象。当游人在主路上行进时，如果能从不同地点，不同方向欣赏到造型别致的建筑，水花四溅的喷泉，五彩缤纷的花坛，茂密苍郁的树木……，必然会给人们留下深刻的印象，从而有助于人们对方向的识别。

(4) 园路布局要因地制宜，顺势辟路

园林的地形地貌往往决定了园林道路系统的形式。狭长的基地，园内各主要活动设施和各景点必沿带状分布，和它们相联的主要园路必呈带状形式。有山有水的园林，园林的主要活动设施往往沿湖和环山布置，园内主干道必然是套环式。从游览的角度要求，路网的安排尽可能是环状，以避免出现“死胡同”或使游人走回头路。

“顺势辟路”指道路的布局应当与地形巧妙地结合。路折因遇岩壁，路转因交峰回，山势平缓则路线舒展，大曲率；山势变化急剧则路径“顿置宛转”；尤其在自然山体的山脊和山谷，有高有凹，有曲有深，所以山路讲究“路宜偏径”，要“临濠蜿蜒”，做到“曲折有情”。另外“顺势”，就要分析园景的序列空间构图的游览形势，“因势利导”，“构园得体”。要求平面上曲折和立面起伏，达到“曲折有致”、“起伏顺势”。应顺地形的变化而“敷设”，顺地形而起伏，顺地形而转折；也可以结合园路的势态而陡急，而延缓。园路与地形、地势相辅互成。

(5) 自然式园路布局妙于迂回曲折

《园冶》中讲“开径逶迤”，是指园路在平面上曲折变化，竖向上随地形起伏变化。

园路的曲折迂回原因有二，一是地形的要求，如在前进的方向遇到山丘、水体、大树、建筑物等障碍物，或因较陡的山路需要盘旋而上，以减缓坡度。另一方面是功能和艺术的要求，如为了增加游览程序，组织园林自然景色，使道路在平面上有适当的曲折，竖向上随地形有起有伏，游人视线随道路蜿蜒起伏向左、向右、或仰或俯，饱览不断变化的景色。或为了扩大风景空间，使空间层次丰富，时开时闭、或敞或聚、辗转多变、含蓄多趣(图 6-5)。

园林道路的曲折迂回必须防止矫揉造作，一忌“三步一弯，五步一转”曲折过多，形成蛇形路，反而失去了自然；二忌曲率半径相等，即相邻的两个曲折绝对不能半径相同，大小应有变化，并显出曲折的目的性，否则平地上无缘无故的曲折，游人定会抄近路而践踏路边的花草；三忌此路不通，曲路的终端必须接通其他道路或有景可赏，避免游人走回头路。

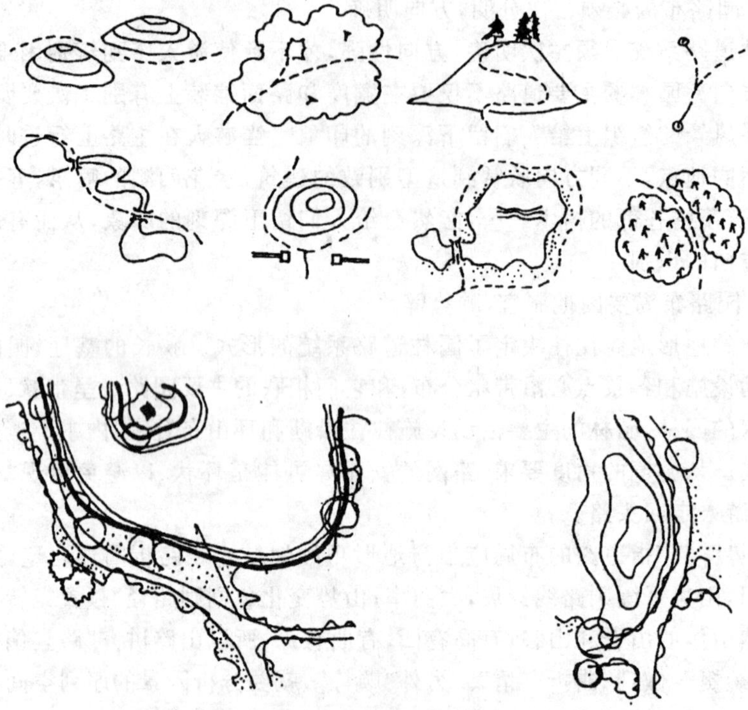

图 6-5　园路的曲折迂回

(6) 依据景区的性质、地形、游人的多寡确定园路布局的疏密变化

园林道路的疏密和景区的性质、园内的地形、游人的多寡有关。一般安静休息区密度可小些，文娱活动区及各类展览区密度可大些，游人多的地方密度可稍大，地形复杂的地方密度则较小。总的说来园路不宜过密。园路过密不但增加了投资还有造成绿地分割过碎之弊。在城市公园中，道路的比重可大致控制在公园总面积的 10%～20%。

(7) 园路布局必须处理好园路交叉口与分叉口(图 6-6)

两条园路相交处称为交叉口，由一条园路分出另一园路称为分叉。分叉有两种情形，一种情形是园路遇到地面物或设置障景，分叉后其园路宽度不变，另一种情形是由主路分出次路或由次路分出小路，分叉后园路宽度不同。

两条直线园路相交要园路中心线交于一点，可以正交、也可以斜交，斜交必须对角相等，且锐角不宜小于 60°。如果两自然式园路相交一点，所形成的对角不宜相等，道路需转向时，离原交叉点要有一定长度作方向转变的过渡。

由主路分出次路，分叉位置宜在主路弯道的外侧。

园路布局，应避免交叉口过多，两条园路呈丁字形交接时，在交点处可设对景。

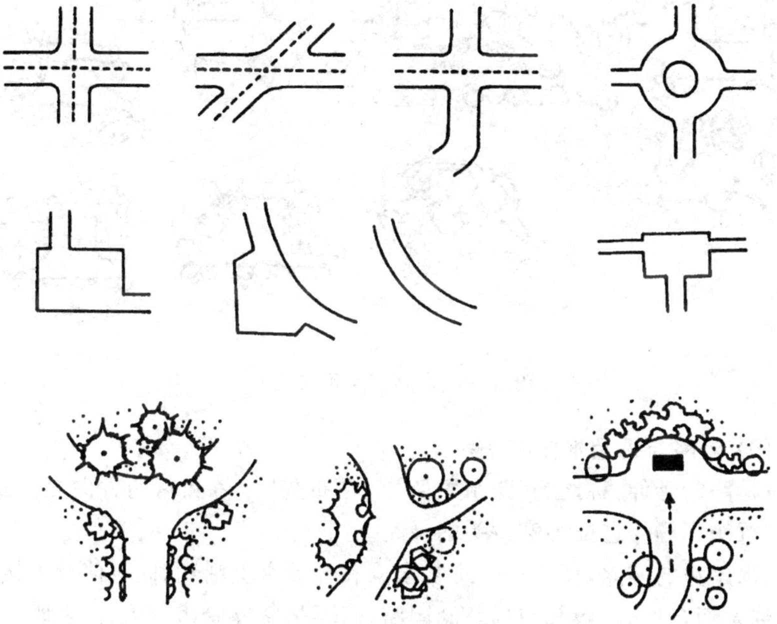

图 6-6　园路的交叉与分叉

(8) 园路随地形起伏变化，应有适宜的坡度

园路的坡度有横坡和纵坡两种，横坡是指由园路中心线向路两侧的坡度，是为了园路排水，将雨水排到两侧的窨井中，横坡为 4%左右，纵坡与园路的类型、路面材料等有关。主路最大纵坡为 7%～9%，次路为 8%～10%，小路小于 15%。山地园路因受地形限制宽度不宜大，当坡度超过 10%时应顺等高线做盘山道，以减少坡度，若坡度超过 15%时，须设踏步、筑台阶处理。

(9) 园路和建筑的联系

自然式园路在通向建筑正面时，应与建筑渐趋垂直，在顺向建筑时，应与建筑趋于平行。

靠近道路的园林建筑一般面向道路，并不同程度地后退，远离道路。在一般情况下道路可采取适当加宽或分出支路的办法与建筑相连。游人量较大的园林主要建筑，后退道路较多，形成建筑前的集散广场，道路可通过广场与建筑相连(图 6-7)。

对于可穿越的园林建筑，道路可以穿过建筑或从建筑的支柱层通过。靠山的园林建筑利用地形分层入口，游人可以竖向穿越建筑。临水建筑亦可从陆地进，穿过建筑涉水（桥、汀步）而出。

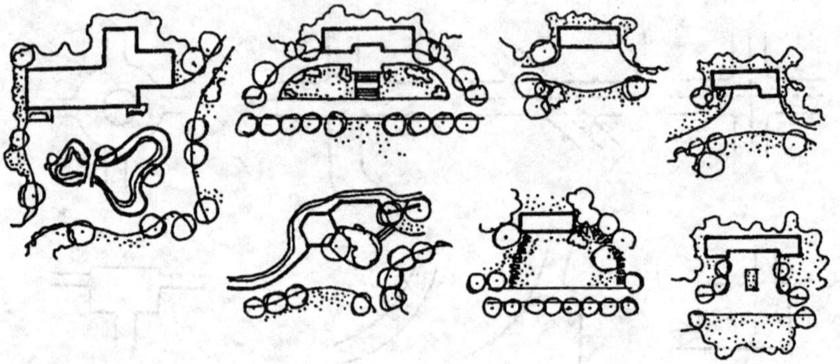

图 6－7　园路和建筑的联系

（10）园路与桥及水体的联系

桥是路的延伸，称之为“跨水之路”。在布局时，桥和路的方向要一致，或园路与桥头广场相连或加宽桥头的园路。

湖水岸边的园路，便于游人观赏水景和开展水上活动，同时使游人接近水面，感到亲切自然，一般都布局环湖园路，但不是紧靠岸边一周，而是距岸边若接若离，有的路段接近湖岸，部分路段远离岸边。

6.1.3　园林广场

园林广场与园路不可分开，从某种意义讲，园林广场就是园路的扩大部分。园林广场的主要功能是集散游人，为游人休息、活动等使用，同时与植物、山石水体、建筑、园路等组合，能够丰富园林艺术面貌。

1. 园林广场的类型

园林广场按其规划形式分为规则式和自然式两种，依广场的性质和功能可分为集散广场，休息广场、生产广场。

（1）集散广场

以集中、分散游人为主，不希望游人长久停留休息。可分布在园林出入口前后、大型建筑前、主园路交叉口处。

（2）休息广场

主要供游人休息散步，打拳做操、儿童游戏、集体活动、节日游园等用。可以是草坪、疏林或各种铺装地。亦可配合花坛、水池、亭廊、雕塑等共同组成。这类活动广场在园林中分布较广。

(3) 生产广场

主要供园务管理、生产的需要，如晒场、堆场、停车场等。

2. 园林广场布局

园林广场的规划布置随广场的性质功能、地形地貌、园林艺术要求的不同而不同。集散广场实际上是主要园路交叉口、出入口的放大，由点而变为面，以供游人集散。例如园林的出入口广场，是主要园路的起始点，首先要处理好停车、自行车存放、宣传牌、广告、售票、值班、入园、出园、等候、乘车等相互间关系，以便集散安全、迅速。在造型上应具有园林特色，富有艺术的吸引力。要精心设计大门建筑、巧于安排花坛、草坪、雕塑、山石、树木、园灯和地面铺装等造园要素，使之具有反映该园性质特点的独特风貌。园林入口广场处理一般有以下几种做法：一是先抑后扬，入口前多有障景。二是“开门见山”，不设障景，呈现在游人面前是一幅富有层次的开朗画面。三是“外场内院”，将出入口以大门分为外部交通广场和步行内院，游人由内院购票入园，减少城市道路和车流的干扰，也是继承了先抑后扬的传统手法。四是最通常的做法，进门后广场与主要园路相接，并设障景以引导(图 6－8)。

主要园林建筑，如展览馆、茶室等的广场大小、形状，除考虑游人参观路线、休息停留外，还要考虑衬托建筑。广场大小和布置方式应和建筑体量风格相协调，并对广场中的景物(如雕塑、纪念碑、喷泉等)有较好的视觉条件。如欣赏细部则应保持景高一倍的距离，如欣赏全景，则应保持景高二倍的距离，如构成主景的感觉，则应保持三倍高度的距离。

休息广场多布置在风景优美、游人方便到达的僻静之处，或与休息建筑亭、廊、花架结合，或与山水地形结合，或与假山、水池结合，或与园林植物结合，或与园林小品景墙、花台、园椅、园灯、雕塑等结合，或与园路结合……(图 6－9)。

休息广场应根据不同内容、不同要求布置，做到美观、适用、各具特色。如打拳做操，应安排在离出入口不远，空气新鲜，地面平整并布置一定数量园椅的绿化广场里；集体活动，则要求布置在场地开阔、阳光充足、风景优美的草坪上；儿童游戏则多布置在疏林里……

园林广场高程低于四周地面高程，由数级台阶上下联系，为下沉式广场。该类广场便于开展群众性的集会、娱乐等活动，观众四周沿台阶而坐，观赏场内景物或节目，亦可促膝谈心，读书阅报，形式多样活泼。平时，游人上、下数级台阶，别是一番景象，是现代园林中深受游人喜爱的休息活动广场(图 6－10)。

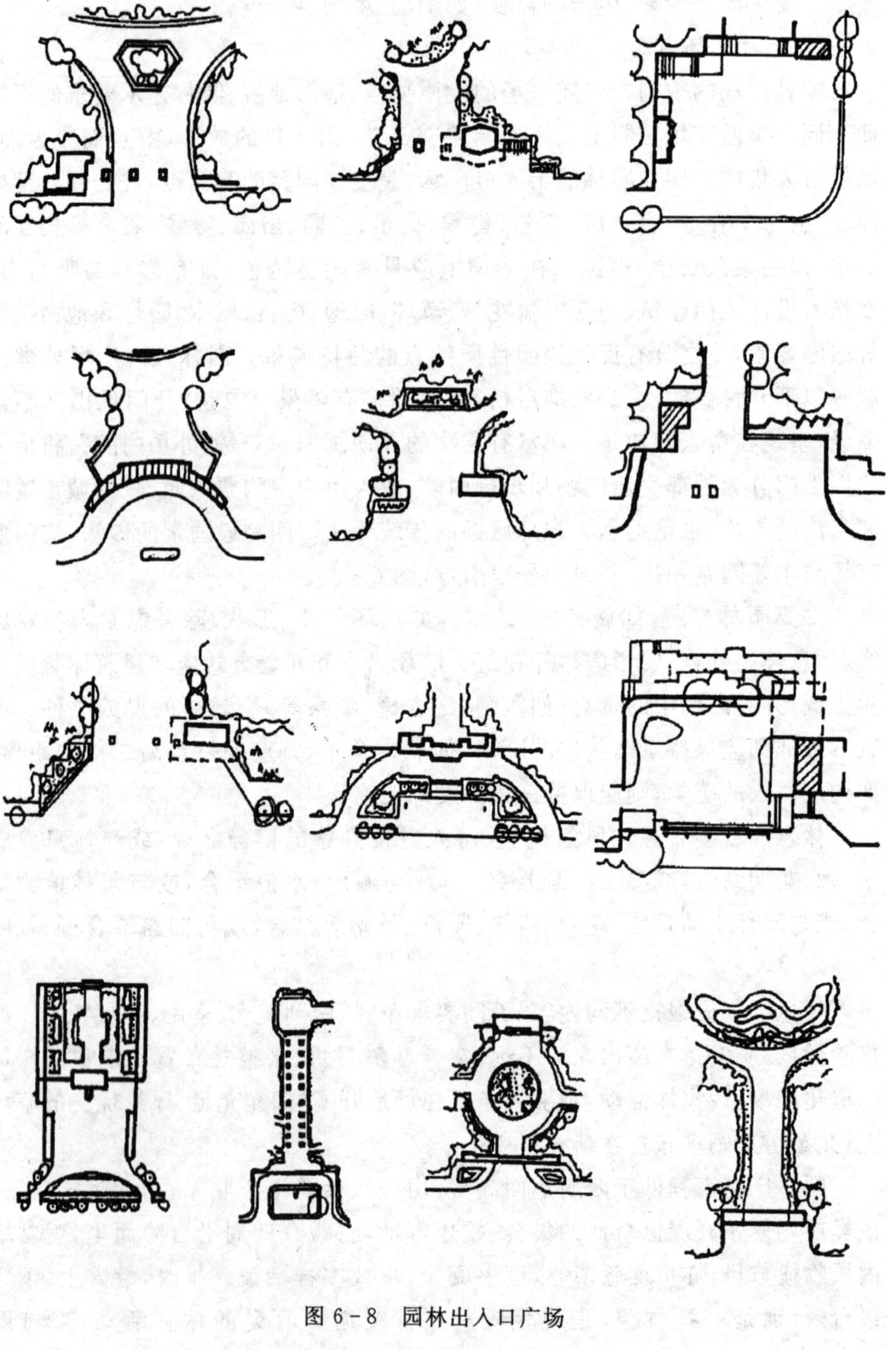

图 6-8　园林出入口广场

图 6－9 园林休息广场

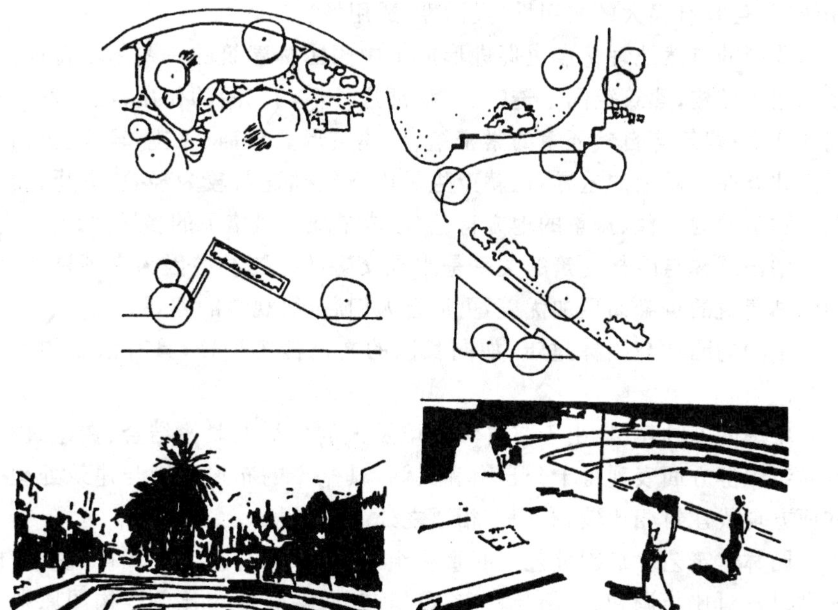

图 6－10 休息广场，下沉式广场

§6.2 园林建筑艺术

园林建筑作为园林的构成要素之一，不仅能满足游憩、园居方面的多种功能要求，它的富于画意的艺术形象，与山、水、花木有机的结合，又能够创造出千姿百态、赏心悦目的园林景观。中国园林所具有的诗情画意，以画入园，因画成景，相当一部分是得之于园林建筑艺术。

6.2.1 园林建筑与园林艺术

中国园林建筑和中国园林艺术同出一炉、同时产生、同时发展。

中国的园林艺术作为表达人与自然的最直接、最紧密联系的一种物质手段和精神创作，常通过“写意”式的再现手法，把大自然中的美景模拟，缩小在有限的空间范围之中，而具有真山真水、小中见大的感受。在这样的园林中漫游，感受到的仿佛就是一首描写自然美景的凝固的诗歌，一幅可以身临其境的立体山水画面。因此，“师法自然”就成为中国园林一脉相承的基本的原则，与自然环境相协调成为中国园林建筑所遵循的一条不可动摇的准则。

中国的园林与园林建筑始终表现出：以人为本，景为人用的基本特点。这就使得中国的园林建筑既能很好地与自然环境相协调，又能与人的使用需要相统一，且具有很大的实用性、灵活性、通用性。

我国的自然地理特点也促进形成了中国园林建筑的一些基本特征：建筑多采用木结构；建筑空间空透畅达；注意户外活动空间的作用；注意室内外空间的联系；建筑与自然环境的紧密结合；建筑形象穿插、飞挑、轻快、灵活。由于南北方在气候上的差异，也就产生了南方园林建筑较为轻盈、灵巧，而北方园林建筑较为平稳、持重的地方特色，形成了统一风格下的多样性。

中国园林与园林建筑的关系是水乳交融的。园林中因为有了精巧、典雅的园林建筑的点染而更加优美，更适合人们游玩、观赏的需要。

中国的园林与园林建筑，如同我国的文化传统一样，具有浓重的本民族特征。

中国的园林建筑，由于与自然环境及人的生活的紧密结合，在建筑布局、空间组织等方面表现得十分自由和灵活，其基本的布局法则与建筑处理手法和西方现代建筑相比较，有许多相通之处。

园林建筑艺术是园林艺术的重要组成部分，园林艺术中多样统一的构图法则以及对比与调和、均衡与稳定、节奏与韵律、尺度与比例等构图原则必然适用于园林建筑艺术构图。

6.2.2 园林建筑的特征

园林建筑艺术不同于其他建筑艺术，由于园林建筑在物质和精神功能方面的特点，其用以围合空间的手段与要求，和其他建筑类型在处理上又表现出许多不同之处。

① 园林建筑的功能要求，主要是为了满足人们的休憩和文化娱乐活动，艺术性要求高，园林建筑应有较高的观赏价值并富于诗情画意。

② 由于园林建筑受到休憩游乐生活多样性和观赏性强的影响，其布局的灵活性特别大，可说是无规可循，“构园无格”。一座供人观赏景色、短暂休息停留的园林建筑物，在面积大小和建筑形式的选择上，或亭、或廊、或圆或方、或高或低，似乎均无不可。即布局制约条件愈空泛和抽象，布局愈困难。因此，对待布局灵活性大，要一分为二，即要看到它为空间组合的多样化所带来的便利条件，又要看到它给布局构图带来的困难。

③ 园林建筑所提供的空间要能适合游人在动中观景的需要，务求景色富于变化，做到步移景异，换言之，即在有限空间中要令人产生变幻莫测的感觉。因此，推敲建筑的空间序列和组织观赏路线，比其他类型的建筑显得格外突出。

④ 园林建筑是园林与建筑有机结合的产物，无论是在风景区或市区内造园，出自对自然景色固有美的向往，都要使建筑物的设计有助于增添景色，并与园林环境相协调。在空间组合中，要特别重视对室外空间的组织和利用，最好能把室内、室外空间，通过巧妙的布局，使之成为一个整体。

⑤ 组织园林建筑空间的物质手段，除了建筑营建之外，筑山、理水、植物配置也极为重要。它们之间不是彼此孤立的，应该紧密配合，构成一定的景观效果。不仅如此，在我国传统造园技艺中，为了创造富于艺术意境的空间环境，还特别重视因借大自然中各种动态组景的因素。园林建筑空间在花木水石点缀下，再结合诸如各种水声、风啸、鸟语、花香等动态组景因素，常可产生奇妙的艺术效果。因此可以作这样的理解：园林建筑是一门占有时间空间，有形有色，以至有声有味的立体空间艺术。这也是我国别具风致的古典园林优秀传统的精髓所在。

6.2.3 园林建筑与环境的关系

园林建筑，无论是建在大尺度的风景区内，还是建在小范围的园林环境之中，都具有一个共同的特点：它们既要满足游人观赏自然风景的需要，又要成为被观赏的自然景色中的一个内容。这也就是说，它们兼有观景与点景的双重功能。因此，在风景式园林的创作中，如何把山、水、植物、建筑这四个基本要素，按构成自然山水美的艺术规律恰当地组合起来，特别是如何把人工的建筑物与山水、植物等自然因素很好地协调起来，是取得园林景观整体美学效果的关键之一。

1. 山水为主，建筑配合

以自然的山水作为园林景观构图的主体，园林植物配合着山水随宜自由配置，道路回环萦曲，穿插于山水、花木、建筑之间，建筑只为观赏风景和点缀风景而设置，以形成富有自然山水情调的园林艺术效果。追求“林泉之趣”、“田园之乐”，这种“趣”和“乐”只有令人神往的自然山水才能给予他们，人工建筑的结果，只能是更加强自然环境整体的美，突出自然的美。这种自然美与人工美的高度统一，正是中国人在园林艺术上不断追求的境界。

如北京颐和园万寿山上的排云殿——佛香阁这组中央建筑群，可以说是皇家园林中气势最大，建筑处理最突出的一组，但把这一组建筑群放到颐和园前山、前湖整体空间环境中去考察，万寿山和昆明湖这一山、一水仍是园林艺术的主体，这组建筑只是形成了这个园林艺术主体的构图中心，有助于丰富万寿山本身比较平淡、呆板的形象，帮助烘托、渲染皇家园林所需要的艺术气氛。

在私家园林中，常把园林建筑组成相对独立的小院，以土丘、假山、花木、游廊、花墙等围绕，使它们隐蔽于山水、林泉主景之中，以突出自然景色，如留园的五峰仙馆、沧浪亭的清香馆、网师园的集虚斋都采取了这种手法。

2. 化大为小，融于自然

化大为小，化集中的大体量建筑为分散的小体量的处理手法，显然非常适合于中国式园林布局与园林景观上的需要，有助于摆正建筑与自然景色之间的恰当关系，建筑物或掩映于山林间，或傍依山崖水际。建筑在体量上不压掉风景，不处于支配环境的地位，从而就能突出风景景观，尽量保持原有自然山水的格局；有助于建筑物与自然风景之间互相穿插、交融地进行布局，你中有我，我中有你。使建筑融于自然、点缀风景。同时，也有助于结合地形地貌的具体特点，因山就势地进行布置，以取得与环境协调。

不同性质，不同形象的建筑个体，可随环境特点的不同及景观上对建筑造型的需要，灵活选用、自由点缀。建筑与自然结合的灵活性、可变性、丰富性大大增加了。“花间隐榭、水际安亭”，“房廊蜒蜿，楼阁崔巍”。建筑与自然山水相依成景，构成有特色的、丰富变化的景观。

3. 造型处理，结合环境

不论是园林建筑的造型设计，还是其临界部位的构图处理，要与园林的自然风貌统一，与园林自然环境有机的结合。

中国园林建筑与自然环境的协调还突出表面在它自身形象的轮廓、线条、色彩与自然风貌的统一上。如中国传统园林建筑的屋顶，总有一个由优美的曲线组成的起伏的轮廓，使生硬呆板的线条得到“软化”，它与山峦、树木的轮廓就有一种形式上的联系，容易统一在一个和谐的节奏之中。

以不同的造型处理去适应不同特色的自然景观是中国园林建筑的成就和优良传统。例如，岭南园林因气候炎热，喜欢用水，园林建筑常采用水厅、船厅等形象，使建筑与水结合。四川峨嵋、青城等寺观园林建于山地，地形变化复杂、气候潮湿，因此建筑一般采用西南地区普遍运用的穿斗架、吊脚楼等木构形式。桂林的山水，秀丽委婉，风景建筑也多轻盈纤巧，玲珑典丽，错落变化有致。江浙一带私家园林，自然山水与人的生活紧密结合，山、水、绿化都经过精心推敲、剪裁，与它们结合的园林建筑形象也极秀丽、典雅，具有浓厚的文化气息。北京颐和园、北海等皇家园林，是大尺度的山水环境，建筑形象持重、宏丽，体现了北方宫室建筑的风格。承德的避暑山庄虽也是皇家园林，但地处塞外群山环绕的泉水湖泊地段，建筑物也就“随山依水”地布置于山林绿荫之中，建筑尺度较小，简素淡雅，突出了“山庄”的特色。

处理好建筑物临界部位与周围环境的关系也是使建筑与自然风景融为一体的一个重要内容。临界部位是建筑的内部空间与外部空间的交汇地带，不仅是最能吸引人们视觉注意的地方，并且也是提供了丰富多样的情感刺激和情绪转换的地方。虚与实，明与暗，人工环境与自然之间的相互转换都是在这个部位展开的。常以过渡空间作为室内外空间联系，或在建筑的边界上以凹凸、穿插、悬挑的方式取得与周围环境的紧密交织、嵌合。或以山石作为建筑与自然环境过渡的物质材料，或把水、石、植物引入室内，使室内外打成一片，以模糊建筑的边界。如苏州留园“曲谿楼”“汲古得绠”处重楼叠出，建筑体量较大，平面上采用曲尺形的凹凸变化，凸处观景，凹处点缀山石植物，立面上采取高低错落，有虚有实的构图，形成造型上的生动变化；色彩上以白墙灰瓦配上栗色门窗装修，色调温和，更觉与自然环境十分协调。

6.2.4 园林建筑的空间处理

虚实相生，虚实结合，这是中国人很重要的空间观念，艺术观念。

我国园林建筑注重空间的处理。空间的大小、空间的对比、空间的序列一般都是沿着一连串的庭院，由室内空间与室外空间交替运用而产生的。虚实、明暗、黑白灰共同组成了富有艺术感染力的空间节奏，形成了中国园林建筑空间独特的艺术气氛。

中国园林建筑中还经常采用“以虚破实”，化“实”为“虚”的手法。空间的闭塞主要是由实体阻隔所引起的，只有“虚”才能引导视觉空间的渗透，因此，常以“虚”的游廊、敞轩等来处理高大的围墙和建筑的墙角这样一些“实”的边界部位。

“命意在空不在实”，建筑物实体的存在，是顺应人的活动，为了围合与创造人们所需要的空间环境，尽力去满足人们心理上和生理上合理的要求。创造变幻的建筑空间及园林意境。

“时空连续”，动中有静，静中有动，人们对园林建筑空间内景物的感受随着时间的推移和视点、视角的不断变幻而变化。

1. 园林建筑空间的基本类型

园林建筑空间与园林空间一样，都取源于自然，是在自然空间形态基础上加以抽象化、理念化的产物，唐代柳宗元概括为“旷如也，奥如也，如斯而已”。他一下子提纲挈领抓住了要害，我们所能感受到的空间，无论如何千变万化，也离不开这两种基本的类型：旷与奥、开与合、敞与闭，如斯而已。

中国园林建筑空间在两大基本类型基础上，根据各自功能不同，总体规划布局要求，具体环境特点，建筑空间的审美特征等，转化演变出许多不同的空间形态类型。

(1) 聚合性的内向空间

以建筑、走廊、围墙相环绕，庭院内以山水、植物等自然题材进行点缀，形成一种内向、静谧的空间环境。建筑空间的组织、变化、层次、序列多以室内与室外相互结合的方式展开。其中，以四合院的形式来组织建筑空间是一种典型的方式。如苏州留园的还我读书处小院、拙政园玉兰堂庭院、颐和园的仁寿殿等。

中国私家园林与住宅相联，皇家园林与宫殿相联，它们在布局上均以园林建筑等素材围合成功能特征不同的庭园，聚合性的内向空间处理手法相同，通常以“井”、“庭”、“院”、“园”等基本形式表现(图 6-11)。

(2) 开敞性的外向空间

这类建筑常随环境的不同而采取不同的形式，但都是一些向外开敞、空透的建筑形象。例如，临湖地段由于面向大片的水面，常布置亭、榭、舫、桥亭等比较轻盈活泼的建筑形式，基址三面或四面伸入水中，使与水面更紧密地结合，既便于观景，又成为水面景观的重要点缀。例如，北京北海的五龙亭、颐和园西堤上的桥亭、扬州瘦西湖上的“吹台”、杭州西湖“平湖秋月”的亭榭、苏州拙政园中的“香洲”、承德避暑山庄的烟雨楼等(图 6-12)，都是临水的开敞性外向空间的实例。

位于山顶、山脊等地势高敞地段上的建筑物，由于空间开阔，视野展开面大，因此常建亭、楼、阁等建筑，并辅以高台、游廊组成开敞性的建筑空间，以便登高远望，四面环眺，收纳周围景色。如北京景山上的万春亭。

围绕水面、草坪、大树、休息场地布置的敞廊、敞轩等建筑物，也常以开敞性的布局形式，以取得与外部空间的紧密联系。

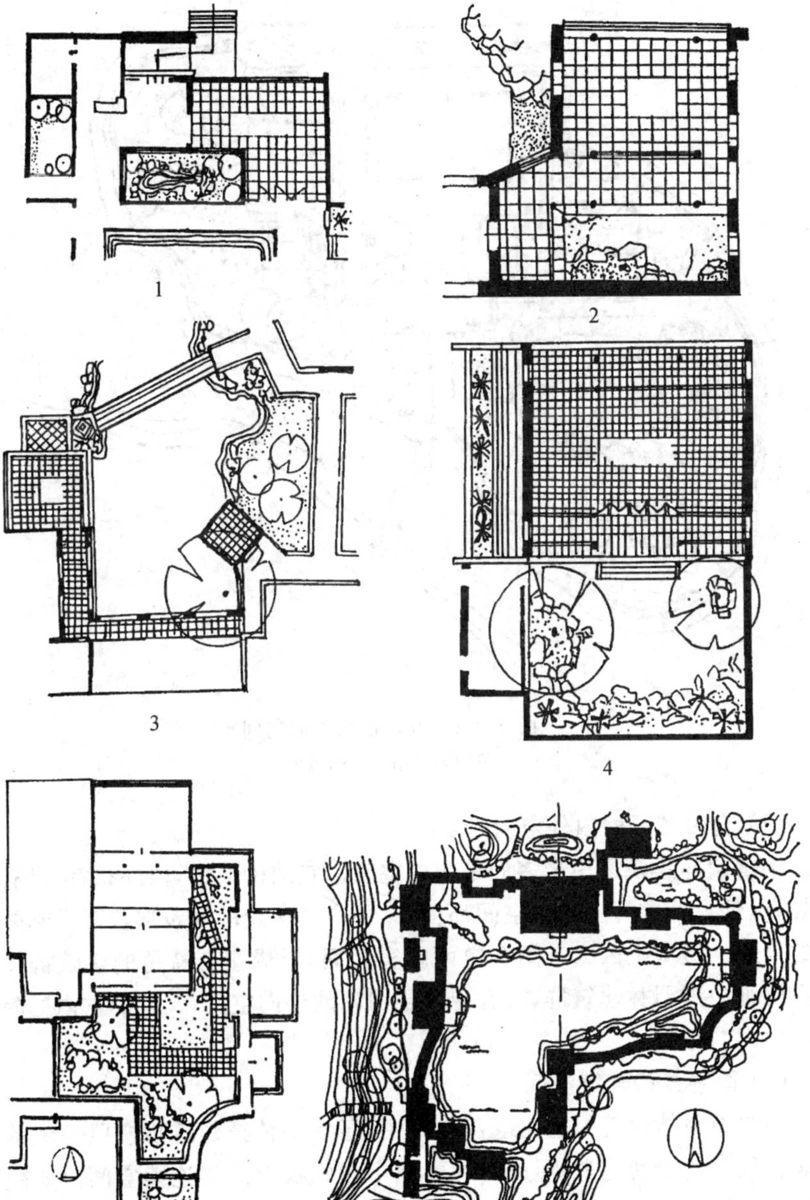

图 6－11　聚合性的内向空间

1. 广州白云山庄入口处的小井处理；2. 苏州留园“华步小筑”小井处理；
3. 苏州拙政园小飞虹水庭；4. 苏州拙政园玉兰堂小院
5. 北京北海古柯庭；6. 北京颐和园谐趣园

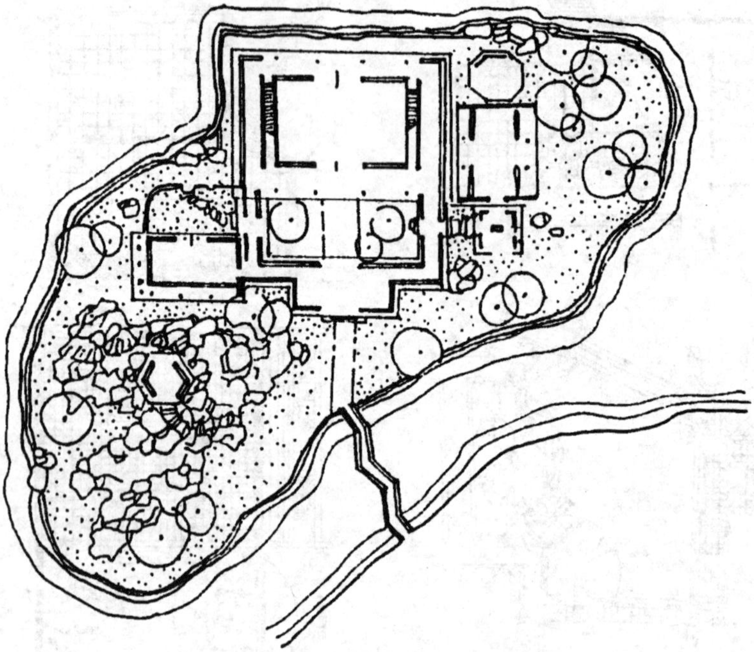

图 6-12 开敞性的外向空间

承德避暑山庄的烟雨楼

(3) 自由布局的内外空间

中国园林建筑运用最多的是内外空间。它或围或透,内外相宜,具有比较安静,以近观近赏为主的小空间环境,又可通过一定的建筑部位观赏到外界环境的景色。造型上因为有闭有敞而虚实相间,形成富有特色的建筑群体。如颐和园画中游园林建筑群,既有观赏昆明湖的外向空间,又有观赏内庭院假山之景的内向空间。

(4) 画卷式的连续空间

在中国园林建筑的空间组合方式中,还有一种把建筑物按照一定的观赏路线有秩序地排列起来,形成一种类似中国画长卷式的连续空间。如颐和园中的苏州街。

从园林建筑的空间形式来说,主要是以上谈到的四种基本类型,但由这四种空间形式的组合、搭配,结合具体环境特点灵活应变,则可以组成难以计数的园林建筑组群。遍布于我国各地极其丰富多采的园林建筑空间,就是这四种空间形式组合变化的结果。

2. 园林建筑空间处理手法

中国园林建筑艺术特征不仅在于建筑的外部造型，更重要的是其空间艺术特征。对虚与实、明与暗、内与外、静与动、开与合、旷与奥等关系的处理、形成了中国园林独具魅力的空间艺术。

(1) 空间对比，以小衬大

对比法则是一切艺术普遍遵循的基本法则之一，也是园林建筑空间处理艺术手法的重要方面，包括景区内不同建筑群之间的空间对比，建筑群内单体建筑之间的空间对比，庭院之间的空间对比，空间大小的对比，空间虚实的对比，次要空间与主要空间的对比，幽深空间与开阔空间的对比，空间形体上的对比，建筑空间与自然空间的对比等。以小衬大是园林空间处理中尤为突出主要空间而经常运用的一种手法。如苏州留园入口空间狭长曲折，闭锁性极强，加上光线较暗，甚感压抑。忽然柳暗花明，豁然开朗，有山有水，亭、廊、榭点缀其间，视线通透，景致丰富，展现了中部主景区大空间，以小衬大有极强的空间艺术感染力(图 6 - 13)。

园林建筑空间在大小、开合、虚实、形体上的对比手法，经常互相结合，交叉运用，使空间有变化、有层次、有深度，使建筑空间与自然空间有很好的结合与过渡，以符合园林实用功能与造景两方面的需要。

(2)有“围”有“透”，互相流通

建筑空间的存在来自一定实体的围合或区分。没有“围”，空间就没有明确的界限，就不能形成有一定形状的建筑空间。但是只有“围”而没有“透”，建筑空间就会变成一个个孤立的个体，也形成不了统一而完整的园林空间。

建筑物内外空间的“围”、“透”处理，主要表现在各种“实”与“虚”的建筑构件的运用上，具体处理手法却是非常灵活而机动的。如作“围”的处理时，主要以卡在立柱间的实墙来分割，而实墙可以是整片的墙，也可以是不到顶的、但却阻挡了视线的半截墙，也可以在实墙上开着各种形式的门、窗洞口，“围”中有“透”，这种洞口有时作为面向次要景物的“景框”。“透”是中国园林建筑处理上的重点，也是建筑物最富于表现力的地方(图 6 - 14)。

建筑外围的整片墙面都可以布置成连续的玻璃长窗，或干脆做成空的柱廊，这样就很有利于进行室内外空间的渗透与交流。各种空间在大小、形状、性质上分隔、渗透、曲折、变化，空间的围透手段多种多样，空间的塑造与园林的意境相结合，空间的层次与组合适应着人们的观赏过程与心理上的需要。从建筑物内部的这个空间到那个空间，从建筑物的内部空间到外部空间，从建筑外部的这个庭院到那个庭院，都互相连系着，配合着，组成一个连绵不断的、有动有静的、有机的空间整体。

(3)时空结合，形成序列

园林建筑空间序列的构成，是在三维空间的基础上引入时间因素。

图 6-13　苏州留园入口空间对比图

1. 进园后第一小院；2. 狭长多变的曲院；3. 又一小院

4. 封闭狭长的游廊；5. 走出廊后空间开朗

6. 隔花窗透视园内景物；7. 位于末端的最后小院

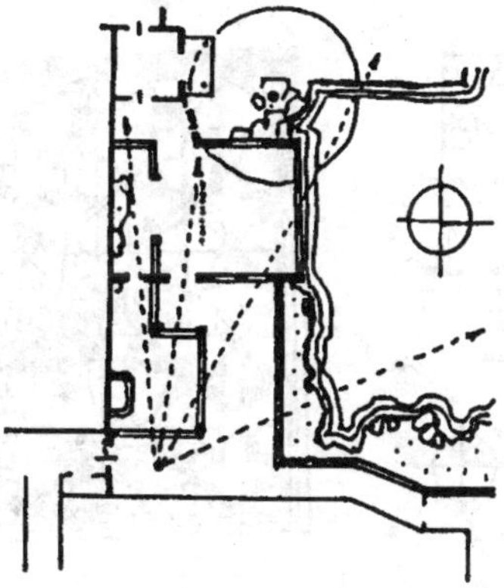

图 6-14A　建筑空间的渗透与层次变化
留园入口处

将一系列不同形状与不同性质的空间按一定的观赏路线有秩序地贯通、穿插、组合起来，就形成了空间上的序列。序列中的一连串空间，在大小、纵横、起伏、深浅、明暗、开阖等方面都不断地变化着，它们之间既是对比的，又是连续的。人们观赏的园林景物，随时间的推移，视点位置的不断变换而不断变化。观赏路线引导着人们依次从一个空间转入另一个空间。中国的园林建筑是穿插、点缀在自然环境之中的，建筑的内部空间与外部空间总是彼此渗透、相互交融的。因此，中国园林建筑的空间序列，是一连串室内空间与室外空间的交错，包含着整座园林的范围，层次多、序列长、曲折变化、幽深丰富。

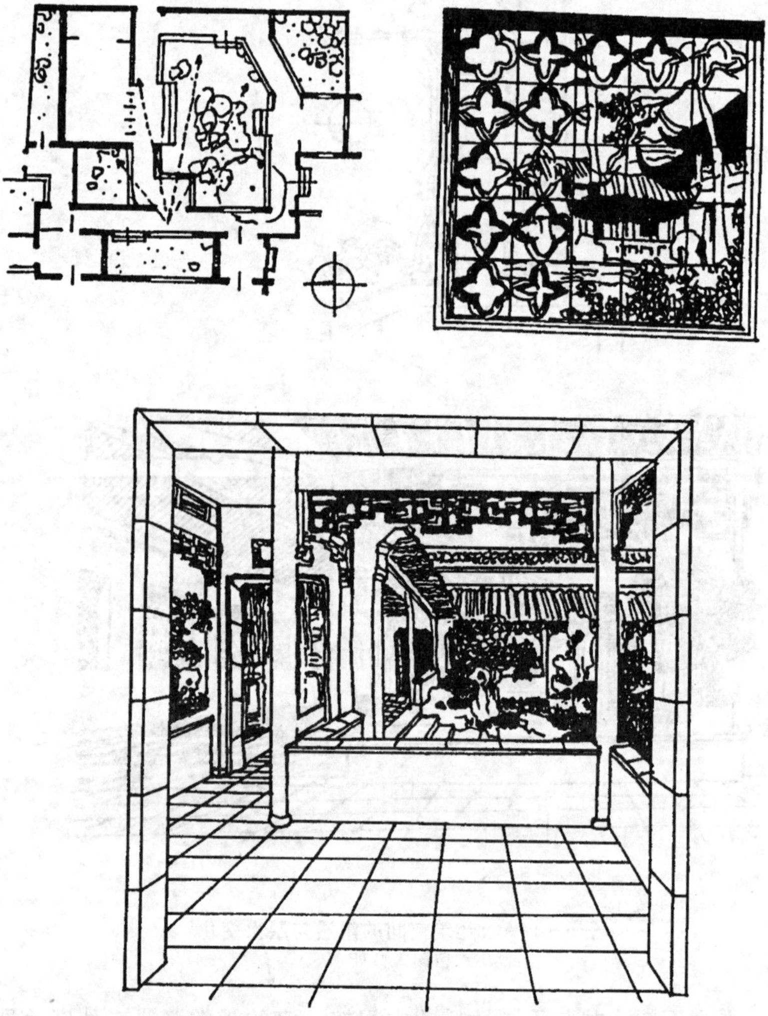

图 6－14B　建筑空间的渗透与层次变化
留园石林小院

园林建筑空间序列的组织有两种方式。一种是对称、规整的形式，它是以一根主要的轴线贯穿着，层层院落依次相套地向纵深发展。我国古代的宫殿、庙宇、住宅一般都采取这种空间组合形式，建在园林内的这类性质的建筑物其空间序列大体仍是如此。如皇家园林中的宫廷区、私家园林中的住宅部分、风景名胜区中的寺庙等。其典型的实例如北京颐和园万寿山前山中轴部分排云殿—佛香阁一组建筑群，从临湖的“云辉玉宇”牌楼起，经排云门、二宫门、排云殿、德辉殿至佛香阁，穿过层层院落，地平随山势逐层升高，至佛香阁大平台提高约四十余米，平台上建起八面三层四重檐、巍峨挺秀的高阁，成为这组建筑群空间序列的高潮，也成为全园前山前湖景区的构图中心。而其后部的“众香界”与“智慧海”则是高潮后的必要延续。

另一种空间序列取不对称、不规则形式，以布局上的曲折、迂回见长，其轴线的构成具有周而复始，循回不断的特点。这种形式在我国园林建筑空间中大量存在，是最常见的一种空间组合形式，但它们的表现又是千变万化的。典型的实例如苏州的留园，其入口部分的空间序列，其轴线之曲折，围透的交织，空间的开合，明暗的变化，都运用得极为巧妙。它从园门入口到园林内的主要空间之间，由于相邻建筑基址的挤压而形成了一条狭长的引道，由门厅、甬道分段连续而组成长约 50 m 的建筑空间，组成大小，曲直、虚实、明暗等不同空间效果的对比，使人通过“放—收—放”，“明—暗—明”，“正—折—变”的空间体验，到达“绿荫”敞轩后更感到山池立体空间的开阔、明朗(图 6 - 13)。

6.2.5 园林建筑布局艺术

园林建筑的布局是从属于整个园林的艺术构思的，是园林整体布局中一个重要的组成部分。中国园林布局的原则、特点、手法等，也是园林建筑必须遵循的。同时还应结合园林建筑自身的特征，现归纳总结如下。

1. 师法自然、寓意在先

中国的园林是文人、画家、造园匠师们饱含着对自然山水美的渴望和追求，在一定的空间范围内创造出来的。他们经过长期的观察和实践，在大自然中发现了美，发现了山水美的形象特征和内在精神，掌握了构成山水美的组合规律。他们把这种对自然山水美的认识，带到了园林艺术的创作之中，把对自然山水美的感受引导到现实生活的境域里来。这种融汇了客观的景与主观的情、自然的山水与现实的生活的艺术境界，一直就是中国园林所着意追求的目标。为了追求这样的艺术境界，园林建筑布局坚持“山水为主，建筑是从”、“化大为小，融于自然”、“造型处理结合环境”等原则，即做到园林建筑体量上点缀环境，造型上协调于环境、空间上不割裂环境。并做到与山石、水体、植物等自然要素的有机结合。

中国园林建筑与山体布局，讲究随形就势。或立于山巅，或鞍于山脊，或伏于山腰，或卧于峡谷。即使私家园林的人工山体上，也进行巧妙的布局，如杨州个园黄石秋山上的拂云亭。建筑与山体环境紧密结合，或悬挑，或吊脚，或平整，或跌落，在不同环境条件下，灵活处理。

园林建筑与水体布局，讲究建筑与水体相互依存，以满足人的亲水性心理需求。可布置在水体之中或孤岛之上，如湖心亭；可建于水边依岸而作，面向水域，如水榭；或横跨水面之上，有长虹卧波之势，如桥亭、桥廊、水阁等。

园林建筑与植物布局，讲求情景交融，呈现四时之景，展示时序景观与空间变化，如拙政园的“荷风四面亭”，狮子林的“向梅阁”，留园中的“荷花厅”。

“意在笔先”是古人从书法、绘画艺术创作中总结出来的一句名言，它对园林建筑布局也是完全适用的。寓情于景，触景生情，情景交融是我国园林艺术特色，“轩楹高爽，窗户虚邻，纳千顷之汪洋，收四时之烂漫”，诗情画意可以在许多园林建筑艺术意境的创造上反映出来。如颐和园、北海这样的帝王园林，前者以佛香阁建筑群为全园的构图中心，后者以白塔为控制全园的制高点，这种具有强烈中轴线的对称空间艺术布局、构成了极其宏伟壮丽的艺术形象。体现了皇家园林的风格。人们对园林建筑的体量、形象、色彩、气氛的观赏感受产生意境。“幽雅”、“素雅”、“雅致”都是对园林建筑感受的表达。清·李渔在《闲情偶寄》中写过，建筑的体量、色彩与造型“贵精不贵丽，贵新奇大雅，不贵纤巧烂漫”。清·郑板桥画室的对联：“室雅何需大，花香不在多”。中国园林建筑贵在体量与环境的合“宜”，灵“巧”，色彩的幽“雅”，总体布局到细部装饰纹样的“精”美。

2. 巧于因借，精在体宜

“巧于因借”，“因”是因地制宜，从实际出发。即“随基势之高下，体形之端正，碍木删桠，泉流石柱，互相借资；宜亭斯亭，宜榭斯榭，不妨偏径，顿置婉转，斯谓‘精而合宜’者也”这就告诉我们园林建筑布局只有先“因”，然后才能“宜”，从“因”出发，达到“宜”的艺术效果。

因地制宜就是园林建筑布局要结合园林的自然环境，做到“相地得宜”，既要注意地形、地貌等自然条件，也要注意花草树木、山石、水体及人文景观等因素。

皇家园林，规模宏大，园林建筑数量多，类型复杂，规模与尺度较大，风格端庄持重，色彩较为富丽、浓艳。因总体布局一般分为宫与苑两个部分，园林建筑布局也有两种形式。宫廷区又有“外朝”与“后寝”之分。“外朝”部分的建筑布局是正殿居中，配殿分列两旁，中轴线贯穿几进院落的布置方式，形成了一个严整的空间序列。“后寝”部分大多是由较封闭的四合院组合而成，宫廷区均布置在园林的入口处，宫门也就成了园林的正门。苑区占地广，空间范围大，具有各种山水地貌，为满足游赏的需要，园林建筑常以大分散、小集中成组成团进行布局。如颐和园，圆明园，大体都是这种布局。

私家园林，用地范围有限，庭院空间较小，其建筑布局以厅堂类建筑面对假山主峰，周围环以游廊及附属小院，中间水面作为过渡。如苏州的拙政园、留园，无锡的寄畅园等。

一个好的园林建筑布局，还必须突破自身在空间上的局限，充分利用周围环境上的美好景色，因地借景，选择好合宜的观赏位置与观赏角度，延伸与扩大视野的深度和广度，使园内园外的景色融汇一体，“巧于因借”的“借”字就是这个意思。

借景在园林建筑布局中占有特殊重要的地位。借景的目的是把各种在形、声、色、香上能增添艺术情趣，丰富画面构图的外界因素，引入到本景空间中，使景色更具特色和变化。借景的内容不外借形、借声、借色、借香。借景的方法包括“远借、邻借、仰借、俯借、应时而借”。借景是为创造艺术意境服务的，对扩大空间、丰富景观效果、提高园林艺术质量的作用很大。“园虽别内外，得景则无拘远近”。

借形组景　园林建筑中主要采用对景、框景、渗透等构图手法，把有一定景效价值的远、近建筑物、建筑小品，以至山、石、花木等自然景物纳入画面。

借声组景　在园林建筑布局中如运用得当，对于创造别具匠心的艺术空间作用颇大。自然界声音多种多样，园林建筑所需要的是能激发感情、颐情养性的声音。在我国古典园林中，远借寺庙的暮鼓晨钟，近借溪谷泉声、林中鸟语，秋夜借雨打芭蕉，春日借柳岸莺啼，凡此均可为园林建筑空间增添几分诗情画意。

借色组景　夜景中对月色的因借在园林建筑中受到十分重视。杭州西湖的“三潭印月”、“平湖秋月”、避暑山庄的“月色江声”、“梨花伴月”等，都以借月色组景而闻名。

借香组景　在造园中如何利用植物散发出来的幽香以增添游园的兴致是园林设计中一项不可忽视的因素，拙政园中“荷风四面亭”是借荷香组景的佳例。

3. 化大为小，有主有从

我国传统的园林建筑是一种木构架的结构体系。这种结构体系本身就决定了建筑物在一般情况下体量较小、较矮，个体建筑物的形状比较简单，大小、形状不同的建筑物可以有不同的功能，布局时，可把它们独立设置，也可用廊、墙等把它们组合成为院落式的群体，这种化大为小，化集中的大体量为分散的小体量的处理手法，能使园林建筑与自然环境协调统一，非常适合于中国式园林布局与园林景观上的需要。

化大为小的不同园林建筑布局时，同样应该遵循有主有从艺术创作的一般规律。主从分明才能有重点、有中心。主次之间彼此呼应、连贯、相得益彰而组成园林艺术的整体。在小范围内造园，为丰富景观效果，也要使景区有主有次，建筑物有主有从，以形成有特色的重点。

中国园林，特别是规模较小的园林，布局的基本方式是：山—水—建筑。建筑面对山水，既突出了山水景观，又获得了良好的观赏条件。建筑集中布置，既使自然空间开放、明朗，又使建筑空间封闭、曲折，有疏有密，形成对比，兼顾到实用功能与艺术观赏两方面的需要。

如苏州艺圃是座小型园林，全园面积约五亩，建筑物集中布置于北部，以博雅堂为中心组成密集的院落群，中部为水池，南部为山林，建筑以游廊与亭榭沿池的东西两侧向南部延伸，山林中以散置小亭作为点缀，形成建筑与山水之间的强烈对比，布局手法简练、开朗。

北京的颐和园是座大型皇家园林，布局以自然山水为主体，在前山前湖开阔的自然环境中，湖面占了绝大部分，因此，把十几组大小建筑群与小园林集中布置于万寿山的前山阳坡地带，形成以排云殿—佛香阁为中心的建筑布局。其他较小的景点分别点缀在沿湖的堤岸及湖中的小岛上，形成一山一水，一实一虚，宏丽的建筑与疏朗的水景的强烈对比，主从分明、重点突出、景观特点十分鲜明。

风景名胜园林与风景区的寺观园林，由于地域范围较大，景观变化多样，自然界的天然韵律要求建筑采取分散布局方式。建筑依据环境不同特色，相机灵活布置，形成有个性的景点。景点有大有小，以大带小，有节奏有变化地控制全局。

北京的圆明园是一座以水景为主的皇家园林，占地范围广阔。它平地挖湖堆山创造园林景观，以西山和万寿山作为主要借景方向。因此，建筑布局主要采取大分散小集中的集锦方式，组成各具特色的景点分布于全园各处。为了达到分散而不零乱的效果，也必须有主有从。这主要通过两个方面来实现：一方面是围绕一个主要的水面，沿湖、沿河布置小园林集群，以形成共同的园林空间；另一方面，在一个景区的中心或重点部位，布置1～2组重点建筑物成为重点，这个重点能照顾到较大的空间范围并与分散于周围的次要景点在视觉与游览路线上取得联系，这样就形成了有主从、有节奏的园林空间体系。承德避暑山庄的自然景观特点是山、水、草原的结合。山峰不高，湖面不大，岛屿纵横交错，变幻多姿。因此，建筑物为适应环境，采取灵活分散布局形式，以突出“山庄”特色。但在分散、低矮、隐现于山林绿荫中的建筑组群中，也需要有主有从，有高有低，有隐有显，并按照一定的构图规律把它们有节奏、有韵律、彼此呼应地组成为一个统一的整体，这样在空间构图上才不零乱、散漫。

4. 分而不隔、相互贯通

用墙将园林建筑空间进行围合分隔，可构成多种多样的空间领域。在园林建筑布局中，为了避免单调并获得空间的变化，除采用对比手法外，另一重要方法就是组织空间的渗透与层次，使园林建筑空间分而不隔，相互贯通。

(1) 园林建筑内部空间的分隔与渗透

为了满足建筑内部功能上的需要，为了使空间有变化有层次，常使用屏风，纱槅，落地罩将一个宽敞的大空间分隔成若干个有大有小的活动范围，空间上互相流通、渗透，比较灵活。如颐和园中的乐寿堂内部纵、横方向用各种形式的屏风、隔断，格门、落地罩、博古架、帷幔等灵活地进行分隔，雕刻精致，玲珑透巧的硬木装修与室内陈设相结合，创造了精美、幽雅的内部空间气氛。

(2) 建筑内外空间的分隔与渗透

根据园林建筑的使用性质、周围景观的特点和建筑物的朝向，组织建筑内外空间的分隔与渗透。如私家园林中的一些书房，皇家园林中的寝宫都是一些私密性较强的空间，以围合分隔为主，建筑物的两面或三面以实体墙围合，正对一个封闭、幽静的小院。作为主要观赏点的厅堂、轩榭则是公共性较强的使用空间，以渗透贯通为主。

空间的渗透贯通主要是利用门、窗、洞口、空廊作为联系媒介，使空间彼此渗透，增添空间层次，常运用对景、框景、漏景、利用空廊互相渗透和利用曲折、错落变化增添空间层次。清代园林北海濠濮涧的空间处理是一个优良的范例，其建筑本身的平面布局并不奇特，但通过建筑物房、廊、桥、榭曲折的错落变化，和于室外空间精心安排的叠石堆山，引水筑池，绿化栽植等，使建筑和园林互相延伸、渗透、构成有机的整体，从而形成空间变化莫测，层次丰富、和谐完整，艺术格调很高的一组建筑空间。苏州留园入口及石林小院空间互相渗透和层次变化异常丰富，使人有深邃曲折和不可穷尽之感(图 6 - 14)。

5. 疏密有致，曲折变化

我国的皇家园林、私家园林、寺庙园林一般建筑占的比重较大，虽然采取化大为小，分散布置，但不是平均布局，而是注意处理好平面上的疏密关系，以获得密中求疏，小中求大的艺术效果。

我国书画家讲的“宽处可容走马，密处难以藏针”是指艺术上的一种对比效果，在园林艺术上也是同理。疏与密都是相对的，又是互相映衬的，“疏中有密，密中有疏，驰张启阖，两相得宜”。要疏而不荒，密而不局促，关键还在于“得宜”，这个“宜”，就是人们活动的空间尺度。空间尺度感的掌握在园林建筑布局中是最难、也是最要紧的。

苏州的网师园即是一个很好的实例(图 6 - 15)。园林在住宅西侧，面积约 0.3 hm^2，是中小型园林，但却布置了八座厅、堂、轩、馆，三座亭子，游廊穿插，尺度合宜，布局疏密恰当，曲折变化有致。分析起来，在建筑布局上有以下特点。

较高大的建筑都退隐至临近北部和南部的界墙附近布置，以便让出中部园林空间安排水面。如北部的五峰书屋、集虚斋、看松读画轩、殿春簃等主要厅堂轩馆都紧贴北端组成以书房为主的庭院区；南部的小山丛桂轩、蹈和馆、琴室所组成的生活宴聚性的小庭园也退离池面布置。这样就形成了外侧高，中间低，两侧密，中间疏的局面。临水建筑都取低矮、小巧、空透的建筑形式，如游廊、亭榭、水阁等，与水面贴近，并以山石与绿化把它们加以间隔，它们既成为主要建筑延伸至水边的一些景点，其形象又能与中部小景相配合，成为高与低，疏与密之间的一种过渡。在建筑布局上，把池面西北与东南角两个部位让出，布置山石、绿化，使建筑都退隐于树丛、假山之后，而水面在这两个角位还就势伸出水湾，跨以平折桥及小拱桥，使水面有源头不尽之意；这样，使中部空间进一步扩大，使视线进一步引伸。同时，池东北、西南两角的建筑处理以“实”为主，池西北、东南两角以“虚”为主，交错布局，形成对比。

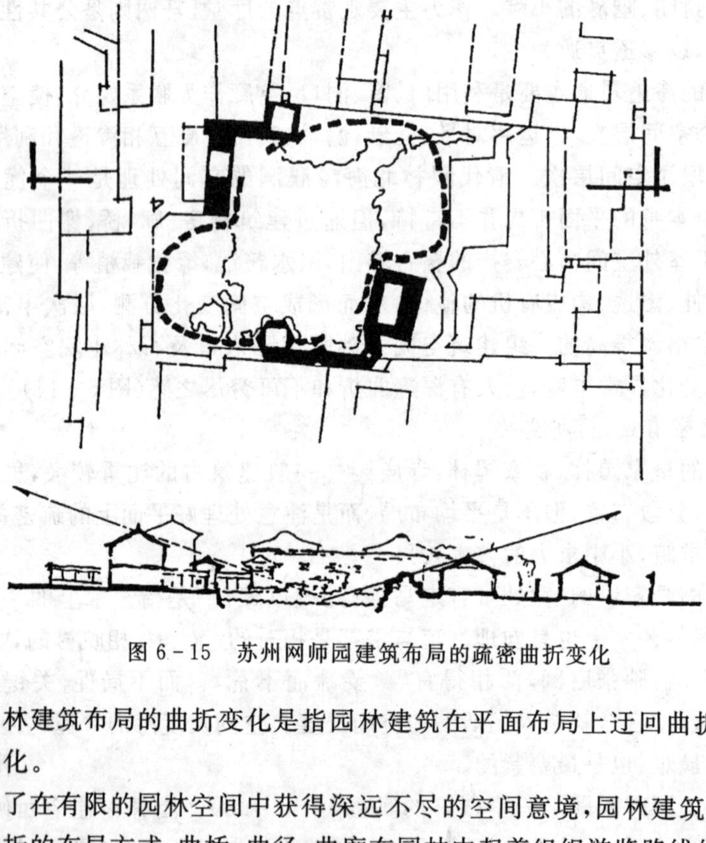

图 6-15　苏州网师园建筑布局的疏密曲折变化

园林建筑布局的曲折变化是指园林建筑在平面布局上迂回曲折，竖向有错落变化。

为了在有限的园林空间中获得深远不尽的空间意境，园林建筑就要讲究迂回曲折的布局方式，曲桥、曲径、曲廊在园林中起着组织游览路线的作用，当其结合着环境和两侧风景的特点，相应地曲折变化一下，使游人左顾右盼而得景，信步其间使距离延长而能意趣横生。有时“山回路转，曲径通幽”，自然地把人由一个空间引向另一个空间，给人一种意料之外的感受。要作到这一点，必须因地制宜，因景而宜，曲折之妙，全在随机活变，而不在主观做作。

苏州拙政园中部东南角上由枇把园、听雨轩、海棠春坞三个主要庭院所组成的一组小院集群，以曲折的游廊相贯通，以起伏的云墙、花墙、山石与外部园林适当分割，建筑灵活布局，造型各不相同，人们在其中游赏，感到空间变化丰富，处理灵活，各个庭院空间各有特色。

利用曲折、错落变化增添空间层次，在园林建筑空间组合中常常采用高低起伏的曲廊、折墙、曲桥、弯曲的池岸等手法来化大为小分隔空间，增添空间渗透与层次。同样，在整体空间布局上也常把各种建筑物和园林环境加以曲折错落布置，以求获得丰富的空间层次和变化。特别一些由各种厅、堂、亭、榭、楼、馆单体建筑围合的庭院空间处理上，如果缺少曲折错落则无论空间多大，都势必造成单调乏味的弊病。错落处理可分远近、高低、前后、左右四类，但又可互相结合，视组景的需要而定。在处理曲折、错落变化时不可为曲折而曲折，为错落而错落，必须以在功能上合理、在视觉景观上能获得优美画面和高雅情趣为前提。如颐和园的画中游、谐趣园、佛香阁建筑群，北海公园的静心斋，濠濮涧等。

6. 时空结合，有静有动

人们在园林内的生活节奏总是有静有动的，人对景物的观赏也常是“动”与“静”相结合的过程，因此，就产生了静观与动观的区别。静就是息，动就是游，静是“点”，动是“线”。由于人们在园林中的观赏经常是在建筑中进行的，所以，园林建筑的布局也必需考虑到这种静与动的要求，既选择好静观的“点”，又组织好游赏的“线”，作到动与静，点与线的结合。需从总体上推敲空间环境的程序组织，静观的点，一般就是厅堂、亭榭、楼阁、平台等建筑物；动观的线，或是游廊，或是园路，或是水道，变化较大。要依据园林景观的特点、地势的高低变化，或登山远眺，或临水平视，或开阔明朗，或幽深曲折，以形成多样变化的景观。

园林建筑空间序列的组织归根到底是观赏点和游览路线的组织，游览路线随园林的规模与性质的不同而有差异，但要考虑到观赏距离与观赏角度，还必须考虑到景色逐层展开的连续效果。

小型庭院的空间范围很小，以静态的观赏为主，主要视点常位于厅堂轩馆之内，庭院内的山石、花木的布列关系主要考虑从室内所获得的观赏效果，如以石峰作主景，配合花木。中小型的园林，空间范围也不大，一般以假山、水池作为主景，配合以绿化及小型建筑物，为了变幻观赏的角度，观赏点的位置也有高有低，忽登山鸟瞰，忽濒水仰视；或处境开朗，或处境聚敛，变化多端，各具特点。而环绕山池的游廊或登山越水的山径、洞壁、桥梁等组成了动观的游赏路线，人们沿线前进，景色不断变幻，或上或下，或明或暗，或开或阖，或室内或室外，随着路线的推移，连续不断地映入眼帘，北海公园的白塔山东北侧有一组建筑群，空间序列及游览路线的组织先由山脚攀登至琼岛春阴，次抵圆形见春亭，穿洞穴上楼为敞厅、六角小亭与院墙围合的院落空间，再穿敞厅旁曲折洞穴至看画廊，可眺望北海西北隅的五龙亭，小西天，天王庙、和远处钟鼓楼的秀丽景色，沿弧形陡峭的爬山廊再往上攀登，达交翠庭，空间序列至此结束。这也是一组沿山地高低布置的建筑群体空间，在艺术处理手法上，同样随地势高低采用了形状、方向、隐显、明暗、收放等多种对比处理手法来获致丰富的空间和画面。主题思想是赏景寻幽，功能却是登山的交通道，因此无须有特别集中的艺术高潮，主要是靠别具匠心的各种空间安排和它们之间有机和谐的联系而获得美的感受。

第 7 章　园林装饰艺术

§7.1　园林装饰在园林中的作用

园林艺术是一门综合艺术，是多维空间艺术，依园林构成要素又包括园林山水地形艺术，园林种植艺术，园林建筑艺术，园林广场与园路艺术，园林装饰艺术等门类。园林装饰是在园林山水地形，园林植物，园林建筑，园林广场与园路等布局的基础上，应用园林雕塑，园林山石，园林壁画，摩岩石刻等小品以及园椅、园凳、栏杆、园灯、花窗、隔断、花架、小桥、汀步、景墙、踏步等小品性设施，对园林空间进行处理、点缀、美化，使园林景观更富于表现力。

7.1.1　园林装饰的内容

1. 园林空间的组织与处理

运用园林小品及小品性设施进一步调整园林空间的尺度和比例，空间之间的衔接、过渡、对比、统一，空间的渗透与层次，空间的时序变化等。

2. 园林空间的装点处理

运用山石、雕塑、石刻、绘画、盆栽、盆景及小品性设施，丰富园林景观。

3. 装修美化处理

主要指确定园林广场、园路、园林建筑地面的色彩、图案、纹理和做法，园林建筑内、外檐的装修等。包括园林铺地，建筑的门、窗、楣子、栏杆、匾联、隔断、器设等。

7.1.2　园林装饰在园林中的作用

1. 景观功能

园林装饰的景观功能主要表现在通过运用园林小品进行各种不同的装饰点缀，能组织园林空间，丰富园林景观，组织游览路线，满足人们的游赏要求。

园林装饰小品可以作为园林或园林局部的主景。如杨州个园的四季假山，苏州留园的冠云峰置石，上海虹口公园的鲁迅雕塑等。运用景墙，门窗洞口、花窗、隔断、花架、栏杆、家具等装饰小品可以分隔空间，形成隔景，又能使空间互相渗透，形成框景、对景、漏景、借景，还可以屏障视线，引导游览路线，形成障景。园林装饰小品大多情况下能装饰点缀园林景观，特别是与山水地形，园林建筑，园林植物，园路广场等有机的结合，能形成景中有景，变化多彩的景观。以增强风景的感染力，增加游人情趣。

2. 精神功能

园林装饰所形成的优美的园林环境，能满足人们多方面的审美需求。在园林中，林木草地是绿色的面，流水园路是流动着的线，而园林装饰小品是园林空间中的许多闪光点，当人们在欣赏园林装饰小品时，同样也在欣赏与之相关的园林艺术。园林装饰对人们的精神功能主要表现在四个方面，一是可以给人以美感，二是可以形成某种气氛，三是可以体现园林意境，四是用以表现民族风格。

（1）满足人们的审美需求

园林艺术有着广阔的艺术综合能力，要构成浓厚的艺术意境，还必须把文学、绘画、雕塑、工艺美术、书法艺术等其他门类的艺术组合起来。园林装饰正是这些门类艺术与园林艺术的联系与体现，这种多门类艺术结合在一起，便产生一种综合效果，形成一个有机的整体美，才能产生强烈的艺术感染力。能引起人们全身心的审美高潮。

（2）渲染园林主题，形成某种气氛

气氛就是园林环境给人的总印象，是多少能够体现不同园林环境具有不同性格的东西。通常所说的轻松活泼、庄严肃穆、安静亲切、欢快热烈、朴实无华、富丽堂皇、古朴典雅、新颖时髦就是用来表述气氛的，也表现了人们不同的审美感受。如上海虹口公园鲁迅雕塑，不仅突出了园林局部环境的主题，而且形成了庄严肃穆的环境气氛，造成了纪念性雕塑的特定环境。皇家园林建筑注重雕梁画栋，对梁柱、天花板、藻井、隔扇裙板等的木雕，建筑屋脊的哺龙走兽的精雕细琢及采用了大量的彩绘，形成了富丽堂皇的气氛，体现了皇家的华贵气派。如颐和园的长廊共 273 间，每间的额枋上都根据神话故事，历史典故等内容画有精美的彩绘。

园林装饰小品的一些器设，如铜器、瓷器、陶器、大理石屏、古砚、宫灯以及家具都是精美的工艺美术品，这些装饰丰富和开拓了园林的内容，给园林增添鲜明的时代特色和独特的装饰风味。如明代风格的园林，配上明式家具及摆设，清代风格的园林配上清式家具及摆设，苏州园林配上苏式家具，其风格特征也就相得益彰。苏州狮子林“向梅阁”，阁前及坡上遍植梅树，为浓化这种意境，建筑室内家具、器具也都制成梅花型，窗纹也刻成梅花型，天花板上绘有梅花图案，正中墙壁上挂有数幅梅花画轴，这样，即使室外梅花已凋落，但由室内家具、绘画、图案的装饰渲染，形成特定的气氛，深得“问梅”的意境。

(3) 体现园林的意境

中国园林追求的是意境，是品格，是物质世界中的精神世界，在园林审美中，注重的是寄托，是交融，是在有限的物质中表现无限的空灵之感。园林装饰能体现园林的意境，如杨州个园的假山石体现了春、夏、秋、冬的四季意境；哈尔滨斯大林公园的装饰性雕塑“琴童”使我们在优美的“琴声”中领略了童年的幸福；“默读”雕塑，使我们从青年人的勤奋追求中，看到光明与美好的未来。

中国园林创造和体现园林意境，还常常直接借用文学、书法、雕刻等艺术因素，主要表现为题名、对联、匾额、碑刻、石刻、中堂等园林装饰，点出了园林主题，丰富了欣赏内容，增加了园林景观的艺术趣味和诗情画意，使园林物质空间上升为意境空间。人们在游赏园林景观的同时，还得到了文学、书法、雕刻等艺术的熏陶，增强了园林的艺术价值。

园林题名、对联、匾额、碑刻、石刻、中堂等装饰体现园林意境具体表现为以下几个方面。

① 点明园林主题或景点的精神旨趣。园林装饰中的匾额常用木、砖、石雕琢成整形式或在山石上雕刻成自然式(摩岩石刻)，有的作为园名，有的作为景名，用极为简练的语言表现主题，达到问名心晓，起画龙点睛的作用。如颐和园取“颐养冲和”之句，表现颐和园为“颐养天年，天下太平”的皇家园林。耦园取两人一起共同耕种之意，蕴涵着夫妻双双归田隐居生活的意境。拙政园表达失意不得志的情感。颐和园东门处的“涵虚”、“罨秀”匾额，点明了颐和园是一个山青水秀、恬静清幽的山水宫苑。山东泰山的“二虫”意为“风月无边”二字胜四字。苏州怡园入口障景“屏风三叠”点明了该园的山水意境。一般说，在私家园林中，多是赞扬哲人君子品德的，如“香远益清”，“曲水荷香”，“濂溪乐处”等，在皇家园林中则多是寓意四海升平称颂帝王功德的，如“九洲清宴”、“廓然大公”、“万方安和”等等。泰山的摩岩石刻都是对泰山雄伟气势的赞美。

② 产生扩大园林空间的联想。如颐和园的谐趣园里有一副对联“西岭烟霞生袖底，东洲云海落樽前”。在谐趣园里是看不到西岭烟霞和东洲云海的，但游赏了这副对联，似乎扩大了园林空间，扩大了景的境界。又如杭州灵隐寺对联“楼观沧海日，门对浙江潮”。把海日和江潮引入寺内，丰富了空间美的感受。像“窗含西岭千秋雪，门泊东吴万里船”对联也起到了引导游人从有限的空间去体会无限的空间和时间的作用。

③ 发人深思，追忆往事。通过书法、雕刻、文学为一体的对联、碑刻显示园林景物所不能呈现的有关人和事。苏州沧浪亭石柱上刻了一副对联“清风明月本无价，近水远山皆有情”。使人想起苏舜卿买地作亭的经过，想起欧阳修和苏舜卿两位诗人的友情和诗篇，想起欧、苏两人关于风月山水的自然美的

审美经验，这样，欧、苏两人这些洋溢诗意的韵事佳话，大大充实了沧浪亭的精神内容，增添了游兴和意趣。陕西乾陵的"无字碑"，游人到此，浮想联篇。是唐武则天的功过是非无法用碑文表达呢？还是对武则天的功过留给后人评说呢？无字胜有字。杨州瘦西湖对联"秋水才添两三尺，绿荫相间四五家"，勾画出长堤烟柳的水村之境。天台山万年寺对联"露气春林，月华秋水，晴光淑景，芳草远山"。托出一幅淡雅的山野画面。昆明大观楼对联 180 字，上联写昆明美丽的风光，下联写触景生情，发人深思的情感。

(4) 表现民族风格

通过园林装饰可以体现民族风格和地区特点，由于各民族的历史沿革不同，文化传统不同，风俗习惯和所处地区不同，园林艺术风格存在着很大的差异。除了表现在园林山水地形、种植、建筑、广场、道路等方面外，不同形式、不同材料，不同手段的园林装饰能加强表现民族风格和地区特点。

① 采用天然材料装饰点缀，创造自然山水园林环境，表现写意山水园林意境。如用天然山石作为"自然雕塑"，或作为地面铺装、踏步、室外器设及建筑装修，或用人工材料仿塑成园椅、园凳、栏杆、小桥、汀步、果皮箱等，以求天之情趣。

② 遵循我国园林艺术的布局原则，采用灵活多变，层次丰富，内外渗透的空间布局及组景、借景等手法，进行园林装饰，使形式与内容达到高度的统一。如常利用门窗洞口、花窗、隔断等形成框景、漏景、对景、借景，使空间互相渗透、层次丰富。北京颐和园乐寿堂四面的景窗，能把美丽的湖光山色引到室内来，人们透过窗子看湖面，就像欣赏一幅幅漂亮的山水画，当人们转换欣赏位置时，画面也在变，使人们在有限的室内，看到了无限的景色。

③ 采用传统的装饰手法及常见的装饰构配件，以表现民族风格。在园林装饰中，对梁柱、天花板、藻井、隔扇裙板进行雕琢，采用隔扇、罩、博古架等常见装饰构件，分隔装饰室内，在现代园林或采用钢筋混凝土仿塑木结构建筑，以体现民族风格。

④ 借用具有民族风格的其他艺术形式的装饰表现民族风格。民族的社会历史背景不同，民族的性格特点和文化传统不同，则有不同的审美观念，西方美学偏重于强调艺术的区别性、独立性、不相关性，中国美学则偏重于强调艺术的相通性、包容性、综合性，中国园林受诗词，书画，雕刻等艺术门类的影响，形成了特有的园林艺术风格。在园林装饰中，常采用富有民族特色的书画，绘画，雕刻及其他工艺美术品进行装饰，以体现民族特色。

7.1.3 实用功能

园林装饰的实用功能是多方面的，有的为游人提供游览、交通、活动的场地，有的提供休息条件，有的具有安全防护功能，有的实为儿童玩具，有的能使游人跨越水面，有的能分隔园林空间，有的能收集存放园内垃圾，有的供游人洗手，有的起夜间照明作用，有的可对游人进行政治思想宣传和科技文化教育等，这些装饰小品的主要功能是实用，其次作为园林装饰。

园林空间的底界面，除水面和植被层覆盖地面外，其他建筑地面，园路、广场、庭院等地面都要用硬质材料进行铺装，这是园林装修的基本内容之一。园林铺地的实用功能主要是为游人提供图案稳定，经久耐用的游赏活动场地。室内外的家具器设，具有其特定的使用功能。儿童玩具可以做成动物雕塑，既实用又美观。高台边、水边、路边的栏杆，具有安全防护的实用功能。花架既可遮阴，又可给游人提供休息和引导游览的作用。游廊两旁的美人靠与座凳结合，是最佳的休息观景点。园灯具有白天装饰，夜间照明和引导游人以及增添夜景的作用，园林中的宣传牌、宣传廊是进行宣传教育工作的一种设施。

§7.2 园林与雕塑

雕塑是三维空间造型艺术，是瞬间形象与神态的凝固。雕塑艺术是通过自身的“造型”处理，典型地再现生活，给人以一种直接的强烈的印象，从而引起人们的共鸣与联想。

在人类文明历史的长河中，雕塑这一艺术门类源远流长，那些大型室外雕塑几乎同建筑物一样，成百上千年地屹立在那里，反映着历史的足迹。雕刻于公元前2550年埃及金字塔群的司芬克斯——狮身人面像的石雕，是古埃及的专制君主宣扬自己为主宰自然与社会之神，堪称一部石头的史书，给我们揭示了4 000多年以前尼罗河流域的社会特色与人们的精神生活(图7-1)。

图7-1 埃及金字塔群，司芬克斯——狮身人面像

我国古代雕塑，基本上可以分为陵墓雕塑(如墓前石人、石兽及俑)、石窟及庙宇的宗教雕塑两大类。殷墟出土的陶俑以及洛阳出土的“战国铜人”，长

沙出土的“战国木俑”等，较简单粗糙，是比较原始的艺术作品。陕西临潼发掘的秦兵马俑，不仅尺寸大，数量多，而且艺术上之成熟，实属罕见。汉代陵墓雕塑以石刻为多，如陕西茂陵霍去病墓前的《马踏匈奴》及其他石雕，巧妙地利用原有石料，进行大体大面的体积处理，运用圆雕、浮雕、线刻相结合的表现手法达到粗犷鲜明的艺术效果，具有吸引人的艺术魅力。这组石雕组群气势磅礴质朴而含蓄，可以称得上西汉石雕艺术的典范(图7－2)。

唐朝墓前雕刻，举世闻名的有浮雕《昭陵六骏》，其手法简练，立体感极强，造型生动、雄健，属珍贵的艺术杰作(图7－3)。

图7－2　汉代“马踏匈奴”石雕

图7－3　唐太宗“昭陵六骏

石窟及庙宇的宗教雕塑，大体可以分为五种类型，即庄严慈祥的佛像，威武雄壮的天王力士，欣快欢乐的飞天，虔诚慕敬的供养人，丑陋可憎的鬼怪等。较闻名的有大同云冈石窟、洛阳龙门石窟、巩县石窟、天水麦积山石窟、敦煌莫高石窟、河北响堂山、四川大足石窟、乐山大佛等(图7－4)。

随着人类社会的发展，雕塑已成为环境艺术构成要素的组成部分，是物质文明和精神文明建设的重要组成部分。根据雕塑所处的环境可分为城市广场雕塑、园林雕塑、建筑雕塑、水上雕塑等。

7.2.1　园林雕塑的功能作用

历来在造园艺术中，不论中外几乎都成功地融合了雕塑艺术的成就。在我国传统园林中作为独立的审美对象的雕塑作品则多是写意的、抽象的、“自然的雕塑”，这主要是指假山石峰。早在南北朝时，就有将自然中的奇石怪峰凿下来搬到园林中作为观赏对象的记载。宋徽宗赵佶营造寿山艮岳，为收罗奇峰怪石，特设“花石纲”。孤赏石峰在中国园林景观中占有重要地位。例如上海豫园的“玉玲珑”，相传为隋代遗物，清代王世贞评之为“秀润透漏，天趣宛然”。江苏常熟兴福寺里的“泌雪石”，相传为元代画家赵孟兆页的爱物，石身起伏多变，如水浪相叠，又像雪压琼枝。苏州留园的“冠云峰”，亭亭玉立于“浣云沼”畔，它的倒影入池，宛如一个美丽的仙女在梳妆打扮。如果没有这些雕塑，中国园林就不可能成为具有写意山水特点的艺术整体。

图 7-4　四川乐山大佛

在中国古典园林中，也有许多人工的雕塑，如北京北海琼岛的“仙人承露盘”雕塑，太液池北岸的“九龙壁”雕塑，颐和园门前的石狮，昆明湖边的铜牛，寺庙园林中的仙佛塑像，陵墓园林中的石人、石马、石龟，它们都是雕塑艺术的精品，有的在园林中起到了点明主题的作用，有的发人深思，产生丰富的联想。

中国园林，还有一部分装饰雕塑。在园林装饰上，则常毫不含蓄地追求附属物的外在美，精雕细琢，细腻纤秀，这就从细部丰富了园林总体的审美内容。如木雕有梁柱、天花板、藻井、隔扇裙板等，石刻的有碑头、碑座、柱础、桥栏等，还有建筑屋脊上的哺龙吻兽雕塑，其中也不乏精品，苏州耦园水阁“山水间”内的岁寒三友落地罩，系名贵杞梓木所雕，刀法苍劲，柔和清丽。苏州网师园大厅门楼砖刻，人物造型优美，刻划生动，体积感空间感都很强。

在国外的古典园林中几乎无一不有雕塑，且大多为人物雕塑，尽管配置得比较庄重，严谨，但其艺术情调都十分的浓郁。西方基督教有许多神话，是把人神化了，描写的神实际上是人，神话也影响了西方园林，常把很多神像雕塑放置在园林中。我国古代神话中描写的神仙是居住在名山大川里，而是把“神”山水化了，在园林中设置自然雕塑假山、峰石，当然一方面是园林造景功能的需要，另一方面是人们以此寄情于山，寄情于石。在现代园林中利用雕塑艺术手段以充实造园意境日益为人们所采用。雕塑的题材不拘一格，形体可大可小，刻划的形象可自然可抽象，表达的主题可严肃可浪漫，根据园林造景的性质、环境和条件而定。

雕塑是具有强烈感染力的一种造型艺术，园林雕塑有人物、动物形象、山石、植物以及抽象的几何体的形象，它们来源生活，往往却予人以比生活本身更完美的欣赏和玩味，它美化人们的心灵，陶冶人们的情操。园林景观由植物、山石、水体、建筑等组成，是布置雕塑的理想环境，具有艺术魅力的雕塑艺术品能为优美的环境注入人文因素，园林雕塑具有以下功能和作用。

1. 表达园林主题

运用雕塑表现园林的主题，以增强园林艺术的感染力。如杭州花港观鱼公园用莲莲有鱼雕塑，突出观鱼，借以表达园林主题(图 7-5)。

2. 组织园林景观

运用雕塑可以作为园林局部的主景。如广州文化公园的“荔枝女”雕塑，用汉白玉雕成，亭亭玉立于水池旁，富有南国的地方风情，颇能吸引游人欣赏(图 7-6)。

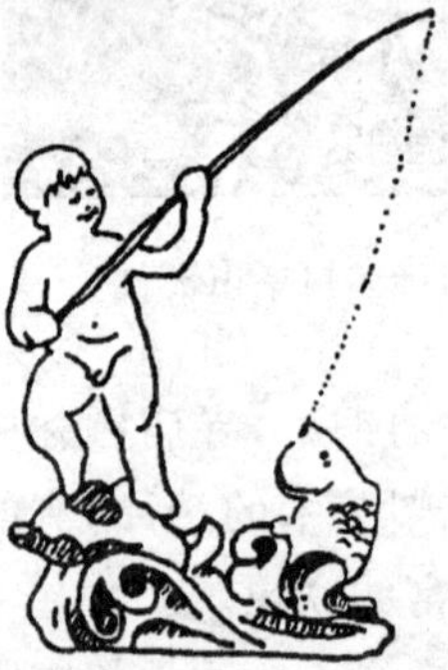

图 7-5　杭州花港观鱼公园莲莲有鱼雕塑

图 7-6　广州文化公园”荔枝女“雕塑

3. 点缀，装饰，丰富游赏内容

如桂林七星岩公园儿童游乐园的“小八路”雕像是少年儿童学习的好榜样，雕塑生动亦为乐园增添了活力(图 7-7)。杭州孤山上的“放羊娃”(图 7-8)，它不仅使人们想起了“鸡毛信”的故事，而且还改善了环境的观赏质量。广州流花公园的“鹿群”表现了慈爱、幸福的主题，为庭院增加了几分宁静的色彩。

4. 充当实用的小型设施

用雕塑作为手段令其具有美的造型，但首要的是雕塑的实用目的。如公园的大型儿童玩具，园林环境的果皮箱等。

以上归纳园林雕塑四点功能和作用有一个共性就是表现为雕塑的艺术功

能，即在园林空间中的艺术价值，主要是园林雕塑能满足人们多方面的审美需要。园林雕塑的艺术价值也是因审美、功能和环境的互容关系而决定的。不同范畴的园林雕塑，其艺术价值也不尽相同。纪念性公园中的雕塑围绕着特定的内容，以不朽的主题感染观赏者，其艺术价值是超越时空的，贵在将瞬间凝成永恒。游憩性公园和居住区绿地中的雕塑，因环境的优雅，气氛的闲逸，其塑造的形体就应显其美好而轻松，不宜凝重，不宜过大，要与人为邻。其艺术价值，重在展现祥和美好的生存空间。雕塑的艺术价值不仅反映在形式上，更重要的是要表达内在的含义和展示真实的美。当一个美好的寓意、一种强烈的情感闪烁在艺术作品中时，它就能为人们所感受，所联想，使人们从单纯的感性反射上升到精神境界的审美享受。无论是公园里还是庭院中，雕塑的艺术价值都随着对环境的影响得以提高和完善。

图 7－7　桂林七星岩公园“小八路”雕塑

图 7－8　杭州孤山“放羊娃”雕塑

7.2.2　园林雕塑的类型

雕塑按其形式分为圆雕、透雕和浮雕。依雕塑材料分为石雕、钢雕、铜雕、木雕、铁铸、水泥雕塑以及冰雕雪塑等。按在园林中的功能作用分为纪念性雕塑、主题性雕塑、装饰性雕塑、功能性雕塑以及陈列性雕塑五大类。

1. 纪念性雕塑

用来纪念人与事的雕塑为纪念性雕塑，常布置在纪念性园林绿地之内。如上海虹口公园的鲁迅雕塑(图 7-9)、广州中山纪念堂前的孙中山铜雕像、杭州西湖西泠桥畔女革命家秋瑾的纪念雕塑，美国南达科他州拉斯莫尔国家公园美国黑山四总统纪念雕塑等(图 7-10)。

图 7-9　上海虹口公园鲁迅雕塑

图 7-10　美国黑山四总统雕塑

2. 主题性雕塑

用来揭示园林主题的雕塑为主题性雕塑，主题性雕塑同园林环境相结合，可以充分发挥雕塑艺术的特殊作用，把园林艺术无法具体表达的思想性，运用雕塑艺术表达出来。

主题性雕塑最重要的条件就是雕塑的选题要贴切。西安半坡村遗址陈列馆前的广场上塑造了一尊当时半坡村一位少女在河边汲水的形象，不是从考古战线的巨大成就来布置考古工作者形象的雕塑品，而是从这个博物馆的主题内容出发，以展示中华民族的祖先在原始氏族社会是如何生活的这一特定的主题，从而发挥主题性雕塑的作用(图 7-11)。

图 7-11　西安半坡村“半坡女”雕塑

主题性雕塑可以采取直观的手法点题。我国桂林七星岩的少年乐园入口处立了一尊“小八路”的雕塑，尽管革命战争时期的小八路同现实生活中的少年乐园相距甚远，但它在少年儿童的心灵里却联系得很紧，少年儿童羡慕他们，并在自己的生活中仿效他们，因此这样的雕塑就取得了主题性雕塑的效果。

另外，还有一种特殊的主题性雕塑，就是以雕塑作为手段来展示某一个主题的雕塑园。例如，挪威奥斯陆市的福洛耐尔雕塑公园，称作维格兰雕塑群，总体布置了 150 多座雕塑，沿着一条轴线展开，有些在平地，有些在山坡，有些在山顶，有单尊的，有群体的，有的纪念性十足，有的装饰味很强，但它们统一围绕着“人生”这个主题，形象地表现了人生的哀乐。这种雕塑群不是纪念什么，因此不能列入纪念性雕塑的范围。当然也不是为了装饰点缀园林环境。因此也不能列为装饰性雕塑，它们是一个主题的综合体现，是主题性雕塑的特例。

在古典园林中，以塑造假山为主题的山石园也属于主题性雕塑。

3. 装饰性雕塑

用于装饰点缀园林环境的雕塑为装饰性雕塑，这是园林雕塑数量比较大的一个类型。装饰性雕塑对于丰富园林景观，美化园林环境，满足人们的游览观赏有着重要的作用。例如，北京日坛公园的“天鹅展翅”表现了两只天鹅击水腾空，双双比翼，使人们的心情欢腾雀跃(图 7-12)。上海西郊动物园的

“鹿群”来到宁静的湖旁小憩(图 7-13),似乎把游人也带进了丛林繁茂湖光山影的大自然,使人心旷神怡。装饰性雕塑最重要的是以美的姿态,美的造型,美的构图,形成美的画面给人一种高尚的美的享受,好的装饰性雕塑就像一首抒情诗,像一幅高雅的图画,能够陶冶情操,美化生活。

图 7-12 北京日坛公园的“天鹅”雕塑

图 7-13 上海西郊动物园“鹿群”雕塑

装饰性雕塑常与喷水池结合,喷水的巧妙变化,将给雕塑的装饰性增加更多的光彩。如沈阳新华公园一个题目为“上学去”的喷泉雕塑,喷水管隐藏在伞柄中，表现姐弟俩雨中行走，弟弟还用手接着从伞面上流下来的水滴，使这一雕塑显得生动自然(图 7－14)。

一个好的成功的装饰性雕塑，能产生巨大的影响，引起人们的珍视，并能作为城市的标志。广州越秀公园的“五羊”雕塑就是一个典型，它是根据广州的别名五羊城的神话传说而进行造型的，已经成为广州的城市标志(图 7－15)。

图 7－14　沈阳新华公园
“上学去”喷泉雕塑

图 7－15　广州越秀公园“五羊”雕塑

装饰性雕塑虽然并不强求鲜明的思想性，但应该从含蓄的艺术情趣中给人以积极向上的感受，使人们在艺术的享受中得到应有的教益。

4. 功能性雕塑

用雕塑作为手段使其具有美的造型而有一定实用目的的雕塑为功能性雕塑。如城市公园的大型儿童玩具，园林环境的果皮箱，以及许多雕塑小品等，都可以雕塑化，它们是以功能要求为主的雕塑品。

为了提高儿童玩具的趣味性与生动性，常将滑梯塑成大象或怪兽；儿童戏水池的滑梯塑成鲸鱼；儿童的迷宫可处理成海里的螺壳、鸟窝或蛋壳，攀登架塑造成枯树干或枯树根……，这些都能使儿童的游性大增。

对园林内果皮箱巧妙的处理，不仅不会破坏园林景观，相反会增加园林的自然情趣。如把果皮箱可塑造成带有枯朽树枝节疤的树桩或动物造型(图7-16),会使园林环境变得更为雅观。

A

B

图 7-16　武汉东湖公园的果皮箱

另外,功能性雕塑还有许多方面的应用。例如,有的园林建筑物或构筑物的结构支柱,为了使环境内外交融,可塑成植物的树干;一组室外的休息桌椅可塑成砍伐树木剩下的粗细树桩的形状,粗者为桌,细者为凳;小桥的桥板或栏杆可塑成木板状或原木状……,北京中华民族园的出入口,以植物雕塑的丛植榕树作为公园出入口，气势宏大，显示出浓厚的自然情趣，并能收到以假为真的效果。

5. 陈列性雕塑

用于安置在园林中作为陈设性的雕塑称为陈列性雕塑。园林构成要素的造景布局要和园林环境融为一体，园林雕塑同样也必须与环境紧密结合，这也是园林雕塑艺术布局的重要原则，但在特殊情况下，雕塑的布局仅仅作为陈列展览，供人观赏，如日本东京美术馆的庭院中，复制展览了著名雕塑家罗丹的"思想者"雕塑。在引人注目的比利时安特卫普郊区公园里，把20世纪著名现代雕塑展览的作品永久地安置在其中，供人们长期观赏。北京石景山雕塑公园主题不够明显，其内安置塑造的雕塑多为装饰性雕塑或陈列性雕塑。

除此之外，根据园林雕塑的造型不同还可以分为人物雕塑、动物雕塑、植物雕塑、山石雕塑、几何型体雕塑等类型。刻划的形象可自然，可抽象；表达的主题可严肃，可浪漫。

7.2.3 园林雕塑的艺术布局

由于园林雕塑具有生活感、历史感、建筑感，雕塑必须从属于园林环境，雕塑具有视觉条件的特殊性，雕塑的题材形式和手法历来不拘一格，因此雕塑在园林中的布局要通盘考虑，合理安排，要服从于园林景区的主题思想和意境要求。

1. 园林雕塑的选题与选址

园林雕塑的取材应与园林环境相协调，要有统一的思想，使雕塑成为园林环境中一个有机的组成部分。此外，题材的选择要善于利用地方上的民间传说和历史遗迹。广州越秀公园的五羊雕塑就是选择了人们喜闻乐道的民间传说，五羊故事情节神奇美妙，引人入胜，在广州民间世代相传，五羊城，穗城之得名也源于此。越秀公园选择高地塑造五羊雕像，是十分适宜的。同样在南京莫愁湖公园庭院里所塑造的人物雕像，也只有莫愁女这一题材能予游人以艺术深刻的感受。因此雕塑的取材绝不能脱离园林的特定环境。"小憩的鹿群"所表现的那样悠闲、宁静、安静、安祥、冥思的气氛，对一个庭院所追求的舒适、安宁是非常协调的；而"展翅高翔的天鹅"所表现的欢快、乐观、向上的气氛，同公园供大量游人活动的欢跃的场景是十分合拍的。那种不看条件，不区别对象，任意设置同环境不相干的雕塑，其艺术的感染作用是难以发挥的。

纪念性雕塑，应结合当地城市古往今来那些具有纪念意义的人和事，应该是在国内具有影响的，甚至是在国际上有影响的，这样的纪念性雕塑才具有更大的价值。

一般装饰性雕塑题材的选择比较自由，如同散文诗一样，可以抒发人们的情怀，应该注意题材的广泛性，以其装饰性和趣味性很强的小品造型来表达其生命的活力，青春的美妙、爱的高尚等，它们强烈的生活气息激发着人们对美好生活的热爱和对未来的向往。从哈尔滨松花江边斯大林公园一组雕塑来看，我们完全可以理解它们深刻的内涵。“跳水”表现了一个少儿对游泳的热爱和勇敢，“抚琴”从其专心致志地练琴的形象来看，我们可以从中体会生活的甜蜜和幸福，“攻读”表现了我们这一代青年人为“四化”建设如饥似渴的学习精神，“小憩”表现了丰收的喜悦和对美好未来的憧憬(图 7-17)。

(a)

(b)

(c)

图 7-17　哈尔滨斯大林公园雕塑

(a) 琴童；(b) 跳水；(c) 攻读

园林雕塑的布局选址，它涉及园林的性质，规划形式，功能区划分，山水地形，道路，广场，建筑的布局，观赏条件，环境气氛等方面。规则式园林雕塑常布设在轴线的端点，两轴线的交点或轴线的两侧。自然式园林一般将雕塑布置在风景透视线的范围内。如将雕塑布置于广场、草坪、桥畔、山麓、堤旁和历史故事发源地。亦可将雕塑与墙壁结合。雕塑可孤立设置，也可与水池、喷泉等组合，并注意雕塑背景的处理，使其形象更加鲜明突出。处于园林环境的雕塑却由于地形、地物的存在，人流活动线路的走向，空间的开阔与封闭等因素，雕塑的创作必须与其相适应。广州五羊雕塑，同越秀公园木壳岗的山势相统一，老仙羊前腿屹立在山岩上翘首含穗，颈项高昂，形成了高耸的构图，其余四只仙羊互相依偎烘托出老仙羊的威严与慈爱，雕塑素材采用浅色的花岗石以天空为背景，形象鲜明醒目，整座雕塑十分妥贴地融合在岩岗绿丛中（图 7－15）。

2. 园林雕塑的艺术构思手法

（1）形象再现的手法

形象的再现是园林雕塑创作中最基本的构思手法，对那些内容比较具体，含义比较特定的纪念性雕塑是常用的。如杭州六合塔下为纪念蔡永祥大无畏的自我牺牲精神的雕塑，再现了他在风驰电掣般迎面冲来的列车面前，勇敢地排除敌人安放在铁轨上的圆木而壮烈牺牲前的一刹那（图 7－18）。

（2）环境烘托的手法

将雕塑布局在特定园林环境中，借以环境气氛的烘托，以表达雕塑的主题与内容，充分利用环境的美学特征来加强雕塑形式美的表现，以提高园林雕塑的表现力和感染力。例如杭州西湖孤山背山坡处的装饰性雕塑“放羊娃”，放羊娃设置在一块孤石的顶部，几只羊有呼有应地绕孤石而下，瞻前顾后形成一个动态的画面。周围全是自然的山坡踏道以及林木，如果抽掉这些环境，那么将会大大地失去自然的情趣和山野风光，由于环境烘托的效果强烈，使这一组以“鸡毛信”主题为背景的雕塑具有很强的感染力（图 7－8）。

日本某海滨码头的“赤脚小女孩”雕塑，虽然周围没有任何多余的东西，人们都会理解她是在那里等待她久别的父兄，她望眼欲穿，日复一日地期盼着，这里只有她一人，孤独感更加刺激人的感情。由于环境的烘托，给雕塑以时间与空间的伸展，使人们不仅联想到过去、现在和未来，还想到了国内与国外，想到了欢欣与哀愁（图 7－19）。

（3）含蓄影射的手法

含蓄影射的手法实质是园林艺术布局中意境的创造，运用这种构思手法，可使园林雕塑产生“画外音”、“意不尽”而富有诗情画意，使游人产生情思与联想，增强了雕塑的艺术魅力。例如日本福县藤野先生纪念性雕塑，是在一块大石块平坦表面上作了一个藤野先生的浮雕像并在碑面上雕刻了“惜别”两个字的碑文。浮雕像是根据鲁迅先生在日本就读医专回国时藤野先生(鲁迅的老师)送给他的那张照片雕刻的,“惜别”两字是藤野先生在那张照片背面的手书。这个纪念性雕塑采用含蓄影射的手法,把鲁迅作为一个潜在形象,紧紧地突出了藤野与鲁迅之间的真挚友谊这个主题;雕塑副碑上“藤野严九郎”是由鲁迅夫人许广平女士手书的,这个纪念碑又进一步扩大为日中两国人民之间友谊的象征这样一个更广泛的主题。

另外,还可借用历史典故或神话中的人物,运用含蓄影射的手法,揭示所要表达的主题。抽象雕塑就是这一手法的集中表现。

图 7-18　杭州蔡永祥纪念雕塑

图 7-19　日本某海滨的“赤脚的小女孩”雕塑

以上构思手法,不是教条地孤立地去运用,多数情况下是要灵活地、综合地运用。

3. 园林雕塑的平面布局与基座处理

园林雕塑的平面布局要结合环境与主题,同时应该满足人们的观赏视觉要求,应从特定的主题,特定的构思和特定的环境出发来进行安排,从而能够有效地创造出特定的气氛。要达到特定的观赏效果,应在雕塑主要观赏视线方向上留有适宜的观赏距离,当观赏距离为雕塑高度的 3 倍以上时,就能获得一个好的整体效果,不仅能看到陪衬雕塑的环境,而且雕塑在环境中也处于突出的地位,如果在雕塑高度 2 倍以上 3 倍以内的距离进行观赏,这时雕塑非常突出，环境退居第二位，如果近于高度1倍的距离，观赏者舒适程度大大降低了，只能观赏到雕塑的局部。

园林雕塑的基座处理与雕塑的性质、园林规划形式及园林环境有关，雕塑的基座有规则式和自然式两大类。依据雕塑与基座的高度关系大致可以分为碑式、座式、台式和平式四种类型。

碑式：基座的高度超过雕像的高度。

座式：基座的高度与雕像的高度相近。

台式：雕塑的高度与像座的高度之比在1∶0.5以下。

平式：不显露基座的形式。

碑式基坐几乎就是一个纪念碑，而雕像是为进一步阐明纪念的主题，如哈尔滨防汛胜利纪念碑。台式基座的艺术效果是近人的，亲切的，较多地用于主题性和装饰性雕塑。平式基座多用于自然式园林中，直接把雕塑设置在平地上、山石上、草坪上或水池中，呈现一种比较自然的状态，给游人的感觉当然是非常自由的，真实的。湛江某庭院草坪上的"双鹿"雕塑，静卧绿草丛中，尽情享受着阳光的温暖，其安祥的神情仿佛把人引到平静和谐的大自然。广州文化公园的"美人鱼"汉白玉浮雕平卧水中，更显水的明澈，使雕塑含蓄高雅（图7-20）。

图7-20　广州文化公园的"美人鱼"雕塑

§7.3　假山艺术

堆山是中国园林的特点之一，对于形成中国园林的民族风格有重要的作用。堆山是以造景游览为主要目的，结合其他多方面的功能，以土、石等为材料，模拟自然山水并加以艺术的提炼和夸张，人工堆筑的山景。园林中堆山称之为“掇山”、“筑山”、“叠山”。

凡人工在园林中堆筑的山一律称为假山。人们通常称呼的假山实际上包括假山和置石两部分。

人工堆山始于汉代，皇家宫苑水池中用土堆成三座山，即方丈，瀛洲和蓬莱，象征海上神山为特征；陕西茂陵（今兴平县）富商袁广汉，造了一个私园，其中“构石为山，高十余丈”，开了中国园林史上构石为山之先河；后汉梁翼园的“采土筑山，十里九坂，以象二崤”，已不是象征性的神山，而是绵延数十里的山岗式的山，是对山的摹移；六朝时，则以帝王苑囿中的土石兼用而体量巨大的摹移山水为特征；唐代城市宅园兴起，将具有形象特殊的怪石罗列于庭前，作为独立的观赏对象。自宋代开始，土石趋于结合。如“艮岳”的万寿山已土石兼用，成为摹移山水向写意山水过渡的标志，明清之际，写意山水在艺术上已达到高度的成就，作为造山艺术表现手段之“石”的作用得到了充分发挥。或土石结合，“以少胜多”，寓无限的山于有限的山麓之中，“未山先麓”即用大山之一角，来代表整个的山，较之堆叠全山的效果好，形象真，更有真山的意趣；或用石构，一二块灵石，孤峙独秀，在大小的庭院里，给人以“一峰山太华千寻”的意趣。

7.3.1 假山的功能和作用

1. 构成山水环境

中国园林是以山水为基础，假山是塑造山水地形的一种高度的艺术创作，能作为自然山水园林的地形骨架，决定了园林的风格和艺术面貌。人们在大自然中发现了美，发现了山水美的形象特征和内在精神，掌握了构成山水美的组合规律，并依此堆筑假山，塑造山水地形，在此基础上，与植物、建筑、园路等结合，能构成优美的自然山水环境，“以自然之趣而药人事之工”，以求达到“虽由人作，宛自天开”的艺术境界。

2. 丰富园林景观

假山可以作为园林布局的主景、对景、背景等，如杨州的个园，苏州的环秀山庄，北京北海公园的琼华岛等都是以山为主，以水为辅。私家园林中的庭院内，常构成：山—水—建筑的布局格局，假山作为建筑的对景，中间的水面作为二者之间的过渡与纽带，使人们处于建筑内即可饱览山水主景。现代公园上海长风公园的铁臂山为朝霞榭的对景。

3. 组织园林空间

中国园林常根据用地功能和造景特色将园林空间组织成丰富多采的景区。组织空间，划分景区的手段很多，但利用假山划分空间是从地形骨架的角度来划分，具有自然和灵活的特点。还可以作为障景、对景、框景、夹景等灵活运用。特别是用山水相映成趣地结合来组织空间，使空间更富于性格的变化。如圆明园“武陵春色”要表现世外桃源的意境，利用土山分隔成独立的空间，其中又运用两山夹水，时收时放的手法作出桃花溪、桃花洞、渔港等地形变化，于极狭处见辽阔，似塞又通，由暗窥明，给人以“山重水复疑无路，柳暗花明又一村”的联想。颐和园仁寿殿和昆明湖之间的地带，是宫殿区和居住、游览区的交界。这里用土山带石的做法堆了一座假山。这座假山在分隔空间的同时结合了障景处理。在宏伟的仁寿殿后面，把园路收缩得很窄，并采用“之”字线形穿山而形成谷道。一出谷口则辽阔、疏朗、明亮的昆明湖突然展开在面前。这种“欲放先收”的造景手法取得了很好的实际效果。此外，如拙政园枇杷园和远香堂、腰门一带的空间用假山结合云墙的方式划分空间，从枇把园内通过园洞门北望雪香云蔚亭，又以山石作为前置夹景。在园林入口处常用假山作为障景，如拙政园、红楼梦中的大观园都是成功的例子。

4. 满足游赏要求

观赏自然山水园林风景，人们会感到一种愉快的心情，但在平地上游赏因为视点低而不能看到景观全部的真实形象，若是踞高俯视，骤然觉得视野变广了，景物的形象变样了，远远胜过平地上常见的形状。唐代著名大诗人杜甫早有“四顾俯层巅”、“游目俯大江”的诗句来形容俯视的美感。若是踞高远眺，更有很多内容是在平地上无法得到的，同样使人产生美感。如：“落日登高屿，悠然望远山”(储光羲)，“登高望四海，天地何漫漫”(李白)，“登高壮观天地间，大江茫茫去不还”(李白)，远山、远树、远处的云霭烟波，一切不可及的地方，都会引起空灵之感，这种虚中有实的对比，形成了取之不尽的空间艺术美。正如王羲之在“兰亭序”中所说：“仰观宇宙之大，俯察品类之盛，所以游目骋怀，足以极视听之娱，信可乐也。”这种乐趣古今一致。特别是在平原地区，人们更有登高远望的心理要求，采用假山来提高视点，以满足“极目四顾”的愿望，并满足人们的登山活动，感受山林野趣。

5. 装点园林环境

运用山石小品作为装饰点缀园林空间和陪衬建筑、植物的手段，在我国南、北方各地园林中均有所见，尤以江南私家园林运用最广泛。如苏洲留园东部庭院的空间基本上是用山石和植物装点的，有的以山石作花台，或以石峰凌空，或藉粉墙前散置，或以竹、石结合作为廊间转折的小空间和窗外的对景。例如“揖峰轩”这个庭院，在大天井中部立石峰，天井周围的角落里布置自然多变的山石花台，就是小天井或一线夹巷，也布置以合宜体量的特置石峰。游人环游其中，一个石景往往可以兼作几条视线的对景。石景又以漏窗为前景，增添了画面层次和明暗的变化。仅仅四、五处山石小品布置，却由于游览视线的变化而得到几十幅不同的画面效果。这种“步移景异”、“小中见大”的手法主要是运用山石小品来完成的。足见利用山石小品点缀园景具有“因简易从,尤特致意”的特点。

6. 兼有实用功能

还可以运用山石作为水体的驳岸、挡土墙、护坡和自然式花台,具有实用功能作用,又可装饰点缀这些部位,增加自然情趣。例如北海琼华岛南山部分的群置山石、颐和园龙王庙土山上的散点山石等都有减少雨水冲刷的效用。在坡度更陡的山上往往开辟成自然式的台地,在山的内侧所形成的垂直土面多采用山石做挡土墙。自然山石挡土墙的功能和整形式挡土墙的基本功能相同,而在外观上曲折、起伏、凸凹多致。例如颐和园的“圆朗斋”、“写秋轩”,北海的“酣古堂”、“亩鉴室”周围都是自然山石挡土墙的佳品。

在用地面积有限的情况下要堆起较高的土山,常利用山石作山脚的藩篱。这样,由于土易崩而石可壁立,就可以缩小土山所占的底盘面积而又具有相当的高度和体量。如颐和园仁寿殿西面的土山、无锡寄畅园西岸的土山都是采用这种做法。江南私家园林中还广泛地利用山石作花台栽植牡丹、芍药和其他观赏植物。并用花台来组织庭院中的游览路线,或与壁山结合,与驳岸结合,在规整的建筑范围中创造自然、疏密的变化。

运用山石还可以作为室内外自然式家具或器设,如石屏风、石床、石桌、石凳既不怕日晒雨淋,又可结合造景。

7.3.2 假山的类型

假山依山体的构成材料分为土山、石山和土石相兼的山;按其造景作用分为主景山、配景山、障景山、隔景山和背景山等;石构假山依其在庭院中的位置又可分为庭山、壁山、楼山、池山等类型。

堆筑假山的材料主要是土和山石,如何用法李渔在《闲情偶寄》里论述如下:“大山用土,小山用石”,“以土代石,能减人工,又省人力,且有天然委曲之妙,混假山于真山之中,使人不能辨者,其法莫妙于此”,“掇高广之山全用碎石,则如百纳僧衣,求一缝不可得,此其所以不耐观也。以土间之则可混然无迹,且便于种树,树根盘固,与石比坚,树木叶繁,混然一色,不辨其谁石谁土”。“……此法不论石多石少,亦不必求土石相半,土多则土山带石,石多则石山带土,土石二物原不相离,石山离土则草木不生,是童山矣”。“……土之不胜者,以石可以壁立,而土则易崩,必杖石为藩篱故也。外石内土,此从来不移之法也”。

以上论述主要指出堆山有一定局限性,不可能过高过大。占地面积愈大,石山愈不相宜,所以大山用土的原则在今天尤其值得重视。小山用石,可充分发挥堆叠的技巧，使它变化多端，耐人寻味。而且在小范围内，也不宜聚土为山，庭园中点缀小景，更宜用石。当然这两个原则都不是绝对的，不过一是以土为主，一是以石为主，总的精神是土石不能相离，主要便于绿化。同时他又指出土石的关系，说土山的缺点是容易崩毁，用石围在外面，以防止水土流失，这些见解对今天的造园堆山仍有指导意义。

另外，所谓“石包土”就是“外石内土”，是我国堆山的普遍做法，在我国古典园林中到处可见。所谓“土包石”则是将石埋在土中，好像天然土山中露出石骨一样，可埋置在山坡、草地边缘和道路拐弯处，起装饰点缀作用。创造起伏的丘陵地可用此法，如同山之余脉。

7.3.3 假山材料——山石

1. 山石的空间美学特性

中国园林“无园不石”，山石作为主要的造园要素，作为园林审美对象，它们往往互相因依，或在园林庭院里孤峰独峙，或散置在山坡路旁，或堆叠成形态各异的假山，或制作成精美的山石盆景。人们不仅欣赏它的千姿百态，而且广泛利用山石作为驳岸、挡土墙、花台、栏杆等工程上的构筑材料，明清两代，人们对庭院内的孤赏石更为偏爱，人们为什么爱石、品石，会对山石有如此亲和的审美关系，这主要源于山石特有的表现于外的形体之美和凝聚在内的审美属性。

(1) 表现于外的形体之美——瘦、透、漏、皱、丑

山石产于自然界，属自然之物，因此山石具有自然美的素质，我国地域辽阔，山石资源极为丰富，由于不同的山石生成的环境不同，其形质带给人的美感亦不同。计成在《园冶》中论述太湖石“性坚而润，有嵌空、穿眼、宛转，险怪势，一种白色，一种色青而黑，其质文理纵横，笼络起隐，于石面遍多坳坎，盖因风浪中冲激而成，谓之“弹子窝”，扣之微有声。……此石以高大为贵，唯宜植立轩堂前，或点乔松卉下，装治假山，罗列园林广榭中，颇多伟观也”。这是对太湖石的质、形、色、声以及用途等所作的品评，并指出了它的价值：以体量高大为贵。杜绾《云林石谱》评赞英石，提出“瘦、透、漏、皱”四个字，这实际上是提出了石的四个审美标准。此后，随着品石风气的日盛，人们又提出了“丑”、“巧”、“拙”等品评标准，这里仅就石之“瘦”、“透”、“漏”、“皱”、“丑”的审美特性，作一简单的论述。

所谓“瘦”，这是对石的总体形象的审美要求，即“壁立当空，孤峙无倚”，它好似亭亭玉立的淑女，高标自持的君子。在中国古典园林中，符合“瘦”这一标准的名石是很多的。苏州著名的留园三峰——冠云峰，瑞云峰，岫云峰，无不具有清秀，挺拔的“瘦”的品格。岫云峰瘦而多小孔，瑞云峰瘦而多大孔，冠云

峰孤高而特瘦，漏皱而多姿，三峰中尤以冠云峰为最。

关于“透”和“漏”，其解释历来有所不同，且二者有相似、相通之处。李渔在《闲情偶寄·居室部》中作了这样的阐述：“此通于彼，彼通于此，若有道路可行，所谓‘透’也；石上有眼，四面玲珑，所谓‘漏’也。”其实，“透”是指通过，穿过之意，用于品石则指石孔相通。“漏”用于品石，主要强调石上有孔穴。一般来说，孔穴有透与不透二种，“透”是漏的属性之一，是“漏”的高级形态。因为，从其形成的难易来说，孔穴相通其形成所需要的时间更长。其美学价值也就更高。冠云峰通体上下布满孔穴(即为“漏”)，在阳光的照射下，层次分明，明暗突出，空间感极强。在石的顶部也有一个通透的“石孔”这是全石的精华。石的“透”“漏”之孔，不但赋予三维空间的实体嵌空玲珑，丰富奇特的外形表现，而且还使石之整体的立面造型变化多端，奇幻莫测。上海豫园的“玉玲珑”。这一相传为宋代“花石纲”遗漏下来的奇石，高达 3 m 有余，形如千年灵芝，通体都是孔穴。据说，在下面孔穴中焚一炉香，上面各孔穴都会冒出缕缕轻烟；而在上面孔穴中倒一盆水，下面各孔穴会溅出朵朵水花，可谓极尽“透”“漏”之妙。正因为如此，该园才特意为此奇石建造了“玉华堂”，意谓美玉中的精华。

“依石之纹理而为之，谓之皴。皴者，皱也，言石之皮多皴也”(沈宗骞《芥舟学画编·作法》)。可见，皴即是皱，皱即是皴。在园林中，皱就是石面上的凹凸和纹理，也就是计成《园冶》所说的“纹理纵横，笼络起隐”。对石来说，“皱”的功能是“开其面”，即破囫囵之体，去平面之态，使之立面层棱起伏，纹理丰富。这样石上受光面就富于变化，色调就不会呆板，从而使人感到耐看，有趣味。

“丑”是相对于美而言的，以丑品石，由来以久。“苍然两片石，厥状怪且丑”(白居易《双石》)。“怪柏锁蛟龙，丑石斗豸区虎”(范仲淹《居园池》)。“无为州治有巨石，状奇丑”(《宋史·米芾传》)。苏轼亦好画石、咏石，其影响则更大。故郑板桥在《题画·石》中写道：“米元章论石，曰瘦、曰绉、曰漏、曰透，可谓尽石之妙矣。东坡又曰：‘石文而丑’。一丑字则石之千态万状，皆从此出。彼元章但知好之为好，而不知陋劣之中有至好也……，燮画此石，丑石也，丑而雄、丑而秀。”郑板桥在这里拈出一个“丑”字，而且把“丑”和“雄”“秀”联在一起，是颇有见识的。他的这一美学思想，在刘熙载的《艺概》中得到了突出的强调和充分的发挥。“怪石以丑为美，丑到极处，便是美到极处。一‘丑’字中，丘壑未易尽言”(《艺概·书概》)。因此，石形之“丑”，实际上是一种既不对称均衡，又不符合比例的一种奇怪的美，一种让人可畏可怖而又可惊可敬的美。在外部形态上，丑石表现为“雄、秀、奇、怪”。

冠云峰集“瘦、透、漏、皱、丑”于一体，因其审美价值之高，从而位居留园三大名石之冠。

(2) 凝聚在内的审美属性——神、古、骨、情

山石之所以具有审美价值，与其出于自然，神古而有骨、有情的内在特征有关。

神是指古代先民把山水神化了。而山石为山之所产，故山石也带有神的灵性。何况“石者，金之根甲。石流精以生水，水生木，木含火。”(《博物志》)石是金、木、水、火之源，也是人类生存必不可少的物质要素。“女娲炼石补天”也反映了先民对自然物山石加以神化并进行崇拜的一种审美心理。明代吴承恩的《西游记》，从有“灵通之意”的仙石迸裂出石猴写起。清代曹雪芹的《红楼梦》，从女娲补天剩下未用而弃于青埂峰下的一块石头——“形体倒也是个灵物”写起。这些都反映了中华民族对自然山、石的审美心理。

古——石的形体，虽千奇百怪，不可言说，但都是由于风吹浪激，日晒雨淋，历经多年而缓慢生成的。它是大自然的杰作，可谓鬼斧神工，巧趣天成。石头具有坚固耐久的物质属性，一些怪石名品，本身就有其古老漫长的历史。故而，在中国人的文化心理史上，也总是把“石”与“古”二个字紧紧地绾结在一起。“石含太古云水气；竹带半天风雨声”(上海豫园联)。文震亨在《长物志·水石》中说：“石令人古，水令人远，园林水石，最不可无。”这一园林美学名言，概括了这样一种园林审美现象，即人们面对奇石名品，往往会萌发怀古之思。

骨——指“风骨”、“骨气”、“骨力”、“骨格”、“骨相”等。在园林美学里，以石为骨的审美内涵也是很丰富的。“天地至精之器，结而为石”(孔传《云林石谱序》)，这是对“太古”以来形成的石的古老的历史性和坚固的物质性所作的美学阐释。“地以名山为之辅佐，石为之骨，川为之脉，草木为之毛，土为之肉”(《博物志·地》)。“石者，天地之骨也”(郭熙《林泉高致》)。这些都高度肯定了石之“骨”的内在特性。

情——是指山石的情感、情趣、人化性格，如选石强调山石的“瘦、透、漏、皱、丑”因为里面蕴含着不同的审美情趣。以“瘦”比拟不屈不阿的风骨，以“透”比拟耳聪目明的意态，以漏暗喻血脉畅通的活力，以丑表示奇突等。

2. 常见的山石材料(图 7-21)

(1) 湖石

即太湖石，因原产太湖一带而得此名。为经过溶融的石灰岩。这种山石质坚而脆。由于风浪或地下水的溶融作用，其纹理纵横，脉络显隐。石面上遍多坳坎，称为弹子窝，扣之有声。还很自然地形成沟、缝、穴、洞。有时窝洞相套，玲珑剔透，集“瘦”、“透”、“漏”、“皱”、“丑”为一体，蔚为奇观，有如天然的雕塑品，观赏价值比较高。因产地不同，在色泽、纹理和形态方面有些差别。常见的有太湖石、房山石、英石、灵壁石、宣石等。

图 7－21　常见的山石材料

1. 太湖石；2. 黄石；3. 英石；4. 石笋；5. 房山石；6. 青石；7. 黄腊石；8. 石蛋

(2) 黄石

是一种带橙黄颜色的细砂石，苏州、常州、镇江等地皆有所产，其石型体顽夯，见棱见角，节理面近乎垂直，雄浑沉实，平正大方，立体感强，块钝而棱锐，具有强烈的光影效果，上海豫园的大假山，苏州耦园的假山和杨州个园的秋山均为黄石掇成。

(3)青石

是一种青灰色的细砂岩，其节理面不像黄石那样规整，纹理不一定相互垂直，也有交叉互织的斜纹，形体多呈片状，故又有“青云片”之称。北京圆明园“武陵春色”的桃花洞、北海的濠濮涧都用这种青石为山。

(4) 石笋

即外形修长如竹笋的一类山石的总称。这类山石产地颇广。石皆卧于山土中，采出后直立地上，作独立小景布置，如个园的春山。常见石笋有在青灰色细砂岩中沉积了一些卵石，尤如银杏所产的白果嵌在石中的白果笋；有一种乌黑色的乌炭笋；有净面青灰色或灰青色高可数丈的慧剑石笋；还有钟乳石笋等。

另外，还有木化石、松皮石、石珊瑚、黄蜡石和石蛋等石品。木化石古老朴质，常作特置或对置。松皮石是一种暗土红的石质中杂有石灰岩的的交织细片，石灰石部分经长期溶融或人工处理以后脱落成空洞，外观像松树皮突出斑驳一般。石蛋即产于海边、江边或旧河床的的大卵石，有砂岩及各种质地的。岭南园林中运用比较广泛。如广州市动物园的猴山、广州烈士陵园等均大量采用。黄蜡石色黄，表面微有蜡质感，质地如卵石，多块料而少有长条形。广西南宁市盆景园即以黄蜡石造景。

7.3.4 假山艺术

堆山除了堆筑的技巧外，艺术要求是重要的环节，要把科学性，技术性和艺术性统筹考虑。我国历代的假山匠师多由绘事而来，因此我国传统的山水画论也就成为指导掇山实践的艺术理论基础。因此有“画家以笔墨为丘壑，掇山以土石为皴擦。虚实虽殊，理致则一”之说。

计成在《园冶》一书中言之“夫理假山，必欲求好，要人说好，片山块石，似有野致”。他又说：“有真为假，做假成真，稍动天机，全叨人力”。要在有限的空间内，创造山水之胜，只能是神似的艺术再现。中国造园艺术与山水画关系密切，中国园林表现“多方胜景，咫尺山林”(《园冶》)，而山水画表现“咫尺之内，而瞻万里之遥，方寸之中，乃辨千寻之峻”(《续画品并序》)，两者的空间形式虽然不同，表现各异，但源渊相通，具有异曲同工之妙，即“师法自然”和追求“神似境界”。

假山最根本的法则就是“有真为假，做假成真”。这是中国园林所遵循的“虽由人作，宛自天开”的总则在掇山方面的具体化。“有真为假”说明了掇山的必要性；“做假成真”提出了对掇山的要求。天然的名山大川固然是风景美好的所在，但一不可能搬到园中，二不可能悉仿。只能用人工造山理水以解此求。《园冶》“自序”谓“有真斯有假”说明真山水是假山水取之不尽的源泉，是造山的客观依据。但是又只能是素材。而要“做假成真”就必须渗进人们的意识，通过人们主观思维活动，对于自然山水的素材进行去粗取精的艺术加工，加以典型概括和夸张，使之更为精练和集中。亦即“外师造化，内法心源”的创作过程。因此，假山必须合乎自然山水地貌景观形成和演变的科学规律。

假山“做假成真”的造型艺术手法可归纳为以下几点。

1. 山水相依，自然成趣

山水是自然景观的主要组成要素。“水得地而流，地得水而柔”、“山无水泉则不活”、“有水则灵”，说明了山水之间是相互依存和相得益彰的。自然山水的轮廓和外貌也是相互联系和影响的。正如清代笪重光在《画筌》中说：“山脉之通按其水境，水道之达理其山形”。堆山必须遵循这个自然之理，要和水体取得有机联系，并要考虑其他因素，否则必然是“枯山”、“童山”而缺乏自然活力。山水相依，能构成有自然情趣的园林环境。如上海豫园黄石大假山则主要在于以幽深曲折的山涧破山腹然后流入山下的水池。环秀山庄山峦拱伏构成主体，弯月形水池环抱山体两面，一条幽谷山涧穿贯山体再入池。南京瞻园因用地南北狭长而使假山各居南北，池在两山麓又以长溪相沟通等都是山水结合的成功之作。苏州拙政园中部以水为主，池中却又造山作为对景，山体又为水池的支脉分割为主次分明而又有密切联系的两座岛山，这为拙政园的地形奠定了关键性的基础。

因地制宜地利用环境条件，确定山水布置间的关系，选择合宜的堆山位置，做到山水相依，山抱水转，山水相连，山岛相延，水穿山谷，水绕山间。才能达到“构园得体”和有若自然。如果园之远近有自然山水相因，那就要灵活地加以利用。在“真山”附近造假山是用“混假于真”的手段取得“真假难辨”的造景效果。位于无锡惠山东麓的寄畅园借九龙山、惠山于园内作为远景，在真山前面造假山，如同一脉相贯。其后颐和园建谐趣园仿寄畅园，于万寿山东麓造假山有类似的效果。颐和园后湖则在万寿山之北隔长湖造假山。真假山夹水对峙，取假山与真山山麓相对应，极尽曲折收放之变化，令人莫知真假。特别是自东西望时，更有西山为远景，效果就更逼真一些。

“混假于真”的手法不仅用于布局取势，也用于细部处理。避暑山庄外八庙有些假山、山庄内部山区的某些假山、颐和园的桃花沟和画中游等都是用本山裸露的岩石为材料，把人工堆的山石和自然露岩相混布置，也都收到了“做假成真”、“自成天然之趣”的成效。

2. 主客分明，顾盼呼应（图 7－22）

清代画家笪重光《画筌》说：“众山拱伏，主山始尊，群山盘互，祖山乃厚”，意在突出群山中的主山和主峰。在群山和群峰之间，都要高低错落，疏密有度。峰与峰之间要顾盼呼应、掩映和烘托，使宾主相得益彰。《园冶》提出：“独立端严，次相辅弼”就是强调先定主峰的位置和体量，然后再辅以次峰和配峰。概括为主、次、配的构图关系。唐代王维《画学秘诀》谓：“主峰最宜高耸，客山须是奔趋。”清笪重光《画筌》说:“主山正者客山低,主山侧者客山远。”都说明了这种构图关系。

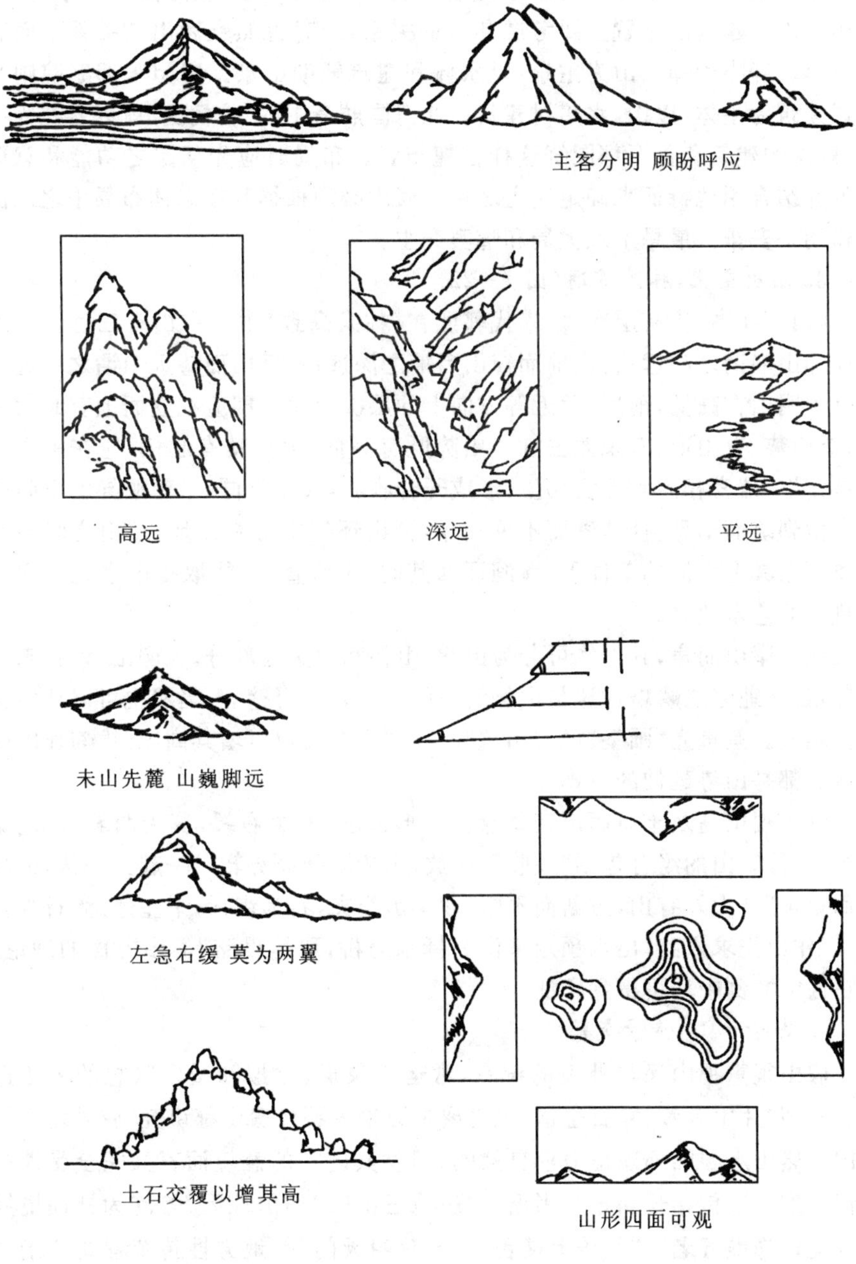

图 7-22 堆山

假山与周围景物之间的关系处理也应该主次分明与突出主体景物。宋代李成《山水诀》谓："先立宾主之位，次定远近之形，然后穿凿景物，摆布高低。"这段画理阐述了山水布局的思维逻辑。拙政园、网师园、秋霞圃皆以水为主，以山辅水。建筑的布置主要考虑和水的关系，同时也照顾和山的关系。而瞻园、个园、静心斋却以山为主景，以水体和建筑辅助山景。留园东部庭院则又是以建筑为主体，以山、水陪衬建筑。北海画舫斋中的"古柯庭"就以古槐为主题，庭院的建筑和置石都围绕这株古槐布置。布局时应先从园之功能和意境出发并结合用地特征来确定宾主之位。假山必须根据其在总体布局中之地位和作用来安排。最忌不顾大局和喧宾夺主。

3. 层次变化，脉落贯通(图 7-22)

"山不在高，贵有层次"。宋代郭熙在《林泉高致》中说："山有三远。自山下而仰山巅谓之高远；自山前而窥山后谓之深远；自近山而望远山谓之平远。"三远说明山在高低，前后，远近等方向上的层次变化。即应在立面上有起伏变化、有山势、有山形、有来龙去脉。山势既有高低，山形就有起伏；应在平面上曲折回抱、疏密相间和虚实相生，形成开合收放，大小不同，景观迥异的空间境域。做到疏而不见空旷，密而不见拥斥，群山环抱中必有盆地，重山之间必有距离。在具有水体的条件下，溪涧迂回其间，飞流直下，能取得山水之胜和世外桃源的艺术效果。

就一座山而言，其山体可分为山麓、山腰和山头三部分。《园冶》说："未山先麓，自然地势之嶙嶒。"这是山势的一般规律。石可壁立，当然也可以从山麓就立峭壁。笪重光《画筌》说："山巍脚远"、"土石交覆以增其高，支拢勾连以成其阔。"都是山势延伸的道理。

堆山视山高及土质而定其基盘。山形追求"左急右缓，莫为两翼"。避免呆板、对称。山的组合包括"一收复一放，山势渐开而势转。一起又一伏，山欲动而势长"、"山外有山，虽断而不断"、"半山交夹，石为齿牙；平垒遥远，石为膝趾"、"作山先求入路，出水预定来源。择水通桥，取境设路"等多方面的理论。这在假山实例中均可得到印证。

4. 寄情于山，情景交融

假山很重视内涵与外表的统一，常运用象形、比拟和激发联想的手法造景。所谓"片山有致，寸石生情"也是要求无论置石或掇山都讲究"弦外之音"。中国自然山水园的外观是力求自然的，但就其内在的意境而言又完全受人的意识支配。这包括长期相为因循的"一池三山"、"仙山琼阁"等寓为神仙境界的意境；"峰虚五老"、"狮子上楼台"、"金鸡叫天门"等地方性传统程式；"十二生肖"及其他各种象形手法；"武陵春色"、"濠濮间想"等寓意隐逸或典故性的追索；寓名山大川和名园的手法，如艮岳仿杭州凤凰山、苏州洽隐园水洞仿小林屋洞等;寓自然山水性情的手法和寓四时景色的手法,如杨州个园的四季假山(图 7-23)。春山用笋石,配以晏竹,以粉墙为纸,竹石为绘,点画出一幅宛然生相的雨后春笋图。触景生情,使人联想到春回大地,万物复苏的欣欣向荣的景象;夏山以湖石掇成,山峰平缓而临水,山顶有古柏繁荫如盖,山下通泉为平池,泉池流水淙淙,山间涧谷幽邃;岭腰蟠根垂萝,草木掩映,使人有置身于丘壑山林之感。夏山运用掇山手法,垒石成停云之势。由于掇垒的层次多,使夏山立面丰富、山腹中空,山道迂迴曲折。……游人可以从各洞点透视周围景观,领略夏山雨后多巧云,巧云有奇峰的景幻变化。感受到景随步移,移步得景的景观艺术享受。秋山气魄雄伟,最寓画意,是个园分景假山的精华所在。全山用黄石掇叠,气势磅礴,用石泼辣。秋山虽仅拔地数仞然而峻峭依云,有竖划三寸当千仞高的意境。山道构置十分严密,蹬道多隐置在洞穴之中,从下而上,洞中的叠石悬挂围顶;十分巧妙。山路崎岖迂回,时洞时天,时壁时崖,时涧时谷,引人入胜,变幻无穷。山道上下盘旋,造意极险,迷人往返,置人于山穷水尽疑无路,峰回路转又一村的真山境界。冬山,选用色洁白、体圆浑的宣石在"透风漏月厅"南墙北掇垒假山,能给人产生雪山积雪未化的感觉。山顶部分则借助阳光照射下使石体放出耀眼光泽,这样既突出了冬山山峰,又增加了假山雪色的质感。另在冬山依托的南墙中部直对住宅过道狭巷口的墙面上,开列了四排,每排六个的尺径圆洞,由于负压作用,使穿洞之风呼呼作响,人为造成北风呼啸的音响效果,给游人增加了冬山的寒冷意境。冬山和春山仅一墙之隔,却又开透窗。自冬山可窥春山,有"冬去春来"之意。像这样既有内在含义又有自然外观的时景假山园在众多的园林中是很富有特色的,也是罕有的实例。

堆山能做到上述四点,就能达到宋朝郭熙在《林泉高致》中所述的"山近看如此,远数里看又如此,远数十里又如此,每远每异,所谓山形步步异也。山正面如此,侧面又如此,背面又如此,每看每异,所谓山形面面看也。如此是一山兼数百山之形状,可得而不悉呼!"山形四面可观,变化多致,这就达到了"横看成岭侧成峰,远近高低各不同"的艺术境界。

堆山时,石材不可杂,纹不可乱,块不可匀,缝不可多,要具有地方特色,最好就地取材;造型忌矫揉造作,忌繁琐,忌如香炉蜡烛,忌如笔架花瓶,忌如刀山剑树,忌如铜墙铁壁,忌如鼠穴蚁蛭,力求自然朴素,手法简炼,这些也都是假山艺术所要求的。

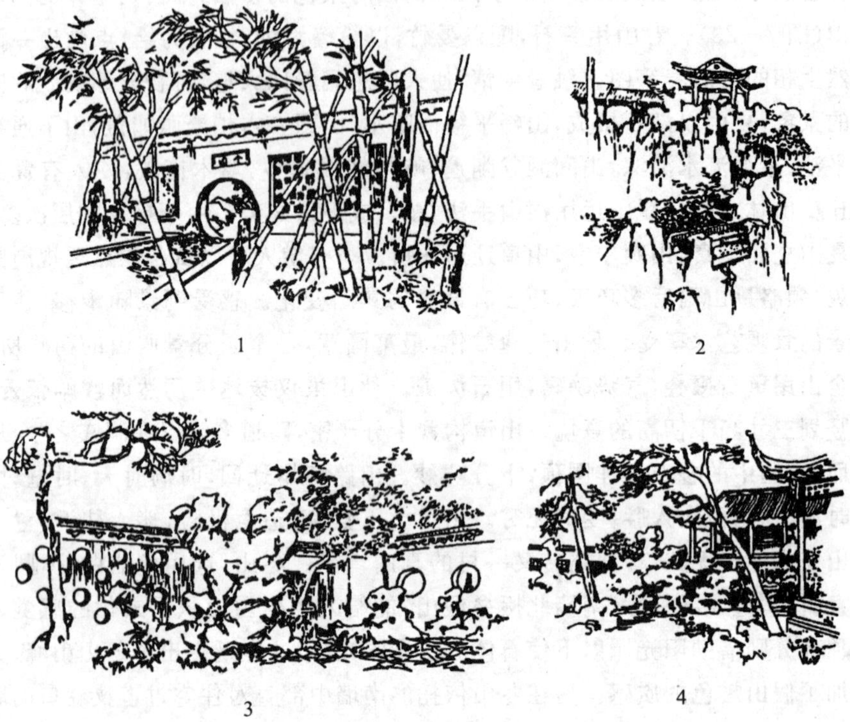

图 7－23　杨州个园四季假山

1. 春山；2. 秋山；3. 冬山；4. 夏山

7.3.5　置石

置石是用山石零星布置的一种点景方法，作为独立或附属性的造景布置。表现自然山石的个体美或组合的群体美，用石量少，起装饰点缀作用，或为局部的主景。

白居易《太湖石记》中提到丑石，“如虬如凤，若足全若动，将翔将踊，如鬼如兽，若行若骤，将攫将斗；……”。指石虽是一种静物，却具有一种动势，在动态中呈现出活力，生气勃勃，能勃发出一种审美的精神效果。中国人欣赏岩石，比西方人欣赏抽象雕塑具有更丰富的内涵，不在岩石的形似而在神似，欣赏它们千姿百态的意趣美。

置石的方式可分为特置、对置、列置、群置和散置等五种类型（图 7－24），现分述如下：

1. 特置

特置也称孤置，园林中特置的山石，亦称为孤赏石。特置是以自然界为蓝本的，如黄山的仙桃峰和猴子观海、四川三峡的神女峰等，都是以矗立在山顶上的一块巨大岩石的形态命名的。由于这些岩石形状奇特，位置险要而引人注目，成为不可多得的风景。北魏郦道元对承德避暑山庄东面之磬锤峰描写道："挺在层峦之上，孤石云峰，临崖危峻，可高百余仞"，这些就是自然风景中的特置。

特置山石大多由单块山石布置成为独立性的石景，常在园林中用作入门的障景和对景，或置视线集中的廊间、天井中间、漏窗后面、水边、路口或园路转折的地方。特置山石也可以和壁山、花台、岛屿、驳岸等结合使用。新型园林多结合花台、水池或草坪、花架来布置，组成各种石景。

凡作为特置用的岩石体量宜大，轮廓清晰，或清奇古怪、或圆浑厚重、或倒立或斜偃横卧均可。如杭州花圃的皱云峰，因有很深的皱纹而得名；上海豫园的玉玲珑以百孔千穴、玲珑剔透而驰名；苏州留园的瑞云峰，相传为明代之物，以其体量特大，姿态不凡且遍布涡洞而著称；留园的冠云峰集透、漏、瘦、皱于一石，清秀挺拔，高矗入云，是苏州名峰之一；北京颐和园的青芝岫以雄浑的质感，横卧的体态和遍布青色小孔而纳入皇宫后院。广州海珠花园的鲲鹏展翅以及经历千年的九曜园中的九曜石都是特置中的珍品(图 7－25)。

特置岩石犹如书法中的单字书法和电影中的特写镜头。因而作为特置的岩石要有较完整的形象，是单块岩石，也可用两三块或三四块拼合而成，但务须做到天衣无缝，不露一点人工痕迹，凡有缺陷的地方，可用攀缘植物以掩之。

特置岩石要配特置的基座，方能作为庭院中的摆设。这种基座，可以是规则式的石座，也可以是自然式的。

2. 对置

对置是沿一定轴线两侧布置山石，分为对称布置和非对称布置两种形式，非对称布置须求在构图上的均衡和形态上的呼应。对置常用在门庭入口、路口、道路两侧及桥头处。如颐和园仁寿殿前的置石布置。

3. 列置

列置是指将山石沿一定方向等距布置的置石方式，给人一种整齐感和节奏感，如颐和园排云门两侧代表十二生肖的置石布置。

4. 群置

应用多数山石互相搭配点置，称为群置或聚点。根据假山石的形状大小不同，互相交错搭置，可以配出丰富多样的石景，点缀园林。

配石要有主有从，主从分明。配搭时宜根据三不等的原则，即石之大小不等、石之高低不等以及石的间距远近不等进行配置。石组配成之后，然后再在石旁栽植观赏植物。配植得体时，则树、石掩映，妙趣横生；景观之美，可以入画。石组可以布置在山顶、山麓、池畔、路边、交叉路口以及大树下、水草旁，还可以与峰石组合在一起。按配置方式不同，可分墩配、剑配和卧配等，采用何种配置方式，视环境而定，但务须注意主从分明、层次清晰。

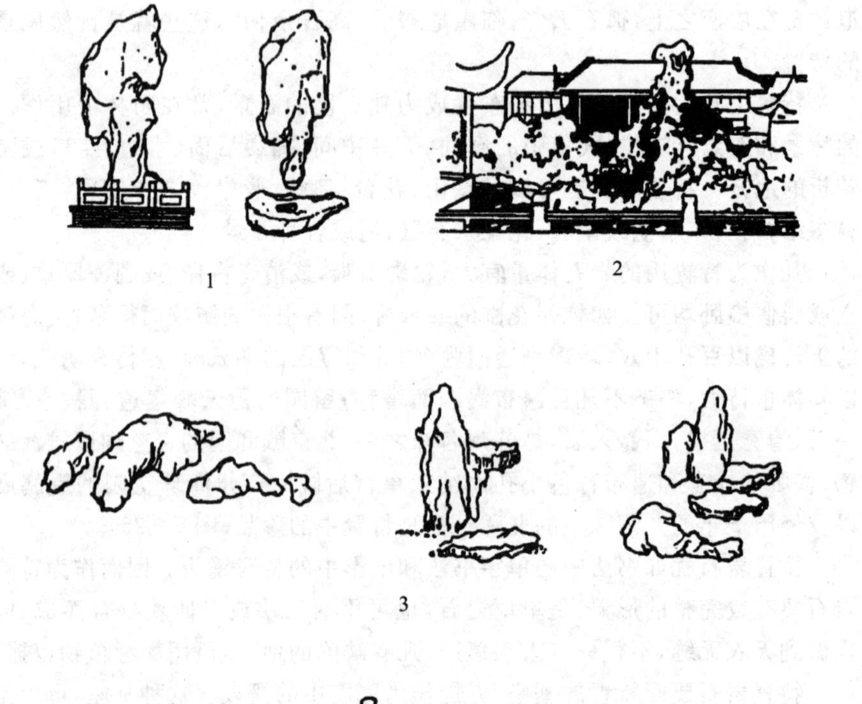

图 7－24　置石

1. 特置；2. 苏州留园冠云峰；3. 主石、从石和宾石；

4. 蹲配、剑配和卧配；5. 腊石景；6. 散石景

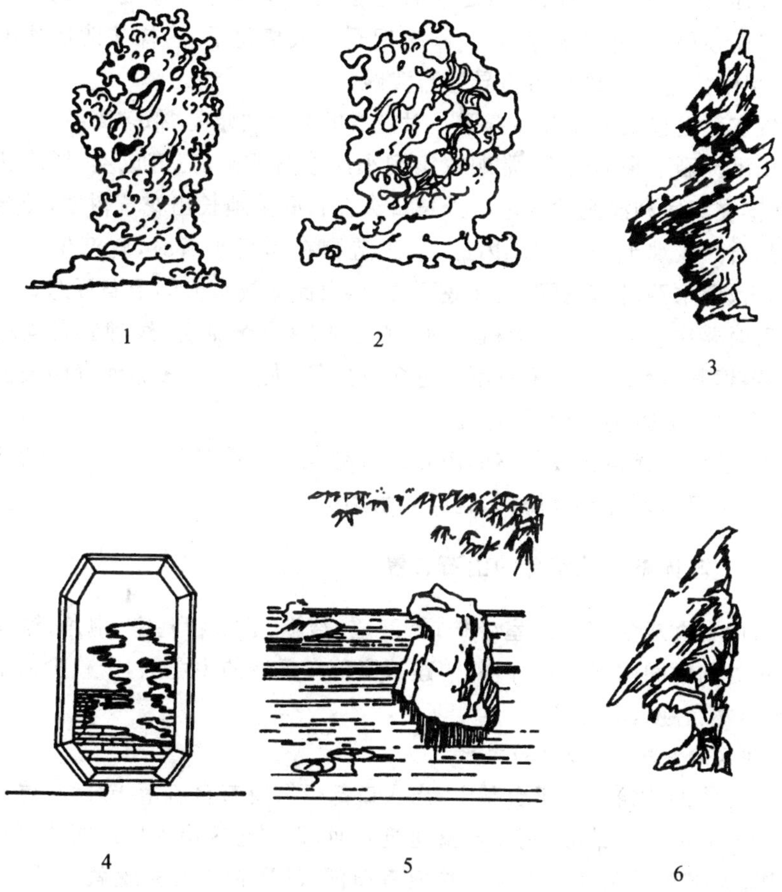

图 7－25　特置山石

1. 玉玲珑;2. 瑞云峰;3. 绉云峰;4. 云曲;5. 九曜石;6. 飞鹏展翅

5. 散置

散置是仿照山野岩石自然分布之状而施行点石的一种点置方法。凡受内外力作用而由高山崩落下来的岩石,有的被抛出很远,重重地降落在原野上,如根生土长般地卧伏或矗立在地面上;有的从山顶上滚落下来,被搁置在凹凸不平的山坡上,大石挡小石,小石垫大石,相聚成堆,也有分散在各处,有单块、三四块、多至五六块至数十块成堆的,大小远近、高低错落,星罗棋布,粗看颇为零乱,细看则颇具规律。明代画家龚贤所著《画诀》言及:“石必一丛数块,大石间小石,然须联络。面宜一向,即不一向亦宜大小顾盼。石小宜平,或在水中,或从土出,要有着落”。又说:“石有面、有足、有腹。亦如人之俯、仰、坐卧,岂能独树则然乎”。《芥子园画传》中提到“画石大间小小间大之法,树有穿插,石亦有穿插，树之穿插在枝柯，石之穿插是也，近水则稚子千拳而抱母，环山则老臂独出而领孙，是有血脉存焉”。画家把石头人格化了，这样才能使片山多致，寸石生情。这些理论足可指导置石实践。

散置实际上包括了孤置和群置。对散置的艺术要求是“似多野致”。

由山洪冲刷下来的岩石，常顺着山涧小溪滚落下来，三五成堆，形成新的组合，散落在涧底和溪涧的两岸。天长日久在石间隙地长出花草树木，结合流水形成的自然景观十分动人。因此，人工造园在溪涧布石时，就产生了迎流石、抱角石、劈水石、护岸石以及基底石之分，由此造成水流的千姿百态。

置石时要注意石身之形状和纹理，宜立则立，宜卧则卧，纹理和背向均需一致，不要悖其道而行之。置石不宜过多，也不宜太少。过多会使庭园失去生机，过少又会失去野趣，要恰到好处。

另外，还可选择顶面较平整的山石作石墩、石桌、石床等，布置在树荫下或草地边缘，不仅与园林环境协调，且经久耐用。

7.3.6 与园林建筑结合的山石布置

用假山石做成建筑物的室外楼梯、蹬道、踏步、建筑物基座、抱角、镶隅及回廊转折处的廊间山石小品等，如同建筑座落在天然的山崖上，以减少人工气氛，增加自然情趣(图 7-26)。

1. 自然山石踏跺、云梯和蹲配

中国传统的建筑多建于台基上，出入口部位需要有台阶衔接，园林建筑常用自然山石做成台阶踏跺，用以丰富建筑立面，强调建筑出入口。明代文震亨著《长物志》中“映阶旁砌以太湖石垒成者曰涩浪”所指山石布置就是这一种，又称“如意踏跺”。

对于高层建筑，如楼、阁、重廊，可用自然山石掇成室外楼梯，既可节约室内建筑面积，又可成自然山石景。自然山石楼梯又称为云梯，做得好的云梯组合比较丰富，变化自如。扬州寄啸山庄东院将壁山和山石楼梯结合一体。由庭上山，由山上楼，比较自然。其西南小院之山石楼梯一面贴墙，楼梯下面结合山石花台与地面相衔接。自楼下穿道南行，云梯一部分又成为穿道的对景。山石楼梯转折处置立石，古老的紫藤绕石登墙，颇具变化。

蹲配是常和如意踏跺配合使用的一种置石方式，它兼备门口对置的石狮、石鼓之类装饰品的作用。蹲配在空间造型上则可利用山石的形态极尽自然变化。所谓“蹲配”以体量大而高者为“蹲”，体量小而低者为配。实际上除了“蹲”以外，也可“立”、可“卧”，以求组合上的变化。但务必使蹲配在建筑轴线两旁有均衡的构图关系。

图 7－26　与园林建筑结合的山石布置

1. 涩浪、蹲配与抱角；2. 承德避署山庄云山胜地云梯；
3. 尺幅窗与无心画；4. 苏州网师园壁山；5. 粉壁置石

2. 抱角和镶隅

建筑的墙面多成直角转折。这些拐角的外角和内角的线条都比较单调、平滞。常以山石来美化这些墙角。对于外墙角，山石成环抱之势紧包基角墙面，称为抱角；对于墙内角则以山石填镶其中，称为镶隅。经过这样处理，本来是在建筑外面包了一些山石，却又似建筑座落在自然的山岩上。软化了建筑物的硬线条，增强了自然环境的空间效果。山石抱角和镶隅的体量均须与墙体所在的空间取得协调。山石抱角的选材应考虑如何使石与墙接触的部位，特别是可见的部位能吻合起来。

江南私家园林多用山石作小花台来镶填墙隅。花台内点植体量不大却又潇洒、轻盈的观赏植物。由于花台两面靠墙,植物的枝叶必然向外斜伸,从而使本来是比较呆板、平直的墙隅变得生动活泼而富于光影、风动的变化。这种山石小花台一般都很小,但就院落造景而言它却起了很大的作用。苏州拙政园腰门外以西的门侧,利用两边的墙隅均衡地布置了两个小山石花台。一大一小,一高一低。山石和地面衔接的基部种植书带草,北隅小花台内种紫竹数竿。青门粉墙,在山石的衬托下,构图非常完整。这里用石量很少,但造景效果很突出。苏州留园"古木交柯"与"绿荫"之间小洞门的墙隅用矮小的山石和竹子组成小品来陪衬洞门。

3."尺幅窗"、"无心画"和粉墙置石

为了使园林建筑室内外互相渗透常在建筑内墙上开"尺幅窗",作为景框在窗外布置竹石小品,使之入画,这以真景入画,将自然美升华为艺术美。即为"无心画"。苏州留园东部"揖峰轩"北窗三叶均以竹石为画。微风拂来,竹叶翩洒。阳光投下,修篁弄影。画面十分精美、深厚。居室内而得室外风景之美。

以墙作为背景,在其前布置石景,也是传统的园林手法。《园冶》有谓:"峭壁山者,靠壁理也。藉以粉壁为纸,以石为绘也。理者相石皴纹,仿古人笔意,植黄山松柏古梅美竹。收之园窗,宛然镜游也。"在江南园林的庭院中,这种布置随处可见。有的结合花台、特置和各种植物布置,式样多变。苏州网师园南端"琴室"所在的院落中。于粉壁前置石,石的姿态有立、蹲、卧的变化。加以植物和院中台景的层次变化,使整个墙面变成一个丰富多采的风景画面。

4. 回廊转折处的廊间山石小品

园林中的廊为了争取空间的变化和使游人从不同角度去观赏景物,在平面上往往做成曲折回环的半壁廊。这样便会在廊与墙之间形成一些大小不一、形体各异的小天井空隙地。这是可发挥用山石小品"补白"的地方。使之在很小的空间里也有层次和深度的变化。使建筑空间小中见大,活泼无拘。上海豫园东园"万花楼"东南角有一处回廊小天井处理得当。自两宜轩东行,有园洞门作为框景猎取此景。自廊中往返路线的视线焦点也集中于此。因此位置和朝向处理得法。石景本身处理亦精炼,一块湖石立峰,两丛南天竹作陪衬。秋日红叶层染,冬天珠果累累。

除此以外,山石还可作为园林建筑的台基,支墩和镶嵌门窗。变化之多,不胜枚举。

亦可使游人濒溪漫步，别饶情趣。在清澈的水面，要巧于利用桥的倒影效果。平坦地段桥式宜有起伏变化的轮廓。

单跨平桥，造型简单能予人以轻快的感觉。有的平桥用天然石块稍加整理作为桥板架于溪上，不设栏杆，只在桥端两侧置天然景石隐喻桥头，简朴雅致。如苏州拙政园曲径小桥，广州荔湾公园单跨仿木平板桥，亦具田园风趣。

曲折平桥，多用于较宽阔的水面而水流平静者。为了打破一跨直线平桥过长的单调感，可架设曲折桥式。曲折桥有两折、三折、多折等。南京瞻园假山下四折曲桥，桥面较窄，桥板甚薄，并以微露水面的天然石为礅，桥低贴水面，桥上亦不设栏杆，步于其上，对水面倍感亲切。

用于庭园中的拱桥多以小巧取胜，网师园石拱桥以其较小的尺度，低矮的栏杆及朴素的造型与周围的山石树木配合得体见称。广州流花公园混凝土薄拱桥造型简洁大方，桥面略高于水面，在庭园中形成小的起伏，颇富新意。

水景的布置除桥外在园林中亦喜用汀步。汀步宜用于浅水河滩，平静水池，山林溪涧等地段。杭州黄龙洞自然石汀步，虽只三、四块，但与自然十分协调，远胜架桥其上。桂林杉湖公园水榭树桩汀步，在处理上深得自然韵味。桂林芦笛岩、成都锦水苑庭园的荷叶形汀步，亦属一种大胆的创造。荷叶片片浮于水面，高低错落，造型变化有趣，游人跨越水面时，更富于水面的亲切感。

桥在园林中的布局，与分隔水域构成水景密切相关，桥应布置在水面较狭之处，且宜偏于水面一侧，这样无异将水面分割为大、小二池，大池开朗、小池幽静，可收小中见大之效，似有不尽之意。另外桥的布局尤须服从园路布局的要求，所谓“逢山开道，遇水架桥”。

桥的形式常因民族传统、地方特色与时代精神而有所变化。如近年来普遍使用钢筋混凝土，并采用塑竹、塑木和仿木板等工艺形式，并将具有装饰性的雕刻、雕塑用于园桥上，创造出许多简洁大方，富有民族特色，时代气息、新颖别致的园桥。

7.4.3 蹬道与踏步

园林中的蹬道与踏步，是为了解决园林地形高低差距而设置的实用与装饰功能为一体的小品性设施(图 7 - 29)。

蹬道是在天然岩坡或石壁上，凿出踏脚的踏步与穴，或用条石、石块、混凝土预制条板、树桩以及其他形式，铺筑成上山的构筑设施，踏步也称台阶，与蹬道的作用基本一致，是为了解决构筑物的平台或基座与地面之间的高低差过渡。

传统园林中，多把石级或蹬道与池岸和假山结合起来，随地势起伏高下，此类蹬道若与建筑物楼阁相接，便成了“云梯”。云梯组合丰富，变化自然，如杨州寄啸山庄东院，将壁山和山石楼梯结合一体，由庭上山，由山上楼比较自然。

图 7-29　蹬道与踏步

蹬道除了功能要求外，本身也具有景观作用。留园明瑟楼云梯的景名为“一云梯”。云梯呈曲尺形，梯之中段上悬下收，做成山洞，形成虚实对比，使云梯有空灵之感。云梯下面的入口两侧与花台结合，花台中置一峰石，上镌刻“一云梯”三字。在作云梯时须注意，云梯宜藏不宜露，切忌暴露无遗，外观为一完整之假山，并有藤萝掩映，自然成景。

台阶造型十分丰富，基本上可分为规则式与自然式两类。同时按取材不同，还可分为石阶、塑石阶、钢筋混凝土阶、竹阶、木阶、草皮阶等等。用天然石块砌成的台阶、富有自然风趣，用塑石做的踏步，特点为色彩丰富，应用方便。台阶可与假山、挡土墙、花台、池岸、树池、石壁等结合，以代替栏杆，能给游人带来安全感，又能装饰掩蔽露裸的台阶侧面，使台阶有整齐感和节奏感，使园林景观增色。

每级踏步的尺寸，必须适合游人步履，过高、过低、过窄，上下行走均会感到不舒服。踏步的级数不宜连续过多，中间应设置平台，供游人歇步。

园林蹬道与踏步的布局，必须与园路、地形、广场、建筑等紧密结合，使踏步起伏曲折自如。踏步的两边，常设置假山石、盆钵、花台等。既作装饰、又起防护作用。有时可种灌木、藤本等护脚植物，作为点缀，并用以缓和踏步石级的刚硬气氛。

7.4.4 园椅与园凳

园椅、园凳是供人们坐息、赏景用的。同时园椅和园凳的艺术造型亦能装点园林。在园林中，设置形式优美的坐凳具有舒适诱人的效果，丛林中巧置一组树桩凳或一组景石凳可以使人顿觉林间生意盎然。在大树浓荫下，置石凳三、二，长短随宜，往往能变无组织的自然空间为有意境的庭园景色。

园椅园凳一般设置在安静休息、景色良好以及游人需要停留休息有特色的地段，如池边、岸沿、岩旁、台前、洞口、林下、花间，草坪或道路转折处等。有时在大范围组景中也可以运用园椅来分割空间。

园椅、园凳在园林中主要设置在路旁树荫之下，围绕林荫大树的树干设置园椅，既保护了大树，又提供了纳荫乘凉之所。园椅可以设置在大灌木丛的前面或背面，为游人提供隔离隐蔽和相对安静的休息谈心场所。园凳可以星散在树林里，有的与石桌配套安放在树荫下，为人们休息、玩扑克、下棋或就餐提供方便。

园椅、园凳常见的形式有直线形、曲线形、组合形和仿生模拟形(图 7－30)。

园椅、园凳根据不同的位置、性质及其所采用的形式，足以产生各种不同的情趣。组景时主要取其与环境的协调。如亭内一组陶凳，古色古香，临水平台上两只鹅形凳别有风味，大树浓荫下，一组组圈凳粗犷古朴。城市公园或公共绿地所选款式，宜典雅、亲切，在几何状草坪旁边的，宜精巧规整，森林公园则以就地取材富有自然气息为宜。

园椅与园凳的造型宜简单朴实、舒适美观、制作方便以及坚固耐久。色彩风格要与周围环境相协调，高度宜在 30～45 cm 左右，过高或过矮均不相宜。制作园椅的材料有钢筋混凝土、石、陶瓷以及木铁等。其中最宜于四季应用的是铁铸架，木板面靠背长椅，石板条或钢筋混凝土制的，虽然坚固耐久，朴素大方，但冬天坐在上面，确有寒冷之感。至于园凳形式丰富而灵活，除常见的正规园凳外，还有仿树桩的园凳、园桌和石凳石桌，结合砌筑假山石蹬道和假山石驳岸，放几块平石块提供休息之用。为适应我国园林中众多的游人，在桥的两边或一边和花台的边缘，用砖砌成高、宽各为 30 cm 的边，使它既起到护栏的作用，又为更多的游人提供休息赏景，一举两得。

图 7-30A　园椅与园凳

图 7－30B　园椅与园凳

图 7 - 30C　园椅与园凳

7.4.5 栏杆

栏杆在园林中，除本身具有一定的功能作用外也是园林组景中大量出现的一种重要小品构件和装饰（图 7－31）。栏杆之所以具有装饰性，原因在于：

① 栏杆的构件是重复出现的，具有横向连续的性质。横向重复必然产生韵律，有方向感和运动感；

② 栏杆受日照影响而具有光影明暗的变化；

③ 栏杆的纹样本身与其环境有虚实的对比；

④ 栏杆对主体来讲是一个统一因素，产生整体感。因此栏杆确能增加园林景观，予人以活泼愉快的感觉。

栏杆式样繁多，不胜枚举。形式虽多，但造型原则基本一致。即：增加主体美观；甘当配角，绝不喧宾夺主；所选式样应与环境协调。若主体简单，栏杆式样可稍许复杂，反之，则力求简单。

栏杆与建筑的配合，要注意与建筑风格的协调，且能与建筑物其他部分形成统一的整体，宜虚则虚，宜实则实，还要注意主次分明。

栏杆的形式和虚实与其所在的环境和组景要求有密切的关系。临水宜多设空栏。避免视线受过多的阻碍，以便观赏波光倒影，游鱼禽鸟及水生植物等。水榭、临水平台、水面回廊、平水面的小桥等处所用的栏杆即属之。

高台多构筑实栏，游人登临远眺时，实栏可予人以较大的安全感。由于栏杆作近距离观赏的机会少，可只作简洁的处理。若栏杆从属于建筑物的平台，虽位于高处，也须就其整体的构图需要加以考虑。

在以自然山水为主的风景点，盘山道若需设栏杆，一般亦多设置空栏，有的甚至只有简单的几根扶手，连以链条或金属管，务求空透，不影响自然景色，不破坏山势山形及风景层次。如云南石林、安徽黄山、辽宁千山、陕西华山等风景地所采用的栏杆皆属此例。

制作栏杆的材料有天然石材、人工石材、金属、竹木材、砖等。栏杆的用材与主体的造型和风格有密切的关系，栏杆的造型、风格同样根据主体风格而定。如皇家园林中颐和园十七孔桥的栏杆和天坛周围的栏杆都与主体配套，选用汉白玉石雕刻而成，光洁如玉。柱头有狮子形、桃形、云头形、荷花形等，精巧至极，既高雅又华贵，充分显示出皇家的气派和传统艺术水平。私家园林中大多用花岗石栏杆，具有粗犷、质朴以及浑厚的美感。仿塑的岩石具有制作自由、造型比较活泼，形式丰富多样，色彩和质感可随构图要求而定，亦可获致天然石材的效果。

钢栏杆包括钢管、型钢和钢筋等作成的栏杆。此类栏杆造型简洁、通透，加工工艺方便，造型丰富多样，且可做成一定的纹样图案，便于表现时代感，耐久性好。用于室外时其表面须加以防锈蚀处理。

图 7－31 栏杆

铸铁栏杆，可按一定的造型浇铸，耐剥蚀、装饰性强，较石材栏杆通透，比钢材栏杆稳重，虽能预制，但由于造价太昂贵，不能广泛采用。

木竹材料来源丰富，加工方便。属优良品种的木料其色泽、纹理、质感极富装饰性，但耐久性差，多用于室内。用于室外需加以防腐处理和防水保护措施，在现代园林建筑中很少用于室外。为了达到自然竹木材料的装饰效果，广州等地近年来在园林中大量采用塑性材料仿塑竹木栏杆，颇具竹、木材的自然风味，耐久性也强。是值得推广的好经验。

砖栏杆施工方便，能砌出不少花样，变化丰富，我国古代园林中曾大量采用，但由于其色彩和加工工艺的局限性，在现代园林中已很少采用。但陶质和琉璃砖栏杆是我国的宝贵遗产，富有东方色彩，应在降低成本的前提下加以改进。

栏杆的高矮可作为量度空间尺度的标准，起调节空间尺度的作用。苏州园林中游廊的槛墙都很矮，一方面方便游人坐息（即坐凳式护栏），另一方面用来控制廊高的空间尺度。由于槛墙矮小，才显得廊很高。有时为安全起见，栏杆必须有一定的高度，为了不致使这一尺度破坏整个庭园空间的比例，我国传统园林中都采用把栏杆与坐凳结合的美人靠，把栏杆从水平方向横分为二，从而使一大变成二小，亦达到了控制尺度的作用。

7.4.6 园灯

园灯在园林组景中也是一种引人注目的小品（图 7－32）。白天园灯可点缀装饰组景，夜间柔和的照明，可充分发挥其指示和引导游人的作用，同时亦可丰富园林的夜色。园灯还能突出组景重点，有层次地展开组景序列和勾画园林轮廓的作用。特别是临水园灯，衬托着涟漪波光，别具一番风味。

园灯可分为三类：第一类纯属引导性的照明用灯，使人循灯光指引的方向进行游览。因而在设置此种照明灯时应注意灯与灯之间的连续性；第二类是组景用的，如在广场、建筑、花坛、水池、喷泉、瀑布以及雕塑等周围照明，特别用彩色灯光加以辅助，则使景观比白昼更加瑰丽；第三类是特色照明。此类园灯并不在乎有多大照明度，而在于创造某种特定气氛。如我国传统庭园和日本庭园中的石灯笼，尤其是日本庭园中的石灯笼，已成为日本庭园的重要标志。杭州西湖“三潭印月”，每当月明如洗，亮着的三个葫芦形石灯在湖面上便会出现灯月争辉的奇异景色。在北京颐和园内乐寿堂的什锦灯窗，给昆明湖的夜景凭添几分意趣。在现代庭园中也有这类灯的应用：如广州矿泉别墅庭灯；海珠花园庭园石灯和中山纪念堂新接待室庭灯。

园灯的造型不拘一格，凡具有一定装饰趣味，符合园林风格及使用要求，均可采用。同一庭园中除作重点点缀之庭灯外，各种灯的格调应大致协调。

在室外作远距离欣赏，或观赏光的效果的灯，造型宜简洁质朴，灯杆的高度与所在空间的景物要配置恰当。位于室内装饰灯具有近观性质，因而要求造型精巧富丽。诸如我国传统的宫灯、花灯、诗画灯、彩灯和现代的壁灯和吊灯等。

在现代园林中还采用一种地灯，地灯很隐蔽，只能看到所照之景物。此类灯多设在蹬道石阶旁和盛开的鲜花旁，草地中，亦有用在游步道上的，总之安排十分巧妙，灯的各种造型请参考图例。

图 7－32A　园灯

图 7-32B　园灯

7.4.7　宣传牌、宣传廊

宣传廊、牌是园林中进行宣传教育以及指导人们游览的一种小品性设施(图 7-33),利用它可以标明园林的不同功能区,不同景区、景点在园林中的位置及游览路线,可以展出经济建设、科学技术、文化体育等方面的内容,它有接近群众,利用率高,形式灵活多样,体型轻巧玲珑,占用地少,造价低廉和装饰美化环境等特点,一般常设置在人流停留较多之处,如各种广场、道路交叉口、亭廊附近，还可与挡土墙、围墙花坛、花台相结合。

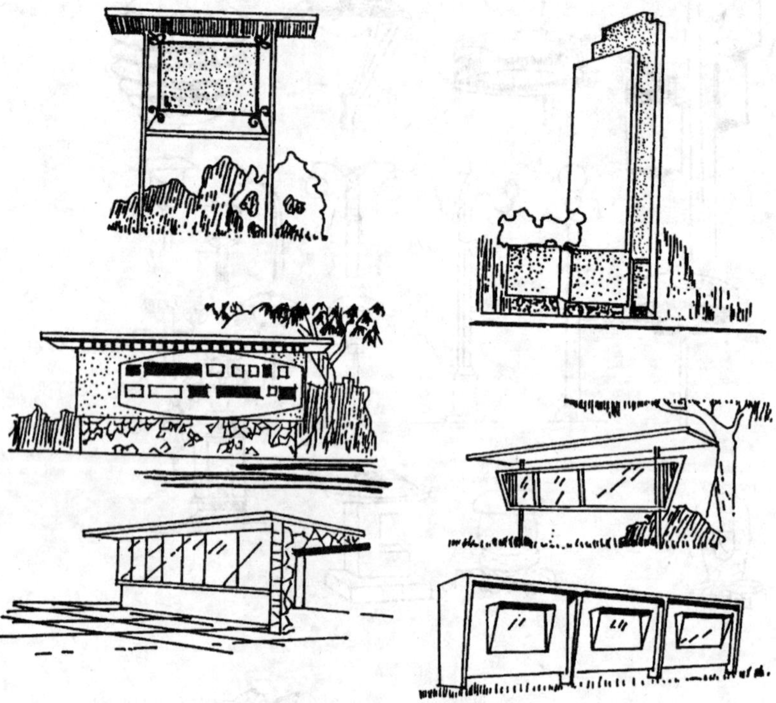

图 7－33　宣传牌、宣传廊

宣传牌宜立于人流必经之处的路线之外，牌前应留有一定空地，作为游人观赏的空间。

宣传廊根据环境具体情况作直线形、曲线形或弧形的布置，它的形式有单面、双面、立体和平面等。如在人流较多的地方设置宣传廊，需适当后退，以免游人相互干扰，夏日宜须有浓荫树庇阴。板面高低应根据宣传展览内容而定，一般适宜近看的，上、下边线宜在 1.2～2.2 m 之间。

宣传廊、牌主要有支柱、板框、檐口和灯光设备，板框外一般加装玻璃，借以保护展品。宣传廊、牌设置宜少而精，造型要与周围环境协调。

7.4.8　园墙与隔断

园墙是指园林中的墙垣，或称景墙（图 7－34）。主要有分隔空间，引导游览，组景装饰等功能作用。园墙结合山石、花木可将园林空间划分成若干各具不同景观特色大大小小的空间，在园墙上又往往开着各种形式的窗洞和门洞，又使空间之间彼此渗透和相互联系，园墙又具有围合、标识、衬景以及制造气氛获得亲切安全感等多功能作用。

图 7-34　园墙与隔断

古典园林中巧妙地运用云墙、梯级形墙、漏明墙、平墙等将园内划分成千变万化的空间,同时利用墙的延续性和方向性使观赏者能自如地进入组景的程序,宛如置身于逐渐展开的园林画卷中。为着避免墙面过分闭塞常在墙上开设漏窗、洞门、空窗等，形成种种虚实、明暗的对比，使墙面产生丰富多采的变化。在不宜开洞的墙上可题诗作画，或植大树使树木光影上墙，打破枯燥单调的局面。

墙的不同质地与色彩可以产生截然不同的造园效果。白粉墙朴实、典雅，同青砖、青瓦的檐头装修相配显得特别清爽、明快。在漏花窗的虚实与明暗的光影效果衬托下更显得轻松、悦目。山石树木以及其他建筑小品在以白粉墙为背景时轮廓显明，其造型美可以表现得更为淋漓尽致。每当和风轻拂树木枝叶随着阳光隐现，投在粉墙上斑驳的影照使人心旷神怡，所谓“粉墙花弄影”更添几分诗情画意。清水砖墙由于它不加粉饰往往使建筑空间显得更为朴实，一般用于室外。

由建墙的材料和其断面的不同，园墙可分高、矮、曲、直、虚、实、光洁、粗糙、有檐和无檐等等。园林边界四周的围墙，此乃护园围墙，最好采用透空或半透空的花格围墙，使园内外景色融为一体。

隔断是园林装饰中的小品性设施，是组织空间的一个重要手段，是在“博古架”及“落地罩”等形式上发展起来的，它可以把园林空间处理的透而不空，封而不闭，能塑造出较为丰富的层次。

装饰隔断可以用木材、金属、塑料、玻璃、水磨石等材料制作，可布设在柱间、墙段、门位等部位。

装饰隔断按其式样可分为博古式、栅栏式、组合式和主题式等几类。博古式装饰隔断一般以单独设计为多，较少重复使用，如能同古董、盆景等陈设相配合将有助于加强其装饰性的特有情调。博古式装饰隔断可以用混凝土制作，但室内多采用木质材料。栅栏式装饰隔断多以垂直于地面平行排列的板片或金属杆组成，中间辅以其他部件，有连以简单的水平杆件，有嵌以规则的花饰，有嵌以方形或长方形花斗。上述形式可以采用自由布局，也可以选择适当的主体纹样。主体的垂直构件在室外主要使用水磨石板，以适应室外风雨剥蚀，在室内则宜用木材或钢板等。组合式装饰隔断其用材及组合方式同组合式花窗基本相同，多半是由预制的细石混凝土花饰组合而成。在室内也可以用木材制作，它们中间可嵌以蚀花玻璃、彩色玻璃、磨砂玻璃等。主题性的装饰隔断多利用扁钢、方钢、圆钢进行造型，表现一定的主题和情趣，具有金属工艺品的性质。许多水榭及金鱼馆之类的园林建筑常常用热带鱼图案组成装饰隔断的画面，使主题同建筑功能有一定的联系。

在园林建筑中选择装饰隔断，首先要明确它所处的地位和作用。处于建筑外檐柱间的装饰隔断，主要取其装璜作用。处于建筑墙段上的装饰隔断，往往带有墙体的功能性，虽要求通透，但在虚实比例上宜偏于实。处于门位的装饰隔断，常选择用落地罩形式，处理成与建筑功能有关的主题装饰图案。用作室内的装饰隔断主要把空间分成前后两部分，彼此又能隐约可见，隔断的式样务求其玲珑剔透，用料精致，并可局部或全部采用玻璃或蚀花玻璃。在室外的装饰隔断则以采用组合式的混凝土制块为多。

7.4.9 园门与园窗

园门是指园林景墙上开设的门洞，也称景门。园门有指示导游和点景装饰的作用，一个好的园门往往给人以“引人入胜”、“别有洞天”的感受。

园林窗洞简称园窗，或称景窗。园窗分为什锦窗和漏花窗，什锦窗是在墙上连续布置各种不同形状的窗框，用以组织园林框景。漏花窗类型很多，从材料上分有瓦、砖、玻璃、扁钢和钢筋混凝土等，其自身有景，窗花玲珑剔透，窗外景亦隐约可见，具有含蓄的造园效果，在空间延伸方面，也能扩展封闭的空间。

园门、园窗不仅能组织空间、导游、采光和通风、且能为园林风景添加景色，是重要的装饰小品。

园门、园窗可归纳为对称型与不对称型、几何形与仿生形两大类型(图7-35)，又有曲线型、直线型和混合型。由于园窗不受人流通过功能限制，其形式较园门更为灵活多变。

园门、园窗形式的选择，要从园林的寓意出发，应考虑建筑的式样以及园林环境等因素，务求形式和谐一体。

无锡锡惠公园的八角洞门，既作为登山路线的导游标志，又可作为仰视锡山塔影和俯视“锡麓书堂”时的景框。广州流花公园休息廊在仿树皮墙段上开设一景窗，衬以翠绿竹丛另有一番风味。一般置于围墙上的门洞为便于形成“别有洞天”的前景，宜选择较宽阔的形式。如寓意“曲径通幽”的门洞则不妨狭长。广州流花公园在分割游览空间的短墙上开设宽阔的八角形门洞，满足了大量人流通过的要求，并同现代大公园的风景容量相协调。东新会“盆景园”景窗形似花朵，与窗前绿丛相映，透过景窗所见的室内盆景挂壁，巧妙地点出了盆艺的素雅格调。门窗洞口在形式处理上，直线型的门窗洞口要防止生硬、单调；曲线型的要注意避免矫揉造作。北京紫竹院入口围墙上的绿竹琉璃漏花窗，窗前配置艳丽的花草，窗后现出碧绿的竹丛，点出了紫竹院的主题。

7.4.10 园林铺装

在我国园林艺术中，对园林建筑室内外地面、各类广场地面、园路路面的铺装都十分重视，由于铺装材料不同，图案和纹样极为丰富，铺装技艺精湛，园林铺装已成为园林装饰艺术中的重要内容。

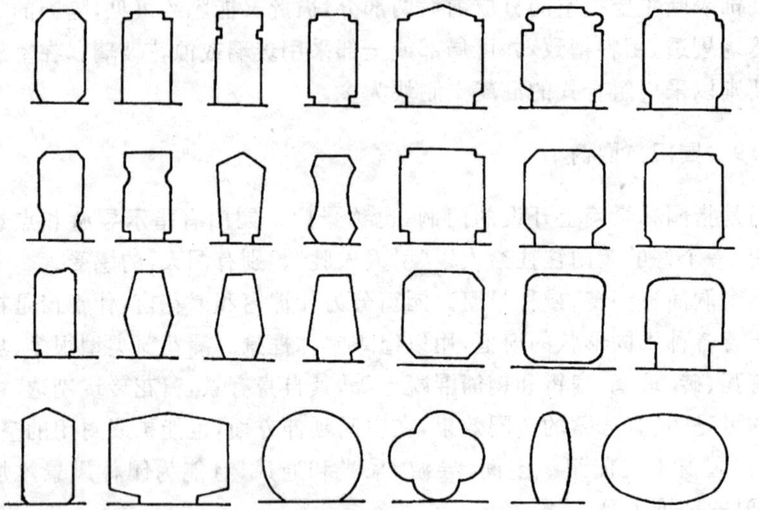

1.对称形门洞

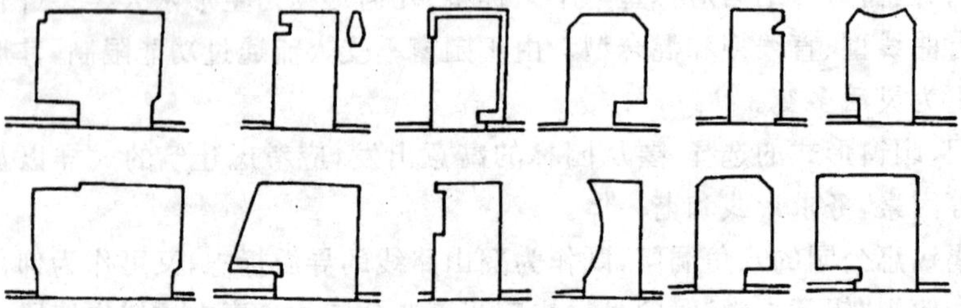

2.不对称形门洞

图 7－35A　门洞、窗洞形式

1.对称形窗洞

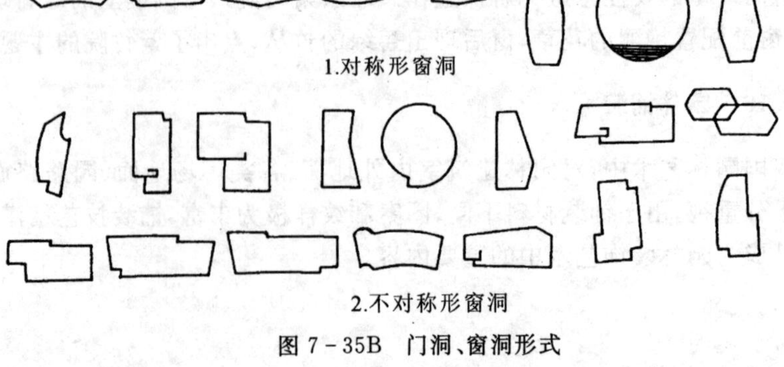

2.不对称形窗洞

图 7－35B　门洞、窗洞形式

图 7-35C　门洞形式

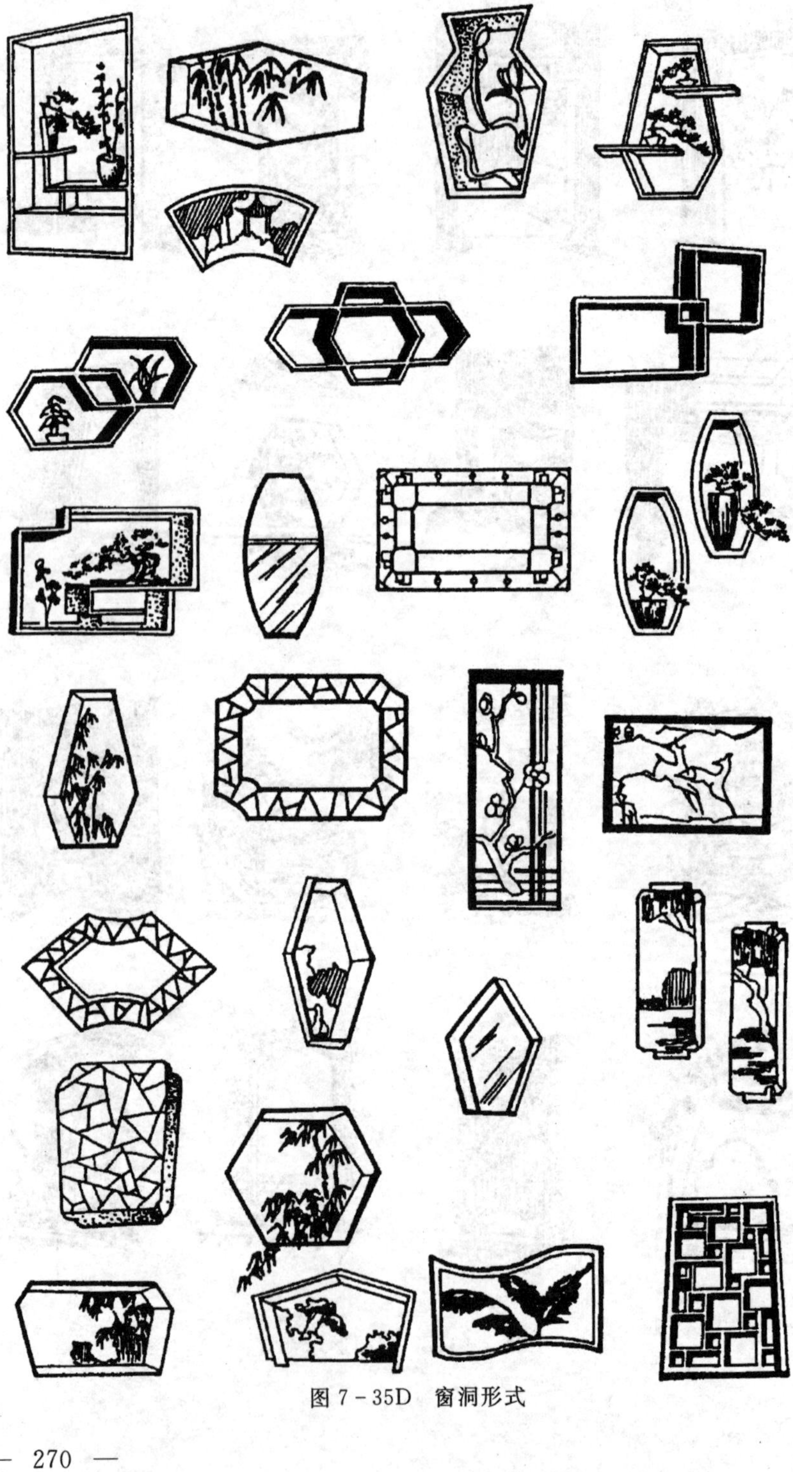

图 7-35D　窗洞形式

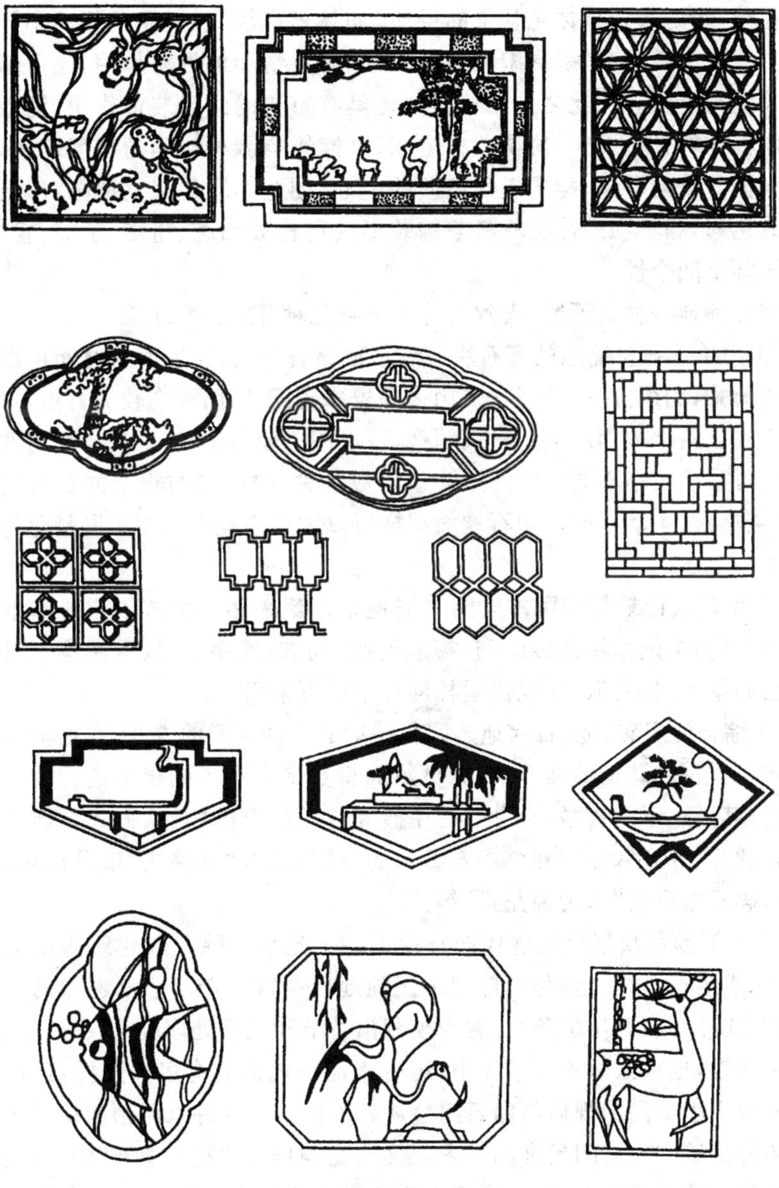

图 7-35E　窗洞形式

园林铺装是指采用具有任何硬质的天然或人工铺地材料(如沙石、砖、条石、混凝土、沥青、木材、瓦片等)按一定的形式铺设于地面上。园林铺装也称铺地。园林铺装具有图案纹样稳定、耐磨压、经久耐用,管护方便等优点,具有明显的实用功能,可以给游人提供高频率使用的地面,不同的铺装可表示地面的不同用途，铺装地面以相对较大且无方向性形式出现，使游人产生一个静态的停留感，为游人提供休息赏景的场所（如休息广场）。道路路面的不同线型铺装具有方向性，起到引导游人视线，影响游览情趣的导游作用，还可暗示游览的速度与节奏。除此之外园林铺装还具有重要的组景装饰作用，铺地的形式与图案纹样，既可统一协调园林空间，又能影响园林空间的尺度比例，可以作为其他景物的背景，构成空间不同的个性，创造不同的视觉趣味，形成强烈的地方色彩，如不同的铺装材料与铺装形式可构成细腻、粗犷、宁静、轻松、喧闹等园林空间个性。

园林铺地按材料不同，大致可分为下列几种（图 7 - 36）：

① 用单一石材铺地的有石块、乱石、鹅卵石等，石板地面与路面可以铺砌成多种形式，利用方正的石料，采用多种规格搭配处理，形态较为自由，可用于铺砌庭院及路径地面。毛片石仄铺地，可以用于园林小路，颇具自然情调。乱石铺地可采用大小不同规格的搭配组合成各种纹样，或与规整的石料组合使用，气氛活跃、生动。嵌鹅卵石地面同样可以大小搭配以及用不同颜色组成各种形式。

② 用砖块铺地是我国古典园林铺地中广泛采用的方式。方砖基本用于室内，在庭园中则采用条砖仄砌，构成席纹、间方、人字、斗纹等图案。这种铺地方法简单，材料易取，在现代园林铺地中仍可采用。

③ 综合使用砖、瓦、石铺地是园林铺地的一种普通的方式，在古典园林中用得较多，俗称“花街铺地”。根据材料的特点和大小不同规格进行的各种艺术组合，其形式不胜枚举，常见的有用砖和碎石组合的“长八方式”，砖和鹅卵石组合的“六方式”，瓦材和鹅卵石组合的“球门式”、“软锦式”以及用砖瓦、鹅卵石和碎石组合的“冰裂梅花式”等。

④ 水泥预制块铺地在现代园林中占主要地位。除一般建筑采用的水磨石、美术水磨石、水泥地面外，造型水泥铺地砖是富有造园艺术趣味的一种铺地材料，式样有表面拉出条纹，表面模制出竹节和表面处理成木纹等。它们可以成片铺设，也可以散置在草坪中，组合水泥块地面具有多种多样，还可以预制成两种大小不同的规格与卵石组合成各种图案。这种水泥预制块易于满足现代园林建筑的大空间尺度的要求，是砖、瓦、卵石的“花街铺地”的一种发展。

园林铺地形式的选择，通常厅堂取其平整，以方砖、石板为宜，现代园林用美术水磨石夹铺碎大理石块形成的冰裂纹格调亦雅致；中庭可用石板、乱石铺砌，也可用砖、瓦、卵石作花街铺地；山路一般以乱石、碎石铺地为多；平地小径则可采用片石仄砌、大小石料搭配或水泥预制板块砌，或随意散置于草坪中亦饶有趣味；山路及人流活动频繁的中庭或路径一般不宜采用鹅卵石铺地。必须根据不同环境因地制宜地合理选择铺地的方式，以满足使用与观赏的要求。

图 7-36 园林铺装形式

园林装饰性小品设施除上面介绍过的之外还有，石灯笼、花台（花钵与花箱）、饮水台、洗手钵、石碑、彩绘、雕刻等。

参 考 文 献

1 陈植.园冶注释.北京:中国建筑工业出版社,1988
2 赵春林.园林美学概论.北京:中国建筑工业出版社,1992
3 孙筱祥.园林艺术及园林设计.北京:北京林业大学城市园林系,1986
4 过元炯.园林艺术.北京:中国农业出版社,1996
5 段汉明.城市美学与环境景观设计.西安:陕西科学技术出版社,2000
6 金学智.中国园林美学.北京:中国建筑工业出版社,2000
7 安怀起.中国园林艺术.上海:上海科学技术出版社,1986
8 城市园林绿地规划编写组.城市园林绿地规划.北京林业大学印刷厂,1987
9 同济大学等.城市园林绿地规划.北京:中国建筑工业出版社,1982
10 胡长龙.园林规划设计.北京:中国农业出版社,1999
11 唐学山等.园林设计.北京:中国林业出版社,1997
12 刘钧珍.园林理水艺术.北京:中国林业出版社,1998
13 孟兆祯等.园林工程.北京:中国林业出版社,1996
14 刘少宗.中国优秀园林设计集.天津:天津大学出版社,1999
15 吴为廉.景园建筑工程规划与设计.上海:同济大学出版社,1999
16 夏兰西,王乃弓.建筑与水景.天津:天津科学技术出版社,1986
17 汪菊渊.中国古代园林史纲要.北京林学院印刷厂,1980
18 汪菊渊.外国园林史纲要.北京林学院印刷厂,1981
19 彭一刚.中国古典园林分析.北京:中国建筑工业出版社,1986
20 中国规划设计研究院.中国新园林.北京:中国林业出版社,1985
21 张家骥.中国园林艺术大辞典.太原:山西教育出版社,1997
22 陈植.陈植造园文集.北京:中国建筑工业出版社,1988
23 童寯.造园史纲.北京:中国建筑工业出版社,1983
24 童寯.江南园林志.北京:中国建筑工业出版社,1990
25 陈从周.园林丛谈.上海:上海文化出版社,1980
26 陈从周.说园.上海:同济大学出版社,1984
27 魏开肇,陈文良,李学文.北京名园趣谈.北京:中国建筑工业出版社,1994
28 周武忠.城市园林艺术.南京:东南大学出版社,2000
29 王晓燕.城市夜景观规划与设计.南京:东南大学出版社,2000
30 张天麟.园林树木1000种.北京:北京学术书刊出版社,1990
31 陈有民.园林树木学.北京:中国林业出版社,1992
32 杜汝俭等.园林建筑设计.北京:中国建筑工业出版社,1986
33 冯钟平.中国园林建筑.北京:清华大学出版社,1988
34 白佐民,艾鸿镇.城市雕塑设计.天津:天津科学技术出版社,1985
35 封云.试论中国园林的山石之美.中国园林,1996(2)
36 申泰晓.试析个园的分景叠石艺术.中国园林,1994(1)